U0290256

科 学 的 规 范

〔英〕卡尔·皮尔逊 著

李醒民 译

商务印书馆
创于1897 The Commercial Press

Karl Pearson

THE GRAMMAR OF SCIENCE

Thoemmes Antiquarian Books Ltd. 1892

根据托莫斯文物出版社 1892 年版译出

汉译世界学术名著丛书
出 版 说 明

　　我馆历来重视移译世界各国学术名著。从 20 世纪 50 年代起，更致力于翻译出版马克思主义诞生以前的古典学术著作，同时适当介绍当代具有定评的各派代表作品。我们确信只有用人类创造的全部知识财富来丰富自己的头脑，才能够建成现代化的社会主义社会。这些书籍所蕴藏的思想财富和学术价值，为学人所熟知，毋需赘述。这些译本过去以单行本印行，难见系统，汇编为丛书，才能相得益彰，蔚为大观，既便于研读查考，又利于文化积累。为此，我们从 1981 年着手分辑刊行，至 2011 年已先后分十二辑印行名著 500 种。现继续编印第十三辑。到 2012 年出版至 550 种。今后在积累单本著作的基础上仍将陆续以名著版印行。希望海内外读书界、著译界给我们批评、建议，帮助我们把这套丛书出得更好。

商务印书馆编辑部

2012 年 1 月

中 译 者 序

皮尔逊：一位罕见的现代百科全书式的学者

卡尔·皮尔逊(Karl Pearson,1857～1936)[①]是英国著名的科学家和自由思想家,是活跃在 19 世纪末叶和 20 世纪初叶的罕见的百科全书式的学者。他 27 岁便当上了大学教授,39 岁时被选入皇家学会。在 50 多年间,他尽情地在智力王国漫游,始终处在理性科学的最前沿。他是应用数学家、生物统计学家和优生学家,也是天文学、弹性和工程问题专家,又是名副其实的科学哲学家、历史学家、民俗学家、宗教学家、人类学家、语言学家、伦理学家,还是律师、教育改革者、社会主义者、人道主义者、妇女解放的鼓吹者,同时还是受欢迎的教师、编辑、文学作品和人物传记的作者。在他去世前三年,由其助手编选的《卡尔·皮尔逊的统计学和其他著作文献目录》,在五个主标题(研究领域)下共列举了 648 个项

①　关于皮尔逊的生平、贡献和是思想,可参见李醒民:卡尔·皮尔逊:著名科学家和自由思想家,北京:《自然辩证法通讯》,第 12 卷(1990),第 2 期,第 65～78 页。李醒民:简论皮尔逊的科学哲学,北京:《自然辩证法研究》,第 7 卷(1991),第 3 期,第 60～65,59 页。李醒民:论皮尔逊的科学观,成都:《大自然探索》,第 13 卷,(1994),第 1 期,第 93～98 页(该文完成于 1990 年 1 月,被《科学学研究》杂志丢失,后来根据回忆及原有资料重写)。

目。在美国出版的《科学家传记辞典》中,他所占的篇幅(26 页)比马赫(12 页)和彭加勒(10 页)的篇幅的总和还要多,其中详尽地介绍了他的科学贡献和成就。皮尔逊不愧为 20 世纪科学界和学术界之翘楚。

皮尔逊有两个显著的特点。其一是两种遗传特征——在专业领域顽强工作的能力和在其他人占有的领域自由漫游的能力——在他身上奇妙地结合在一起。其二是道德力量始终引导和伴随着理智力量,也就是说,他具有为真理献身、与自然深刻共鸣和为一个伟大目标而牺牲所有枝节问题的情操。皮尔逊的成就之所以能达到应有的深度和广度,显然与此有关。要知道,真正的科学伟人和思想巨人既不是单薄的"专门家",也不是仅凭智力就可以企及的。

在科学上,皮尔逊是现代数学统计学的开创者,生物统计学的奠基人,优生学的先行者(关于这方面的内容相当专门,此处不拟详述)。难怪皮尔逊的传记作者这样评论说:"我们深信,无论科学的道路通向何方,卡尔·皮尔逊都充分地扮演了科学开拓者的角色,真正的进步正是从他的开拓性工作开始的。"[1]

作为批判学派[2]的代表人物之一(其他四位代表人物是马赫、彭加勒、迪昂、奥斯特瓦尔德)和逻辑经验论的先驱,皮尔逊在现代

---

[1] E. S. Pearson, Karl Pearson, *An Appreciation of Some Aspects of His Life and Work*, Cambridge at the University Press, 1938, p. 125.

[2] 李醒民:世纪之交物理学革命中的两个学派,北京:《自然辩证法通讯》,第 3 卷 (1981),第 6 期,第 30～38 页。李醒民:论批判学派,长春:《社会科学战线》,1991 年第 1 期,第 99～107 页。

哲学史上占有不可磨灭的地位。皮尔逊的认识论脱胎于英国土生土长的经验论传统。它是沿着贝克莱、休谟的观念论（唯心论）的经验论路线发展的，而不是循着培根、霍布斯、洛克的物质论（唯物论）的经验论脚步行进的。但是，它也融入了后者的一些合理因素，从而显得有点像洛克哲学那样的"折中"性质。皮尔逊也从大陆哲学家笛卡儿的怀疑论、康德的批判观念论和理性论、孔德的实证论、马赫的感觉论汲取了一些有效成分，他又直接受到当时在英国盛行的达尔文的生物进化论和斯宾塞的社会进化学说的强烈影响，以及克利福德的科学哲学的感染，加上他本人的科学创造和哲学反思，从而熔铸成他的以怀疑和批判为先导和特征的，以观念论自我标榜的，带有明显的现象论、工具论和实证论色调的，属于经验论范畴的感觉论的认识论。但是，在剑桥发祥的赫歇耳和休厄尔的科学哲学，似乎并未受到剑桥出身的皮尔逊的特别关注，这也许是他们的归纳逻辑不适合他的统计学和概率论的口味。

皮尔逊自称是"一个比较讲究实际的感觉论者"，并认为这种哲学既排除了毕希纳类型的物质论的荒谬，又排除了新黑格尔主义的头脑糊涂的神秘主义。在这种以感觉印象为基石的感觉论中，感觉只是作为感觉为我们所知，感觉印象是思想和行动的先导；外部世界是构象，是感觉印象的世界，本质上受人的知觉和记忆能力的制约；感觉印象是知识素材的本源，科学最终以感觉印象为基础，科学对超感觉的东西不可知；意识、无意识和思维是即时感觉印象和存储感觉印象的不同的操作或组合；知觉官能和推理官能是协调共济的，他人意识是投射；宇宙的同一在于思维肉体工具的同一。皮尔逊坚决反对在感觉印象背后设置它们的源泉，他认为诸如物质论者的物质、贝克莱的上帝、康德的物自体、克利福德的心智素材，只不过是形而上学的枯燥无味的讨论。皮尔逊的感觉论虽说是一种较为极端的经验论，但它并未囿于经验，也未把科学和认识局限于现象领域或感觉印象之内。相反地，他不仅不排斥理性，而且十分推崇理性或理智，为理性论留有充分活动的余地，强烈地流露出康德主义的情调。皮尔逊深谙哲学的真谛，摸准时代的脉搏，他以怀疑为起点，以批判为先导，为自由思想开辟道路，向过时的传统、蒙昧迷信、教条主义、唯灵论（或泛灵论）、神学和形而上学发起猛烈的攻击。他说："通向知识和最终确信的唯一真实的道路是怀疑和怀疑论"，"批判是科学的真正生命线"。与此同时，他也充分意识到批判之易和重建之难，并未在较轻的任务上停步不前，他身体力行，重构自己的力学体系和科学论。

皮尔逊十分看重科学方法的功能和价值。按照他的观点，"科学方法是通向绝对知识或真理的唯一入口"，"科学的统一仅仅在于它的方法而不在于它的材料"；尤其是，科学方法还是训练公民的心智和思想框架的有效手段。他把科学方法的特征概述为：仔细而精确地分类事实，观察它们的相关和顺序；借助创造性的想象发现科学定律；自我批判和对所有正常构造的心智来说是同等有效的最后检验。皮尔逊立足于他的科学认识论和科学方法论，认为科学事实的领域最终以感觉为基础，本质上是心智的内容，但却具有实在性。科学概念是通过心理概括过程从感觉印象抽取或分离出来的，这样的过程能在知觉中开始，但却不能在知觉中结束；科学概念是符号，是人的心智的产物，它远离知觉或知觉的等价物；科学概念作为描述知觉惯例的工具必须是首尾一贯的，必须能够从正常人的知觉中演绎出来；即使是超越于知觉经验范围的纯粹理想的概念，只要它们有助于我们简明地描述和分类我们的知觉，能帮助我们在心理上存储作为未来行动指导的过去经验，就是有效和有用的概念。科学定律是心理速记的概要，用以代替我们感觉印象序列的冗长描述；它本质上是人的心智的产物，离开人则无意义，人把定律给予自然的陈述比自然把定律给予人更有意义；科学定律具有普遍性、客观性、相对性、经济性（简单性）和概然性。皮尔逊还深入地探讨了知识、无知、神秘和真理的内涵和外延，他是一位知识至上主义者和忘我的真理追求者。

皮尔逊的科学观旨永意新。他主力科学的广泛包容性，认为科学的领域是无限的，它的可靠内容是无尽的；但是，他也断然把自然神学和形而上学从科学中排除出去。他坚持科学描述观：科学是我们知觉的概念的描述和分类，是使思维经济的符号理论，它不是任何事物的最终说明。值得注意的是，皮尔逊很早就提出科学精神或科学的心智框架的概念，例如普遍性、公正性或无偏见性等，并认为这是好公民或理想公民应具备的根本素质。皮尔逊详细地讨论了科学有权要求承认和支持的四个理由：它为公民提供有效的训练，它对许多重要的社会问题施加影响，它为实际生活增添舒适，它给审美判断以持久的愉悦。皮尔逊对科学的辩护主要立足于科学的精神价值，特别是他关于科学比艺术更为艺术，在科学中存在更为真实的美的命题，其意蕴是极为深邃的。他的用交叉链环连通的"三大块"（抽象科学、物理科学、生物科学）科学分类法，在当时对于认清科学全貌，沟通学科交流，促进科学统一，预言科学未来也是有贡献的，至今仍有一定的历史价值和启发意义。

皮尔逊还论述了科学与道德和宗教的关系：科学方法和知识对于道德判断的形成是必不可少的，理性和知识是道德行为的唯一因素；科学与宗教既有对立的一面，又有相容的一面，二者都是对有限与无限的关系的追求。

皮尔逊的自然观妙趣横生。他从观念论的感觉论出发，认为空间和时间不是现象世界的实在，而是我们在其下分开知觉事物的模式；它们不是无限大的，也不是无限可分的，而是本质上受到我们的知觉内容限定的。他关于撤走客体空间不存在，知觉空间不同于无限大和无限可分的概念空间（理想空间），空间标志知觉在时间纪元中的共存（知觉领域宽度之度量）而时间标志知觉在空间位置中的进展（知觉领域长度之度量）的看法，都是别有一番滋味的。在皮尔逊看来，运动则是空间和时间这两种知觉模式的组合，它本质上是知觉模式，它本身并不是知觉；难怪他提出这样一个命题："'万物皆运动'——但只是在概念中运动。"他细致地讨论了原因和因果性问题：他排除了力、意志、第一因等原因概念，认为因果性是一种心理限制，并用缔合或相关范畴——绝对独立和绝对依赖只是其两个极端特例——取代了传统的因果律范畴和马赫的函数说，推导出相关率或列联的测量和计算方法。关于必然性，他的结论是：必然性是知觉官能的产物，处在思维本质的特性中，而不处在知觉本身中，它属于概念世界而不属于知觉世界。

皮尔逊也是一位社会达尔文主义者。他不仅把进化论用于认识论的研究——从而使他像马赫和彭加勒一样成为进化认识论的先驱——而且也用于优生学、伦理学、历史学、人类学、民俗学、社会学以及其他诸多社会问题的研究。在社会达尔文主义的视野中，他既发表了一系列有价值、有启发性的见解和学说，又在某种程度宣扬了种族主义和殖民主义的谬论。不管怎样，他在把进化论应用于社会时的态度和方法（注意严格的定义和数值测量）是严肃认真的，也不像有些社会达尔文主义者那样好走极端。此外，他就历史研究和历史观念、素质教育、社会主义和妇女解放、自由思想和自由思想者、"研究人"和"研究的热情"——与之对立的是"市场人"和"市场的热情"——也发表了许多引人入胜的见解。鉴于上述内容大都在他的《自由思想的伦理》（1888年）、《死亡的机遇和进化的其他研究》（1897年）、《从科学的观点看民族生活》（1901年）等论著中，我们就不一一赘述了，有兴趣的读者可找皮尔逊的原著或者我最近撰写的学术专著[①]一阅。

1891年3月和4月间，皮尔逊以格雷欣学院几何学讲座教授的身份，在该学院就"近代科学的范围和概念"作了七次讲演（见译者附录八）。该讲演勾勒了《科学的规范》的蓝图，其中数讲的标题成为书的章名。《科学的规范》第一版由瓦尔特·斯科特（Walter Scott）于1892年在伦敦出版，作为《当代科学丛书》之一。它共有十章，书末有六个附录，我的中译本就是依据该版本翻译的。第二版由亚当和查尔斯·布莱克公司（Adam & Charles Black）于1900年在伦敦出版。作者考虑到生物科学领域基本概念的进展，在该版本添加了第十章"进化（变异和遗传）"和第十一章"进化（繁殖和

---

① 李醒民：《皮尔逊》，台北：三民书局，1998年第1版。该书全面描述了皮尔逊的生平和学术贡献，对他的思想及其现代意义做了中肯的评论，并且分析和探讨了皮尔逊思想在西方和中国的影响。此前在国内外似未有类似的专著出版过。

遗传)"(其目录和摘要见译者附录三、四),这两章插入在原版中的第九章和第十章之间,最后还增加了一个"附录Ⅶ:论自然过程的可逆性"(见译者附录七)。作者在第二版中仅对措辞作了适当改动,其实质几乎没有什么变化。第三版由同一出版商亚当和查尔斯·布莱克公司于1911年在伦敦出版,麦克米兰公司(Macmillan Company)同年在纽约也出版了同一版本。在"第一编——物理学篇"中,作者包括了头两版中的前八章,在第四章和第五章之间插入"列联(contingency)和相关——因果关系的不充分性"一章(其目录和摘要见译者附录五),添加了由坎宁安教授执笔撰写的最后的第十章"现代物理学的观念"(其目录和摘要见译者附录六)。皮尔逊本来计划在1911年写完该版本的"第二编——生物学编",但由于诸事缠身,加之生物科学发展得极为迅猛,以致他的愿望直至逝世也未能实现。第四版是由 J. M. 登特父子有限公司(J. M. Dent & Sons Ltd.)作为《人人图书馆丛书》之一于1937年在伦敦出版。在决定该版本的内容时,编者出于篇幅的考虑,不可能重印前三个版本中的总共十四章,也不愿意尝试把任何单个章的正文加以比较。皮尔逊的儿子伊冈(Egon S. Pearson)在与皮尔逊的朋友商量之后,决定采取下述路线:重印1892年初版的十章,然而用的是1900年第二版的正文,第一版和第二版的序言印在本版的前头,1911年第三版的序和四个略去的章的摘要作为附录附加在书后。

在决定翻译皮尔逊的《科学的规范》时,我也碰到类似的版本选择问题。经过慎重权衡,我决定采用第一版的版本。其理由如下:1.第一版的十章是具有永恒价值的科学哲学和科学思想史文献,它们在任何时候都不会"过时"。2.第二版添加的两章均具有过渡性质;第三版新增的第五章虽说发展了因果性观念,但包含有较多的数学内容,其中的统计方法还处于发展之中;而新增的第十章还是委托他人代写的,同时具有过渡性质。3.以后的各版对第一版的内容均无实质性修改,采用第一版能使读者把握该书的原貌和皮尔逊思想的最初的本来面目。4.1911年由索默斯古典书屋(Thoemmes Antiquarian Books Ltd.)在英国布里斯托尔和纪国屋(Kinokuniya Co. Ltd.)在日本东京出版的《科学的规范》的新版本,采用的就是1892年第一版的影印本。为了使读者了解有关概况,我把作者的第二版和第三版的序、增补的四章的目录和摘要、第二版新添的一个附录以及1891年的格雷欣讲座讲演作为"译者附录"一至八译出附于书后。需要进一步探究的读者,可按"译者附录"中标注的文献查找原始资料。

经过百余年的大浪淘沙,历史已经证明皮尔逊的《科学的规范》是一部科学哲学经典名著。诚如约翰·巴斯摩尔(John Passmore)在《哲学百年》中所说:"《科学的规范》(1892年)具有广泛的影响,……此书的现代性常常会使我们吃惊,很多后来作为'逻辑实证论'为人熟知的论题,在这里得到了清楚的阐述。"[①]

皮尔逊的《科学的规范》自1892年出版之后,在西方学术界和思想界曾激起较大反响。美国哲学家皮尔斯立足于实用主义哲学、俄国政治家列宁出于革命斗争的实际需要和意识形态的考虑,

---

① 约翰·巴斯摩尔:《哲学百年·新近哲学家》,洪汉鼎等译,北京:商务印书馆,1996年第1版,第365页。

先后对皮尔逊进行了尖锐的批评乃至毁灭性的批判。也许是与皮尔逊关注的问题相距甚远，也许是其批判或是有立场的或是无的放矢，皮尔逊从未回应，当然也没有承认它们。对于时人的一些评论或批评，皮尔逊仅多少作了一些答辩，因为他深信，相对于当时的知识状态，他的观点实际上是正确的。在皮尔逊去世后，尽管60多年间未见有研究皮尔逊的专著出版，研究论文也屈指可数，但零散的评论仍不时可见。

皮尔逊与马赫无论从私人友谊还是思想关联上讲，都是十分密切的（马赫曾把他的《力学史评》题献给皮尔逊）。马赫在科学思想和哲学思想上对皮尔逊的影响（或二人共鸣）是全方位的。但皮尔逊对马赫思想并未完全照搬，而是在融合众家之长的基础上有所发展、有所创造。也就是说，与马赫相比，他既有背离和差异，也有深化和开拓。皮尔逊对爱因斯坦有直接影响，爱因斯坦在青年时代曾认真读过《科学的规范》。在证据表明，皮尔逊对经典力学的敏锐批判和深刻洞察，有助于为爱因斯坦创立相对论扫清道路，并具有某种建设性的启示。爱因斯坦关于科学概念是思维的自由创造和理智的自由发明、概念是符号而非图像、概念对经验具有逻辑独立性的思想，他的逻辑简单性原则、准美学原则、形象思维的科学方法，以及统一性、相对性、几何化等科学信念和基旨，都有皮尔逊思想的印记或痕迹。

作为现代实证论重要的早期人物之一，皮尔逊对维也纳学派和逻辑经验论的形成具有明显的促进作用。他的著作或多或少地直接影响了纽拉特、石里克、维特根斯坦、卡尔纳普、赖兴巴赫、艾耶尔、内格尔等人物。他的彻底的经验论原则、反形而上学、科学统一成为逻辑经验论的三个共同的主导倾向,他把科学视为一个语言系统、重视术语的精确定义和语言的正确使用,也对分析哲学和语言哲学的发展有所启迪。

有趣的是,在本世纪初,皮尔逊《科学的规范》中的丰富思想被中国一批先知先觉的知识分子介绍到国内,为国人的科学引进和观念更新助了一臂之力。中国科学社的创始人胡明复、任鸿隽、杨杏佛等人在社刊《科学》(1915年创刊)上多次撰文,基于皮尔逊的思想宣传科学思想,普及科学方法,理解科学价值,弘扬科学精神。在科玄论战(1923年)中,科学派的主将丁文江等以皮尔逊(以及马赫、彭加勒)的科学哲学和科学观为思想武器,向玄学鬼发起猛烈的攻击,使皮尔逊的思想广为中国学术界和思想界所知。化学家和科学哲学家王星拱也在诸多文章和著作中,引用和评论了皮尔逊的有关见解。这些先贤对皮尔逊思想把握之及时,对科学精神和科学文化意蕴理解之深刻,直令今日之学人感到汗颜无地。

皮尔逊的科学哲学名著在本世纪30年代和40年代曾先后出版过两个中译本。中译本《科学规范》作为《科学丛书》之一,由上海辛垦书店分上、中、下三册出版,包含全部十四章。上册为“概念之部”,由谭辅之、沈因明译,1934年7月20日出版;中册为“物理之部”,由谭辅之译,1934年9月5日出版;下册为“生物之部”,由谭辅之译,1936年9月出版。译文是按英文第三版译出,该版本中没有的各章,则由平林初之辅的日译本转译,而日译本则是按英文第二版译出的。第二个中译本《科学典范》由陈韬按1911年第三版译出,商务印书馆将其作为《汉译世界学术名著丛书》之一于1941年

11月在长沙出版[①]。译者谭辅之在"译者小引"中这样评论说:"虽然皮耳生[皮尔逊]是观念论者,但是他对于科学却尽了他伟大的力量。他在这本书上,把他以前的科学家所研究的结果都通统蜜蜂式地咀嚼了,并酿成了他自己的蜜。对于物理学上亦即是哲学上的许多根本命题,作了深刻的钻研,而给以理论的根据。并以他自己的观点和造诣把前人的说法都给以批判和鉴定。他之认真、强固、卓越,其研究精神和科学态度是值得赞成的。""全书彻始彻终,首尾一致,足见其推理之强韧,思想之缜密,亦印科学涵养之充分,科学方法运用之灵熟,在训练我们自己思想上,极有可资取法之处。"

当前在中国大陆,国粹派从先人的故纸堆里翻出"祖传秘方",后现代派从洋人的时髦话语中撷拾片言只语,不约而同地向所谓的"科学主义"(他们对"科学主义"的定义和反驳犹如堂吉诃德与风车搏斗;事实是,在历史上和当今的科学家或哲人科学家当中,几乎找不到他们所指称的"科学主义"者)发起了猛攻,掀起了一场不大不小的反科学主义的浊流。不管这两派人的心理动机和行为目的如何,实际上只能起到维护封建思想和文化秩序,阻碍中国现代化(包括文化的现代化和人的现代化)进程的作用,而无助于当

---

① 该中译本共386页,内容包括十章。分述科学之范围及方法、科学上之事实、科学定律、因与果——或然性、列联与相关——因果性之不充分、空间与时间、运动几何学、物质、运动定律、近代物理学思想,书末有五个附录。我在北京图书馆、中国科学院图书馆及北京大学和清华大学图书馆,均未找到此中译本。当时抗日战争形势严峻。是该译本未能出版,或是这些图书馆未及收藏? 我不得而知。上述有关《科学典范》的资料是我从《民国时期总书目》看到的。参见北京图书馆编:《民国时期总书目》(自然科学·医药卫生),北京:书目文献出版社,1995年第1版,第2页。

今社会的"现代病"的克服和治愈。要知道,反科学主义不仅在理论上难以立足[①],而且在眼下的中国也是不明智的和不合时宜的,甚至是滑稽可笑的——我们有反科学的"资本"吗?我们有这份超前的精神"高消费"的"福气"吗?且不说落后的中国社会经济急需科学技术之助,就是有五千年悠久历史的中华文化也明显缺失科学文化(以及民主和自由)的因子。只有用科学文化对中国传统文化补苴罅漏,才能重建 21 世纪的中华民族的新文化和新人格。因此,我们希望以揭示科学文化底蕴为旨趣的《科学的规范》的出版,能加速作为一种智慧和文化的科学驻足国人的意识和潜意识的进程。正是出于同一目的,译者新近还主编了《中国科学哲学论丛》。

中译稿是我为撰写《皮尔逊》一书准备资料,似于 1997 年春夏之交完成的。译文中有无"日月之蚀",读者自会明察,译者至多只能以"唯日孜孜,无敢逸豫"自勉了。

李醒民

1998 年春于中关村

[①]　李醒民:反科学主义思潮评析,北京:《哲学动态》,1990 年第 11 期,第 22～26,27 页。反科学主义者的最大理论误区在于:他们把自然科学等同于自然技术,又把自然技术潜在的善恶两面性所导致的"现代病"归咎于自然技术,甚至归咎于自然科学,而没有意识到这是由于社会技术或社会工程不发达、不完善所致。

"批判是科学的生命。"——库辛

　　谨以此书纪念伦敦城的前商人托马斯·格雷欣爵士(Sir Thomas Gresham)

目　　录

序

在科学的成长中有这样的时期,此时必须完全把我们的注意力从它的庄严的上层建筑移开,转而仔细审查它的基础。本书本来就打算作为对近代科学的基本概念的批判,这一点可在位于书扉页的箴言*中找到它的正当理由。同时,作者充分地意识到批判之易和重建之难,因此他并不试图在较轻的任务上突然停住。了解作者观点的人,或者确实阅读了本书的人,没有一个会相信他低估了伟大科学家的劳动或近代科学的使命之重要性。如果读者发现誉满全球的物理学家的观点和物理学概念的流行定义受到质疑,那么他不必把这归因于作者的纯粹怀疑精神。作者几乎毫无保留地接受了近代物理学的伟大成果;他只是认为,陈述这些成果的语言需要重新加以考虑。这一重新考虑迫在眉睫,因为物理学的语言已被广泛地用于生物科学(包括社会学科学)的所有分支。包裹科学原理的模糊性不仅仅是由于大名鼎鼎的权威所标志的历史的进化,而且也在于这样的事实:科学只要不得不与形而上学和教条进行艰难的战斗,它就像一个武艺娴熟的将军一样认为,最好是把它自己的有缺陷的组织隐蔽起来。然而,使人能够稍感疑惑

---

　　* 皮尔逊在书的扉页引用了法国哲学家、教育改革家和历史学家库辛(Victor Cousin,1792—1867)的名言:"批判是科学的生命。"——译者注

的是，这种有缺陷的组织不仅迟早将被敌人察觉，而且它已经对科学的新手和聪明的外行产生了十分沮丧的影响。的确难以想象，有比在基础科学教科书中流行的关于力和物质的陈述更为绝望地不合逻辑的任何东西了；作为大约十年教学和审查的结果，作者被迫得出结论，这些著作即使有价值，也几乎不具备教育价值：它们没有激发逻辑明晰性的增长，或者没有形成科学方法方面的任何训练。我们也许可以发现这种朦胧的一个结果：无论与纯粹数学家相比还是与历史学家相比，物理学家容易陷入像自然神学和唯灵论这样的伪科学的泥沼。如果本书的建设性部分在读者看来也许是不必要的教条和论战，那么作者想请求读者记住，这在本质上与其说打算反复说教，还不如说打算唤起和激励读者自己的思想：借助读者独立探究引发的主张和矛盾，往往最适宜达到这一结果。

在这本《科学的规范》中，表达了关于科学的基本概念的观点，尤其是表达了关于力和物质的基本概念的观点；自从作者首次被要求*思考，如何能够把动力学科学的要素在摆脱形而上学的情况下介绍给青年学生之时，这些观点就形成他的教学的一部分。但是，着力用通俗的语言把它们写出来，则是去年作者被任命为托马斯·格雷欣爵士**的几何学教授之时。这部著作的实质，形成了"近代科学的范围和概念"教程的两个引论的论题。格雷欣学院

---

*　作者在本书的第二版(1900)中，在此处添加了"(1882)"。这显然暗示，他是独立于马赫的《力学史评》想到这些观点的，因为马赫的书初版于1883年。——译者注

**　托马斯·格雷欣爵士(Sir Thomas Gresham, 1518/1519—1579)是英国商人、金融家、皇家证券交易所创建人，他出资创建了格雷欣学院(Gresham College)。——译者注

只不过是它的创建者希望和梦想它会变成伦敦的一所伟大教学大学的极小的一部分，但是作者在写本书——不管它有什么缺点——时感到，他正在尽其所能努力再现他的几何学教授职位的前任最早和最卓越地树立起来的先例。把该教授职位和该学院恢复到它原有的重要性是值得去干的工作，但是这有待于他人之手[*]。

这本《科学的规范》尽管不完美，但是要不是几位挚友的持续帮助和同情，它也许会更加欠缺。剑桥国王学院的麦考利（W. H. Macaulay）先生在许多方面给予帮助，他一直力图使作者的科学激进主义保持着在适度的和合理的界限内。对于作者的朋友、林肯法律协会（Lincoln's Inn）的帕克（R. J. Parker）先生，作者感激他最近十年对作者所写的几乎每一篇东西都一直给予仔细的和有启发性的修正。不过，作者尤为感谢巴尼特（Barnet）的赖尔（R. J. Ryle）博士，他的有逻辑性的头脑和广博的历史学识使本书大为"生色"，在这些版面中几乎给作者以租赁权。最后，作者必须感谢他的朋友和先前的学生、伦敦贝德福德学院（Bedford College）的示教员爱丽丝·李（Alice Lee），感谢她编写索引并对几个重要之 x 处作了校正。

卡尔·皮尔逊

伦敦格雷欣学院，1892 年 1 月

---

[*] 作者在第二版将此句修改为"但是这有待于被严格训练成对科学和一般文化的社会价值具有鉴赏力的人之手"。——译者注

第一章 引言:科学的范围和方法

§1 科学和现在

在过去四十年间,在我们对人类社会成长中的基本事实的评价中,发生了如此革命性的变化,不仅使得历史必须重写,而且也使得我们的人生理论必须深刻地更改,同时必须使我们的行为逐渐地但却确定地适应新颖的理论。被斯宾塞的有启发性的但却很少有持久性的工作支持的达尔文之研究,使我们洞察到个体生活和社会生活二者的发展;这种洞察迫使我们重新塑造我们的历史观念,缓慢地扩展和强固我们的道德标准。这种缓慢性不应当使我们泄气,因为社会稳定的最强大的因素之一就是迟钝性——不,确切地讲就是有力的抵抗,人类社会正是这样地接受所有的新观念的。缓慢性是熔炉,它把浮渣与真正的金属分离开来,它把社会肌体从无益的,也许还有害的实验变动的演替中拯救出来。改革者也应该是殉道者,这也许是为谨慎而付出的不算过大的代价,须知社会作为一个整体必须谨慎地运动;替换一个人* 可能需要数年,但是一个稳定而有效率的社会却是数世纪发展的结果。

---

* 第二版为"替换一个伟大的领导人"。——译者注

即使我们从达尔文的著作中获悉——尽管可能是间接地获悉——生产工具、财产所有、婚姻形式和家庭组织是历史学家在人类社会成长中必须追溯的基本因素,即使我们在史籍中不再用君主的名字做一个时期的标题且不再用整篇段落专门描绘他们的情妇,我们事实上还是远没有把握社会进化的各种因素的正确相互作用,或者远没有理解为什么一种因素在这个或那个时代变得处于支配地位。我们的确能够指出伟大的社会活跃时期和表面的平静时期,但是这若导致我们把社会体制的根本变化与改革和革命联系起来,也许只不过是我们对于社会进化的正确阶段的无知。我们确实认为,德国的宗教改革不仅在宗教方面,而且也在手工艺、艺术和政治方面是与个体主义标准代替集体主义标准相联系的。法国大革命以同样的方式标志着一个新纪元,许多人由此有意于确定大大改造了中世纪阶级和等级制度的关系,即没有受16世纪宗教改革影响的关系之社会观念复兴的日期。越接近我们自己的时代,我们的确能够以某种精确度衡量生产方法大变革即从家庭生产过渡到资本主义生产的社会影响,它改变了本世纪上半期英国人的生活,自此开辟了遍及文明世界的道路。但是,当我们来到我们自己的时代时,这个时代最显著的特点之一是,自然科学及其对人类生活的舒适和行为两方面的深远影响惊人急剧地增长着,我们发现不可能把它的社会史浓缩为片言只语,而企图以此涵盖相差甚远的历史纪元的特征。

对于生活在19世纪最后四分之一的我们来说,要正确地权衡我们时代在文明史中的相对重要性,是十分困难的。首先,我们只能从一个立足点即从**过去**考察它。由在沃尔姆斯议会(Diet of

Worms)**之前**的一切预言宗教改革的结局,至少需要伊拉斯谟[*]。或者,采用一个比喻:爬山的盲人也许对他经过的部分不同陡峭程度具有相当正确的估计,他甚至可能合理地述说他当时正在站立之处的确定坡度,但是这个斜坡直接通向险峻的悬崖呢,还是实际上正是峰顶呢,他对此无话可说。其次,我们在立场和情感两方面太贴进我们的时代了,以致无法恰如其分地、不带个人偏见地正确评价无疑正在发生的变化之重要意义。

在几乎每一个思想领域里观点的争斗——在每一个活动范围中,在宗教、商业、社会生活中旧标准和新标准的斗争——都过于密切地触及个人的精神需要和物质需要,以致我们无法平心静气地判断我们生活于其中的时代。我们生活在社会剧烈变化的年代,任何一个聚精会神地注视近代社会呈现出的鲜明对照的人,都几乎不能够怀疑这一点。这是一个伟大的坚持个人权利的年代,同样也是一个极端利他主义的年代;我们看到最高尚的理智力量,同时也伴随着迷信最奇怪的复发;存在着强烈的社会主义动向,可是也有不少异常的个人主义说教;宗教信仰的极端和明确的自由思想[**]的极端相互争夺。这些相反的特性并非仅仅存在于势均力

---

[*] 伊拉斯谟(D. Erasmus,约 1466—1536)是荷兰人文主义学者,古典文学和爱国文学研究家,《新约全书》希腊文本编订者,北方文艺复兴运动中的重要人物。他可能在同萨克森大公腓特烈会晤时,力荐路德出席沃尔姆斯议会并陈述己见。1521 年,神圣罗马帝国议会在德意志境内沃尔姆斯召开,路德 4 月 17 日首次出席议会为自己辩护。当年 5 月议会通过《沃尔姆斯敕令》,宣布路德为违法分子和异端分子。——译者注

[**] 自由思想(freethought)是 18 世纪不受传统宗教思想束缚的自由(宗教)思想;自由思想者(freethinker)尤指在宗教上不受权威或传统的信仰之左右,而有其主见的人。——译者注

敌的社会对峙中。同一个人的心智*也没有意识到自己缺乏逻辑一贯性,它将常常在微观宇宙中显示出我们时代的缩影。

不足为怪,关于我们的时代对人类进步的历史实际上作出什么贡献,我们迄今距达到共识只不过迈出微不足道的一步。一个人在我们的时代发现不安定、对权威的不信任、对所有社会建制和长期确立的方法之基础的怀疑,这些特征在他看来标志着社会统一的衰微、他认为能够指导行为的最佳原则的崩溃。另一个具有不同气质的人却向我们描绘最近未来的黄金时代:那时新知识将传播到大众之中,他发现正在处处生根的人类关系的新观点将最终排除陈腐的陋习。

一个教师提出的东西受到第二个教师的断然驳斥。一个人呐喊:"我们需要更多的虔敬。"另一个人则反击:"我们必须少一些虔敬。"第三个人宣称:"国家对劳动时间的干预是绝对必需的。"第四个人则回答:"它将消灭所有的个人首创精神和自力更生。"一个政党高呼:"国家的拯救取决于对它的劳动者施以技术教育。"它的反对者则迅速回答:"技术教育只不过是一个诡计,劳动雇佣者藉以把给他自己提供较好人类机器的费用转嫁给国家。"某人说:"我们需要更多的民间慈善事业。"其他人则答复:"一切民间慈善事业都是畸形物,浪费国家资源,使国民沦为乞丐。"有人说:"请资助科学研究,我们将获知真理,将知道何时何处有可能确定它。"但是,另一方则强烈抗议:"资助研究只是鼓励捐款的研究;真正的

---

* mind 是一个多义词,我们一般译为"心智",但有时依据上下文译为"精神"、"心"等,请读者注意。——译者注

科学人*将不会因贫穷而退缩,倘若科学对我们有用,它将为它自己付出代价。"这样的实例无非是我们发现在我们周围流行的观点冲突的几个实例。良心的责备和贫困的伤痛成功地在我们一代人中激起令人惊异的冲动——而且这是在实证知识的进展对许多旧习惯和旧权威表示怀疑的时代。的确,没有什么补救办法在今天没有相当的机会付诸一试的。人们筹集大量的金钱用于各种慈善计划、大众娱乐、技术教育乃至高等教育——一句话,用于所有类型的宗教的、半宗教的和反宗教的运动。从这种浑沌至少应当产生某些善;但是,国家通过过去的艰苦劳动节约的,或者凭借未来的信贷而利用的资源,却由于拙劣规定的甚或没有规定的划拨却 6屡屡引发恶,我们将如何彰善瘅恶呢?

个人的责任,尤其是关于财富的责任,是极其重大的,我们看到国家有一种日益增长的倾向,即干预民间慈善事业的经营,管理私人或半公共的捐款在过去资助的大量的教育机构。这种把责任从个人重新加给国家的倾向,实际上只是把责任加给作为一个主体的公民的良心,克利福德教授惯常称其为"部落良心"。地方和中央两方代表的公民权的广泛扩展,大大增强了公民个人的责任心。他必须面对针锋相对的主张和形形色色的党派的呼喊。国家今日已经变成最大的劳动雇佣者、最大的慈善事业的施予者,尤其

---

　　*　1833 年,在剑桥召开的英国科学促进协会的会议上,休厄尔(W. Whewell)仿照"艺术家"(artist)的提法,建议用"科学家"(scientist)一词称呼出席会议的人。当时,该词的含义相当狭窄,专指那些缺乏正规训练,或者与研究机构的关系并不密切,但在科学上却很有能力的人。因此,甚至到 20 世纪初,那些不愿被人视为眼界狭窄的科学工作者宁愿使用"科学人"(man of science)来称呼自己。——译者注

是变成在共同体中这个最大学校的校长。公民个人不得不直接地或间接地寻找当代无数的社会问题和教育问题的某种答案。他在决定他的行动或选择合适的代表时需要某些指导。他被猛然推入令人震惊的社会问题和教育问题的迷宫；如果他的部落良心在这方面具有任何素质的话，那么他觉得，就他有能力解决这些问题而言，不应当按照他自己的个人利益、按照他个人对收益或亏损的预期来解决它们。他被要求形成与他自己的情感和情绪无关的判断——如果可能的话——在这个判断中他充分地设想的是社会利益。要使大劳动雇佣者在工厂立法事务中形成正确的判断，或者要使私人学校的校长在国家补助教育的问题中明察秋毫，可能是一件困难的事情。尽管如此，我们也许都会一致同意，部落良心应该比个人利益更强有力地致力于社会的福利，**理想的**公民应该形成摆脱个人偏见的判断，如果有这样的公民的话。

§2　科学和公民

这样的判断——在对它的个人见解的白热化冲突和对它的个体公民日益增大的责任之当代如此必要的判断——怎么样呢，这样的判断是如何形成的呢？首先，显而易见，它只能基于对事实的清楚认识、对它们的关联和相对意义的正确估价。事实一旦被分类、一旦被理解，基于它们之上的判断就应该独立于审查它们的个人的心智。在任何其他领域，在理想的公民范围之外，存在习惯使用这种分类事实并在其上形成判断的方法的地方吗？因为如果存在，就消除个人偏见的方法来说，它不能不具有启发性；它应当是公民的最佳训练场所之一。事实的分类以及在这种分类的基础上形成绝对的判断——独立于个人心智的特性的判断——本质上概括了**近代科学的范围和方法**。科学人的首要目的在于在他的判断中消除自我,提出对每一个心智与对他自己同样为真的论据。**事实的分类、对它们的关联和相对意义的认识是科学的功能**,在这 8 些事实之上形成不受个人情感偏见影响的判断是我们将称之为科学的心智框架的特征。审查事实的科学方法并非对于一类现象和一类工作者是特有的;它可以应用于社会问题以及物理学问题,我们必须谨慎地使我们自己提高警惕,以免猜想科学的心智框架对职业科学家来说是特有的。

现在,对我来说,这种心智框架似乎是好公民的本质;在能够获得它的各个途径中,没有几个能胜过仔细研究自然科学的某一分支。甚至从了解某一小范围内的自然事实的科学分类开始,即可得到不带偏见研究的方法和习惯,对此的洞察给心智无比宝贵的能力,以便在机会来临时处理许多其他种类的事实①。耐心而持续地学习某一自然科学分支,即使现在也在许多人力所能及的范围之内。在某些分支每周学习几小时,倘若认真地进行两三年,不仅能充分地对科学方法给以彻底的洞察,而且也能使学生变成 9

_____

① 诋毁教育中的专门化是误解了教育的意图。教师的真正目的必须是传授对方法,而不是对事实的知识的鉴赏。使学生把注意力集中在小范围的现象上,比引导学生迅疾而肤浅地概览广大领域的知识,能够更容易地达到这个目的。我本人对在学校教的至少 90% 的**事实**没有记忆,但是我从我的希腊文法(它的内容我长久地忘记了)教师那儿引申出的**方法**的概念,依然保留在我心中,这实际上是我的学校素养对一生有价值的部分。

精心的观察者，也许还能变成他所选定的领域中的有独创性的研究者，从而给他的生活增添新的乐趣和新的热情。对科学方法公正评价的意义是巨大的，有理由要求国家在它的所有公民力所能及的范围之内设置纯粹科学方面的教育。确实，如果在工业学校和类似机构中打算给予的手工教育而不伴随纯粹科学方面的有效训练，那么我们就应当极其怀疑地看待公共资金在这些地方的大量支出。科学的心智习惯是人人均可习得的习惯，达到它的最现成的手段本应在人人力所能及的范围之内。

读者必须仔细注意，我只是赞美科学的心智习惯，提出可以培养它的几种方法之一。我没有断言，科学人必然是好公民，或者他关于社会问题或政治问题的判断将肯定有分量。绝不能得出结论说，因为一个人在自然科学领域为他自己赢得了名声，所以他在诸如社会主义、地方自治或圣经神学这样的问题上的判断将必然是健全的。他的判断是否健全，视他是否把科学方法带入这些领域而定。他必须恰当地分类和评估他的事实，必须在他的判断中受事实指导，而不是受个人感情或阶级偏见指导。正是科学的心智习惯，是好公民的本质，而科学家并非好政治家，这是我希望加以强调的。

§3　近代科学的第一要求

我已经通过迂回的道路达到科学和科学方法的定义了。但是，这是有意而作的，因为在我们时代的精神（它是一种健康的精神）中，我们习惯于使我们自己质疑一切事物，要求它们存在的理由。对于任何社会建制或人类活动形式，能够给出的唯一理由——我不是意指它们如何存在下来,这是一个历史问题,而是意指我们为什么继续促进它们存在——在于此:它们的存在有助于提高人类社会的福利,增进社会的幸福,或加强社会的稳定性。在我们时代的精神中,我们必然要质疑科学的价值;询问它以什么方式增进人类的幸福或提高社会的效率。我们必须为近代科学的存在辩护,或者至少为它对国库提出的大量的和日益增长的需求辩护。撇开近代科学为共同体提供的已经增加的物质舒适和理智享受——这些方面经常地、断然地被坚持,我将在以后简要地涉及它们——不谈,还有另外的、更根本的理由,证明在科学工作中花费时间和物资是正当的。从道德的观点来看,或者从单个人与同一社会群体其他成员的关系来看,我们必须通过他在**行为**中的后果来判断每一个人类活动。那么,科学如何在它对作为公民的人的行为之影响中为自己辩护呢?我断言,通过大量灌输科学的心智 11习惯而鼓励科学和传播科学知识,将导致效率更高的公民,从而将导致已经增进的社会稳定性。受到科学方法训练的心智,很少有可能被仅仅诉诸激情、被盲目的情绪激动引向受法律制裁的行为,而这些行为也许最终会导致社会灾难。因此,我首先强调近代科学的教育方面,用这样的言辞陈述我的命题如下:

近代科学因其训练心智严格而公正地分析事实,因而特别适宜于促进健全公民的教育。

于是,就科学对于实际生活的价值而言,我的第一个结论指向它在**方法**上所提供的有效训练。一个人自身习惯于整理事实,审查它们的复杂的相互关系,并依据这种审查的结果预言它们不可避免的关联——我们称这些关联为自然定律*，它们对每一个正常的心智与对个体研究者的心智同样有效——我希望这样的人将把他的科学方法带进社会问题的领域。他将不满意仅仅皮相的陈述，不满足仅仅诉诸想象、激情、个人偏见。他将要求推理的高标准、对事实及其结果的洞见，他的要求不能不充分地有益于共同体。

§4　好科学的本质

　　我想要读者清楚地评估，完全撇开科学可以传达的任何有用的知识不谈，科学是用它的方法自我辩护的。在科学的实际应用
12 的巨大价值面前，我们太容易忘记它的这一纯粹教育的方面了。我们屡屡看到为科学提出的抗辩：它是**有用的知识**，而语法和哲学被设想只有很小的用处或商业价值。确实，科学常常教给我们对实际生活具有基本重要性的事实；可是，理由并不在此，而是因为科学把我们导向独立于个体思维者的分类和体系，导向不容许个人幻想娱乐的关联和定律，我们必须把科学的训练及其社会价值列在语法和哲学的之上。科学普及的首要根据正是在这里，当然这不是唯一的根据。从这种观点来看，只列举研究结果、只传达**有用知识**的通俗科学形式是坏科学，或根本不是科学。让我建议读者以此检验每一本声称给任何科学分支以通俗叙述的著作。如果任何这样的著作给出的现象描述诉诸读者的想象而不是诉诸他的理性，那么它就是坏科学。任何名副其实的科学著作不管多么通

---

　　* law 是个多义词，我们根据不同的上下文译为"定律"、"规律"、"法"。——译者注

俗,其首要目的应该是介绍这样的事实分类,这将不可抗拒地导致读者的心智承认逻辑关联,即承认在心智迷住想象之前而诉诸理性的定律。让我们完全确信,不管何时我们在科学著作碰到结论,倘若它不是从事实的分类中得出的,或不是作者直接作为假定陈述的,那么我们就把它当做坏科学看待。对于受到逻辑训练的心智来说,好科学将总是明白易懂的,如果这种心智能够阅读和翻译用以撰写科学的语言的话。科学方法在所有分支中是相同的,这种方法是一切受过逻辑训练的心智的方法。在这方面,伟大的科学经典往往是最明白易懂的书籍,倘若如此,它们比那些对科学方法鲜有洞察的人所写的普及读物更值得一读。像达尔文的《物种起源》和《人类由来》、赖尔的《地质学原理》、亥姆霍兹的《音觉》或魏斯曼的《论遗传》这样的著作,即使在这些著作所涉及的几个科学分支中没有受过专门训练的人,也能够有益地阅读和广泛地理解①。在科学术语的注释中,在科学语言的学习中,可能需要某种耐性,但是像在不得不学习新语言的大多数情况一样,比较同一个词或术语在其中出现的段落,将立即导致公正地鉴识它的真实意义。谈到语言问题,对外行人来说,像地质学或生物学这样的描述性的自然科学,比像代数或力学这样的精密科学更容易接受;在精密科学中,推理过程必定经常披着数学符号的外衣,正确诠释它们即使不需数年,也需多月学习才行。我打算在后面涉及科学分类时,转向描述科学和精密科学之间的这种区分。

---

①　名单可以很容易增加,例如哈维(W. Harvey)的《心血运动论》和法拉第的《电学实验研究》。

14　　依我之见,我不是想让读者设想,只要读一些标准的科学著作,就能产生科学的心智习惯。我只是提出,它将对科学方法有某种洞察和对科学的价值有某种鉴识。如果人们坚持不懈地每周花四五个小时致力于学习科学的任何**一个**有限的分支,那么他们将在一两年或再多一点时间内达到目的。忙碌的外行人不必四处寻找这样的分支,该分支将给他谋生的职业或工作提供有用的事实。实际上,我们现在考虑的意图并不是他是否力图使自己精通地质学、或生物学、或几何学、或力学甚或历史或民俗学,即使是科学地学习这些学科。必不可少的是,**彻底地**认识某一小群事实,辨别它们的相互关系和科学地表示它们的关联的公式或定律。正是以这种方式,心智才逐渐浸透科学方法,在形成判断时摆脱个人偏见——正如我们已经看到的,这是理想的好公民的条件之一。按照我的思想,科学训练的这个第一要求即它在方法上的教育,是它对国家支持提出的最为强有力的要求。我相信,与许多工业学校使我们的所有公民专心于没有超过手工教育水平的技术教育相比,在他们力所能及的范围之内把教育置于纯粹科学,将会取得更大的成就。

§5　科学的范围

　　读者也许感到,我全力强调**方法**而牺牲了可靠的内容。且慢,

15 科学方法的特质在于,一旦它变成心智习惯,心智就能把**所有的**无论什么事实转化为科学。科学的领域是无限的;它的可靠的内容是无尽的,每一群自然现象、社会生活的每一个阶段、过去或现在

发展的每一个时期，都是科学的材料。**整个科学的统一仅在于它的方法，不在于它的材料**。分类无论什么种类的事实、查看它们的相互关系和描述它们的关联的人，就正在应用科学方法，就是科学人。事实可能属于过去人类的历史，我们的大城市的社会统计，最遥远的恒星的氛围，蠕虫的消化器官，或肉眼看不见的杆菌的生活。形成科学的，不是事实本身，而是用来处理事实的方法。科学的材料是与整个物理宇宙同样广阔的，不仅是现在存在的宇宙，而且是它的过去史以及在其中的所有生命的过去史。当宇宙的每一个事实，每一个现在的或过去的现象，现在的或过去的生命在其中的每一个阶段都被审查了、分类了且与其余的协调了，那么科学的使命也就完成了。这岂不是说，在人类终结之前，在历史不复创造之前，在发展本身中止之前，科学的任务永远也不能结束吗？

可以想象，科学在过去两个世纪取得了如此长足的进步，在最近五十年更加突飞猛进地发展，以致我们可以期待有朝一日它的工作被实际完成了。在本世纪初，亚历山大·冯·洪堡有可能概览了当时尚存的科学的整个领域。现在，任何科学家，即使是比洪堡更有才干的科学家，也不可能作这样的概览了。实际上，今天的任何专家几乎都不是在他自己的比较狭小的领域所作的所有工作的主人。事实及其分类正在以这样的速率积累着，以致似乎没有人有空去辨认子群与整体的关系。情况仿佛是，在欧洲和美洲的单个工人把他们的石料运到一个大建筑物跟前，堆砌它们，加固它们，但却不注意任何总计划或他们的各个邻人的工作；受到注意的，只是某个人放置墙角石的地方，于是建筑物在这个比较牢固的基础比在其他各处迅速地耸立起来，直到达到需要侧面支撑的高度才停顿下来。这个伟大建构的比例超越了任何个人的认识范围,可是它还是具有它自己的对称和统一,尽管它的建设方式是杂乱无章的。这种对称和统一在于科学方法。最简单的事实群,倘若恰当地分类和逻辑地处理,也将形成一块石料,它在伟大的知识建筑物中具有它的合适地位,完全独立于制作它的个别工人。甚至当两个人不知不觉地致力于同一块石料时,他们无非是修改和校正彼此的角度。面对近代科学的所有这一切巨大进步,当人们在文明的土地上正在把科学方法应用到自然的、历史的和心理的事实时,我们还是不得不承认,科学的目标是,并且必然是无止境的。

17   在这里,我们也可能注意到,从充分的、即使是部分的事实分类,也能发现描述这个群的关系和关联的简单原理,于是这个原理或定律本身便普遍地导致在同一领域或相关领域发现迄今还未被察觉到的现象的更为广阔的范围。每一个伟大的科学进展,都打开了通向我们先前没有观察的事实的眼界,都对我们的诠释能力提出新的要求。科学的材料伸展到我们的先辈根本不能看到或他们宣称人的认识不可能达到的区域,这也是近代进步的最显著的特征之一。在他们诠释太阳系的行星运动的地方,我们却在讨论恒星的化学构造,而对他们来说许多恒星并不存在,因为他们的望远镜无法看到它们。在他们发现血液循环的地方,我们在血液中看见活着的毒素的生理冲突,这些斗争对他们来说是荒诞不经的。在他们发觉虚空且自以为满意地可以证明虚空存在的地方,我们却认为能够携带能量的高速运动的巨大系统通过砖墙,犹如光透过玻璃一样。尽管科学知识的进展是巨大的,但它并不比所处理的材料的增长更大。科学的目标是清楚的——简直可以说是完美无缺地诠释宇宙。但是,这个目标是一个理想的目标——它标明我们运动和努力的**方向**,而我们实际上永远也不会达到这一点。

§6　科学和形而上学

现在,我想把读者的注意力引向从上面的考虑中得出的两个结果,即科学的材料与宇宙中的整个物质生活和精神生活一样广阔,再者我们对宇宙知觉的限度只是表观的,而非实在的。可以毫不夸张地说,宇宙对于我们的曾祖与对于我们并不相同,它在所有的可能性上对于我们的曾孙将截然不同。宇宙是一个变量,这个变量取决于我们感觉器官的敏锐性和结构,取决于我们观察能力和观察仪器的灵敏度。当我们在另一章更周密地讨论宇宙如何主要是每一个个体心智的建构时,我们将会更清楚地看到这后一谈论的重要意义。现在,我们必须简要地考虑一下前一谈论,它确定了科学的无限范围。说存在着科学从中被排除、科学方法在其中未应用的某些领域(例如**形而上学**),即是说有条理观察的法则和逻辑思维的规律不适用于处在这样的领域内的事实(若有的话)。这些领域即使确实存在,也必然处在任何能够就**知识**一词给出的可理解的定义之外。如果有事实以及在这些事实之间观察到的关联,那么我们就具有科学分类和科学知识所需要的一切。如果没有事实或没有在它们之间观察到的关联,那么**一切**知识的可能性便消失了。日常生活的最大假定——形而上学家告诉我们的推理

19 完全超越了科学——即其他生命像我们一样也具有意识的假定，与把地球上生长的苹果带到另外恒星的行星上它会落到地上的陈述一样，似乎具有或多或少的**科学的**有效性。二者都超越了实验证明的界限，但是假定大脑的"物质"的特征在某些条件下之一致性，似乎像假定恒星的"物质"的特征之一致性一样是科学的。二者仅仅是工作假设，就它们简化我们对宇宙的描述而言是有价值的。可是，科学和形而上学之间的区别常常被双方的信徒明智地坚持着。如果我们采用任何一群物理学事实或生物学事实，比如说电现象或卵细胞的发育，我们将发现，虽然物理学家或生物学家在他们的测量或假设方面有某种程度的差异，可是在基本的原理和关联上，每一个个别科学的教授相互之间实际上是一致的。在心理科学和社会科学中，事实比较难以分类，个人看法的偏见更为强烈，但类似的、尽管还不如此完全的一致也迅速出现了。不管怎样，我们更彻底地分类人类发展的事实，我们更精确地认识人类社会的早期史以及原始的习惯、法律和宗教，我们把自然选择原理应用到人和他们的共同体，这一切都正在把人类学、民俗学、社会学和心理学转化为真正的科学。我们开始看到心理事实群和社会事实群二者中的无可争辩的关联。有助于人类社会的兴盛或衰落的

20 原因变得愈明显，科学研究的题目也就愈多。因此，心理事实和社会事实并没有超越科学处理的范围，但是它们的分类却不像物理现象或生物现象的分类那么完美，出于显而易见的理由也不那么毫无偏见。

　　对形而上学以及那些其他被设想的、主张免除科学控制的人

类知识分支来说,情况是截然不同的①。他们是基于事实的准确分类呢,还是并非如此呢?但是,如果他们的事实分类是准确的,那么科学方法的应用应当导致他们的教授达到实际上等价的体系。可是,形而上学家的癖性之一却在于这一点:每一个形而上学家都有他自己的体系,该体系在很大程度上排斥他的先辈和同行的体系。因此,我们必然得出结论说,形而上学是建在空气或流沙上的——他们或者从根本没有事实的地基上开始,或者在事实的准确分类中未找到基础之前就耸起上层建筑。我想特别强调这一点。没有通向真理的捷径,除了通过科学方法的大门之外,没有获得关于宇宙的知识的道路。分类事实和依据事实推理的艰苦而无情的小径,是弄清真理的唯一道路。最终必须诉诸的,是理性而非想象。诗人 21 可以用庄严崇高的语言给我们叙述宇宙的起源和意义,但是归根结底,它将不满足我们的审美判断、我们的和谐和美的观念,它将不符合科学家在同一领域可能冒险告诉我们的少数事实。科学家告诉我们的将与我们过去和现在的所有经验相一致,而诗人告诉我们的或早或迟保证与我们的观察相矛盾,因为它是教条,我们在那里还远没有认识整个真理。我们的审美判断要求表象和被表象的东西之间的和谐,在这种意义上科学往往比近代艺术更为艺术。

　　诗人是共同体中受到尊敬的成员,因为他以诗人而闻名;当他

_____

　　① 要满意地定义形而上学家也许是不可能的,但现在的作家赋予该词的意义最终将变得更清楚。它在这里通常实指一类作家,其众所周知的例子是后非批判时期的康德(当时他发现,宇宙被创造,是为了人可以有一个道德行动的场所!);后康德主义者——著名的有黑格尔和叔本华——甚至在不具备基本的物理科学知识的情况下"说明"宇宙。

逐渐认识到近代科学向他提供的较深刻的洞见时，他的价值将会随之增加。形而上学家是诗人，常常是十分伟大的诗人；但是不幸的是，他并不以诗人而闻名，因为他用明显理性的语言表达他的诗篇；因此可知，他易于成为共同体中的危险分子。现在，形而上学教条可能阻碍科学研究的危险也许不是很大。黑格尔哲学威胁要在德国压制幼稚的科学的时代已经过去了；它在牛津开始凋零就是明证，证明它在它诞生的国家实际上死亡了。任何种类的哲学教条或神学教条即使在数代人期间能够阻止科学研究进步的时代，已经一去不复返了。现在，对任何领域的研究，或对所达到的真理的发表，都没有限制。但是，依然存在着不能漠视的危险，这一危险妨碍科学知识在未受启蒙的人中间传播，而且由于怀疑科学方法而迎合蒙昧主义。有某个学派发现，科学达到真理的劳动过程太使人厌倦了；这个学派够急躁的，以致要求通向知识的短暂而容易的捷径，而在这里真要获得知识，就只有通过多批工作者的长期而耐心的辛劳，也许经过几个世纪才会有收获。今日在众多领域，人类还是未知的，对我们来说最诚实的方针就是强调我们的无知。这种无知可能是由于缺乏任何恰当的事实分类引起的，或者因为假定事实本身是人的未受训练的心智之不一致的、非实在的创造。但是，因为科学坦率地承认这种无知，所以有人企图把这些领域禁闭起来，作为科学没有权利侵犯、科学方法在那里没有用处的场所。按照我们提及的学派的观点，科学无论在哪里成功地弄清真理，哪里就有"合法的科学问题"。科学无论在哪里还是无知的，我们在哪里就被告知，它的方法是不适用的；在哪里存在着除原因和结果（相似的现象群重新产生相同的结局）以外的关系，即某种新的但却未确定的联系支配的关系。在这些领域,我们被告知,问题变成哲学的问题,只能够用哲学方法来处理。哲学方法是与科学方法针锋相对的;我认为,我曾提到的危险在这里产生了。我们定义科学方法在于有序地分类事实,紧接着辨认它们的关系和重现的顺序。科学的判断是基于这种辨认和摆脱个人偏见的判 23断。如果这就是哲学方法,那么就不会有进一步讨论的必要了;但是,正如我们被告知的,哲学的题材不是"合法的科学问题",两种方法大概是不等价的。实际上,哲学方法似乎并非基于由事实分类开始的分析,而是通过某种内部深思达到它的判断的。因此,它具有易于受到个人偏见影响的危险倾向;正如经验向我们表明的,它导致不可胜数的对抗的和矛盾的体系。正因为所谓的哲学方法不像科学方法那样,当不同的个人研究相同的事实范围,可以导致实际一致的判断[①],所以科学比哲学能为近代公民提供更好的训练。

§7　科学的无知

不要设想,科学此刻否认迄今被分类为哲学的或形而上学的某些问题的存在。相反地,它清楚地认识到,形形色色的物理现象和生物现象直接通向这些问题。但是,它断言迄今应用到这些问题的方法是无效的,因为这些方法是非科学的。迄今体系贩子所 24

---

①　这句话绝不意味着否认科学中许多悬而未决的观点和未解决的问题的存在;但是,真正的科学家承认它们没有解决。一般说来,它们正好横亘在知识和无知之间的边界线上,在那里科学的前哨正在向未被占据的和困难的地区推进。

作的事实分类是绝对不恰当的和绝对有偏见的。在心理学借助观察和实验的科学研究超越它目前的界限而取得巨大进展——这也许需要数代人的工作——之前,科学只能对大量的"形而上学的"问题回答"我不知道"。其间,急躁或沉湎构造体系都是无用的。谨慎而辛勤地分类事实比当前在时机成熟之前就下结论,必然会取得更大的进展。

今天,科学论及生命和心智问题与17世纪科学论及宇宙问题,在许多方面处于相同的位置。那时,体系贩子是神学家,他们宣称宇宙问题不是"合法的科学问题"。伽利略徒然地断言,神学家的事实分类绝对是不恰当的。在庄严的红衣主教集会上,他们决定:

"地球既非宇宙的中心,亦非不是不动的,而且甚至每日自转地运动着,这种学说是荒谬绝伦的,在哲学上和神学上是假的,至少是对信仰的违犯。"①

几乎花了将近两百年,才使整个神学界相信,宇宙问题是合法的科学问题,而且只能是科学的问题;因为在1819年,伽利略、哥白尼和开普勒的书还在禁书的索引上,直到1822年才发布教令,容许教导地球绕太阳运动的书在罗马印刷和出版!

我之所以引用了这个值得回忆的荒诞例子——它是由把科学围在一个有限的思想领域的审判引起的——是因为在我看来它极有启发意义:如果有任何哲学的或神学的企图的话,那么随之再来

---

① "Terram non esse Centrum Mundi, nec immobilem, sed moveri motu etiam diurno, est item propositio absurda, et falsa in Philosophia, et Theoligice considerata, ad minus erronea in fide"(Congregation of Prelates and Cardinals, June 22, 1633).

的必然是限制"合法的科学问题"。无论在哪里有人的心智**认识**的最微小的可能性,哪里就有合法的科学问题。最模糊的意见和想象的区域只能处在实际知识的领域之外,但是人们还是十分经常地给它们以比知识更高的崇敬,但其风行程度毕竟江河日下了。

在这里我们必须稍为周密地研究一下,当科学人说"我在此无知"时,他意指什么。首先,他不是意指科学方法必然不适用,不是意指相应地必须寻找某些其他方法。其次,即使无知确实是由科学方法的不恰当引起的,那么我们完全可以确信,没有任何其他方法能达到真理。科学的无知意味着被强加的人类的无知。当我断言无论在心理知觉还是生理知觉中都存在科学在数世纪长的进程中不可能照亮的一些领域时,我自己应该感到遗憾。谁能够向我们担保,科学已经占据的领域才是知识在其中是可能的领域呢?用伽利略的话说,谁愿意为人类的理智设置界限呢? 确实,在英国和德国的几位第一流科学家不赞成这种观点。他们并不满足于说"我们**是**无知的",而是就事实的某些种类补充说"人类必然**总是**无知的"。因此在英国,赫胥黎教授发明了**不可知论者**(Agnostic)一词,这与其说是针对那些是无知的人讲的,还不如说是针对那些限制知识在某些领域的可能性的人讲的。在德国,杜布瓦-雷蒙发出呐喊:"Ignorabimus"——"我们总是无知的",他和他的兄弟着手证明人的认识对于某些问题是不可能的这一困难任务①。无论如

---

① 尤其参见保罗·杜布瓦-雷蒙(Paul du Bois-Reymond):《论精密科学中的认识基础》(*Ueber die Grundlagen der Erkenntniss in den exacten Wissenschaften*),Tübingen,1890。

何,我们必须注意,在这些情况中,我们不涉及科学方法的局限性,而关心否认无论什么方法都能够导致知识的可能性。现在,我冒险认为,在"我们**总**是无知的"这一呐喊中存在着巨大的危险。高呼"我们是无知的"是安全的和健康的,但是企图证明无知的无穷的将来,看来好像是接近于绝望的谦逊。在意识到科学过去的伟大成就和现在的永不停息地活动时,我们难道不可以更有理由地把伽利略的暗示——"谁愿意为人类的理智设置界限呢?"——作为我们的格言来接受吗?用进化论教导我们的关于人的理智能力的不断成长能够诠释这一点。

正如我已经评论的(边码 p.22),科学的无知既可以由不充分的事实分类引起,也可以归因于要求科学去处理非实在性的事实。让我们以在中世纪十分突出的若干思想领域为例,诸如炼金术、占星术、巫术。在 15 世纪,没有人怀疑占星术和巫术的"事实"。人们不知道星星如何施加它们的善恶影响;他们不了解女巫使村子的所有牛奶变蓝的确切机械过程。然而,在他们看来,星星影响人们的生存是事实,女巫具有把牛奶变蓝的本领是事实。今天,我们解决了占星术和巫术的问题了吗?

我们现在知道星星如何影响人们的生存,或者女巫如何把牛奶变蓝吗?一点也不知道。我们学会把那些事实看做是非实在的,是未受训练的人的心智的愚蠢想象;我们获悉不能够科学地描述它们,因为它们包含着自身是矛盾的和荒谬的概念。就炼金术而言,情况在某种程度上是不同的。在这里,实在的事实的假分类与不一致的关联结合在一起,也就是说,关联并不是由理性的方法导出的。只要科学带着真分类和真方法进入炼金术,炼金术就转变为化学,变为人类知识的重要分支。我认为,现在可以发现,科学尚未渗透和科学家还承认无知的探索领域,十分类似于中世纪的炼金术、占星术和巫术。它们或者包含着本身是非实在的事实,即概念是自相矛盾的和荒谬绝伦的,从而不能用科学方法和其他方法加以分析,或者在另一方面,我们的无知出自不恰当的分类和对科学方法的忽视。

关于那些可以说处在科学的适当范围之外,或者好像被科学人忽视的心理的和心灵的现象,实际的事态就是这样。在能够列举的例子中,再也没有比冠以**唯灵论**名称的现象范围更好的例子了。在这里,要求科学分析一系列在很大程度上是非实在的、出于未受训练的心智愚蠢想象的和出于返祖的迷信倾向的事实。就事实具有这样的特点而言,是无法阐明它们的,因为像女巫的超自然的能力,归根结底会发现,它们的非实在性将使它们自相矛盾。不过,与非实在的事实系列结合在一起的,也许是其他与催眠条件相关的事实系列,它们是实在的,它们之所以仅仅是无法理解的,是因为迄今几乎不存在任何明白的分类或科学方法的真正应用。前一类事实像占星术,永远不能化归为定律,但有一天将辨认出它们是荒谬的;另一类事实像炼金术,可以一步一步成长为科学的重要分支。因此,无论何时我们被诱使舍弃追求真理的科学方法,无论何时科学的缄默暗示必须寻找通向知识的某些其他门径,让我们首先询问一下,我们不知道其答案的问题的要素是否像巫术的事实一样,因为它们是非实在的,所以可能出于迷信,可能是自相矛盾的和无法理解的。

如果在询问时我们查明,事实不可能是这类事实,此时我们必

28

须记住,在事实的分类能够做得如此完备,以致科学能够就它们的
29 关系表达确定的判断之前,还需要长时期的愈益艰苦的劳作和研
究。让我们设想,卡尔五世大帝*对他的时代的博学者说:"我想
要一种办法,我用它在几秒钟之内就能把消息发到新世界,而我的
水手到达那里得花好多星期。"他们不是肯定地回答该问题不可能
吗? 在他们看来,提出这个问题似乎是可笑的,就像建议今日的博
学者应该即刻解决许多生命问题和心智问题一样荒唐。在大西洋
海底电缆变为可能之前,需要数世纪献身于事实的发明和分类。
要解开我提及的心理之谜和生物之谜,也许需要同样的甚或更长
的时间;但是,依我之见,宣称用科学方法永远不能够解决它们的
人,就像 16 世纪初的人宣称谈论跨越大西洋的问题永远绝对不可
能解决一样轻率。

§8　科学的广阔领域

　　如果我完全正确地表述科学状况的话,那么读者将会清楚地
认识到,近代科学做出比要求必须把它留在未经侵扰的领地还要
多的东西,神学家和哲学家乐于把那个领地称为它的"合法的领
域"。它宣称,整个心理的以及物理的现象范围,即全宇宙,都是它
30 的领域。它断言,科学方法是通向整个知识区域的唯一门径。科
学一词在这里不是在狭义上使用的,而是适用于从事实的精确分

---

　　*　史无卡尔五世大帝(Emperor Karl V)其人,这是作者卡尔·皮尔逊为说明问题
杜撰的例子。——译者注

类出发的所有关于事实的推理，适用于事实的关系和顺序的评估。科学的试金石在于，它的结果对于所有正常构造的和正式受教育的心智来说是普遍有效的。因为伟大的形而上学体系虽然闪闪发光，但当用这个试金石一试，它们就变成渣滓，所以我们不得不把它们归类为想象力的有趣作品，而不是对人类知识的可靠贡献。

尽管科学自称整个宇宙是它的领域，但是绝不要设想，它在每一个部门已经达到或永远能够达到完备的知识。远非如此，它承认它的无知比它的有知延伸得更广泛。然而，正是在这一无知的坦白中，它找到未来进步的安全通行证。教条和神话总希望在科学还未有效占据的领土四周设置围栏，科学不能同意人的发展在某一天再次受到这些围栏的阻碍。它不会容许神学家或哲学家这些知识界的葡萄牙人到无知的海滩确立特权，从而在适当的时机阻止在广大的、迄今未知的思想大陆拓展殖民地。在过去所设置的类似障碍中，科学现在发现在理智进步和社会进展道路上的某种最大的困难。这个困难主要是由于非科学的训练而出现的缺乏非个人的判断、科学方法和对事实的准确洞察，这使得在我们今日 31 众多的公民中清晰的思维如此稀罕，混乱不堪和不负责任的判断却如此普遍。可是，由于民主的增长，这些公民所要解决的问题也许比大革命时代以来他们的祖先曾经面对的问题还要严重。

§9　科学的第二要求

迄今，我们认为近代科学对公民有感召力的唯一根据在于，由于它所提供的比较有效的精神训练，而对公民的行为有**间接的**影响。但是,我们进而认识到,与从柏拉图时代到黑格尔时代的哲学家提出的任何国家理论相比,科学能够随时对社会问题提出具有更为**直接**意义的事实。除了引用德国生物学家魏斯曼精心制作的遗传理论向我们介绍的一些结论之外,我无法使读者更深切地感受到这种可能性。魏斯曼的理论处在科学知识的边疆;他的结果还是可供讨论的,他的结论还是可供修正的[①]。但是,为了指明科学能够直接影响行为的方式,我们可以暂时假定魏斯曼的主要结论是正确的。他的理论的首要特点之一是,双亲在生活过程中获得的特征不能遗传给后代。因此,父亲或母亲在他们的生活时期获得的或好或坏的习惯未经他们的孩子遗传下来。对双亲特别训练或教育的结果在孩子出生前不直接影响孩子。双亲只不过是受托管理人,仅把他们的混合股本留传给他们的后代。低劣的后代只能来自低劣的血统,即使这样一个血统的成员由于特别训练和教育成为他的家族的例外,他的后代在出生时还带有旧的感染[②]。现在,魏斯曼的这一结论——假如它是正确的,我们目前能够说的

---

① 他的"种质连续性"的理论在许多方面尚可怀疑,但是他关于获得性性状并不遗传的结论却建立足于坚实的基础上。参见 Weismann:《论遗传和宗族的生物学问题》(*Essays on Heredity and Kindred Biological Problems*),Oxford,1889 中肯的批评可在 C. Ll. Morgan 的《动物的生活和智力》(*Animal Life and Intelligens*)第五章找到。在 W. P. Ball 的《有用和无用的结果是遗传的吗?》(*Are the Effects of Use and Disuse Inherited?*)有一个摘要。读者也可查阅 P. Geddes 和 J. A. Thomson 的《性进化》(*The Evolution of Sex*)以及在《自然》(*Nature*)杂志 XI 和 XII 卷中的长篇讨论(针对 Weismann 的书 *Heredity*)。

② 阶级、贫困、地方化都极有助于接近孤立血统,甚至在近代文明中也极有助于把不健全的人聚集在一起。好血统和坏血统的混合,由于离中趋势只能导致**随机交配**,它不仅不能改良坏血统,而且能使好血统退化。

一切就是,有利于它的论据是相当有力的——从根本上影响我们关于个人的道德行为,关于国家和社会对它们的退化成员的责任之判断。退化的和虚弱的血统永远无法通过教育、良好的法律和卫生的环境的累积效果,而转变为健康的和健全的血统。这样的手段可能使该血统的个别成员成为社会中合格的、尽管不是强健的一员,但是同一过程将无法一而再地贯穿到他们的后代中去;而且,如果该血统由于社会为它安置的条件能够繁衍生息的话,那么在不断扩大的圈子中情况依然如此。如果社会仅仅依赖改变环境使它的被遗传的坏血统变为可遗传的好血统,那么排除在生存斗争中消灭虚弱的和退化的血统的自然选择过程,对社会来说可能是真正的危险。如果社会要塑造它自己的未来——如果我们能用比较温和的消除不合格者的方法代替自然规律的严酷过程,该过程把我们提升到目前高标准的文明,那么我们必须特别留神,在听从我们的社会本能的过程中,同时不要使坏血统越来越容易传播而削弱社会。

如果魏斯曼的这一理论是正确的——即使劣种人能够因教育和环境的影响而成为好人,但是坏血统永远不能转变为好血统——那么我们看到,目前加在每一个公民身上的责任是多么重大:公民必须直接或间接地考虑与国家的教育拨款、济贫法的修正和管理,尤其是与每年处置庞大资源的公共和私人慈善事业的行为有关的问题。在所有这类问题中,盲目的社会本能和个人偏见在当前形成了我们判断的极其强大的因素。可是,正是这些问题,恰恰是影响我们社会的整个未来、它的稳定和它的效率的问题,这些问题要求作为好公民的我们尤其要理解和服从健康社会发展的规律。

我们考虑过的例子将不是无益的,它的教训也不是没有价值的,尽管魏斯曼的观点毕竟是不精确的。很清楚,在我涉及的这类社会问题中,无论遗传定律可能是什么,都必然深刻地影响我们的判断。双亲对孩子的行为,以及社会对反社会成员的行为,倘使不注意科学就遗传的根本问题告诉我们什么东西,就永远不能放置在可靠而持久的基础上。"哲学的"方法从来也不能导致真实的道德理论。尽管看起来可能很奇怪,但是生物学家的实验室实验也许比从柏拉图到黑格尔的所有国家理论具有更大的分量!生物的或历史的事实的分类,它们的相关和顺序的观察,导致与个人判断对立的绝对的判断,这些是我们能够在像遗传学问题这样的极其重要的社会问题中达到真理的唯一手段。只有在这些考虑中,才显露出对国家的科学拨款、对我们公民在科学的思想方法方面的普遍训练的充分辩护。现在,要求我们每一个人就对我们的社会生存来说是决定性的形形色色的问题作出判断。如果这个判断确认措施和行为有助于已增长的社会福利,那么就可以称它是道德的,或更确切地讲,是社会的判断。由此可得,要保证判断是道德的,方法和知识对于它的形成来说是必不可少的。道德的判断的形成,即个人合理地肯定的判断将有助于社会福利的判断的形成,并非唯一地依赖于准备牺牲个人的收益或舒适、准备无私地行动,它首先取决于知识和方法,对这一点无论怎么经常坚持也不算过分。国家对个人的第一个要求不是自我牺牲,而是自我发展。给庞大而模糊的慈善事业计划捐款一千英镑的人可能是也可能不是社会地行动;他的自我牺牲没有证明什么,即便它确是自我牺

性；但是，无论直接还是间接地投票选举代表的人，在基于**知识**形 35
成判断之后，他无疑是社会地行动的，是达到了较高的公民标准。

§10　科学的第三要求

至此，我还要更为特别地审查一下科学对于社会问题的行动。
我尽力指出，不能合法地把它从研究真理的任何领域排除出去，进
而言之，不仅它的**方法**对于好公民是不可或缺的，而且它的**结果**也
与许多社会困难的实际处理密切相关。在这方面，我已努力为国
家拨款和讲授撇开其技术应用的纯粹科学而加以辩护。如果在这
种辩护中我最为强调科学方法的优势，即科学在证据评价、事实分
类和消除个人偏见，在可以称之为心智的严格性的一切事情上给
予我们以训练，那么我们还必须记住，纯粹科学最终对实际生活的
直接影响是巨大的。牛顿关于落石和月球运动之间关系的观察，
伽伐尼关于蛙腿与铁和铜接触的痉挛运动的观察，达尔文关于啄
木鸟、树蛙和种子对它们的环境之适应的观察，基尔霍夫关于在太
阳光谱中出现的某些谱线的观察，其他研究者关于细菌生命史的
观察，这些家族相似的（Kindred）观察不仅使我们的宇宙概念发生
了革命性的变化，而且它们已经变革或正在变革我们的实际生活、
我们的交通工具、我们的社会行为、我们的疾病治疗。在发现它们 36
的时刻，看来好像只是纯粹理论兴趣的结果，但最终却变成深刻地
改变人类生活条件的一系列发现的基础。不可以说，任何纯粹科
学的结果有朝一日不会成为广泛达到的技术应用的起点。伽伐尼
的蛙腿与大西洋海底电缆似乎是风马牛不相及的，但前者却是导

致后者的一系列研究的出发点。最近赫兹发现,电磁现象的行为
像光一样以波传播,他确认了麦克斯韦关于光只是电磁行为一个
特殊周相的理论;尽管它对纯粹科学来说是十分有趣的,但我们似
乎还没有看到它导致的直接的实际应用。但是,若有人冒险断定,
从赫兹的这一发现中最终可以得出的结果,在一两代人中将不会
引起比伽伐尼的蛙腿在当时导致电极的实现更大的生活革命,那
么这种人肯定是一个胆大妄为的教条主义者。

§11   科学和想象

从另一个方面看,我们应该关注纯粹科学是正当的——这个
方面不是诉诸科学在实际生活中的用处,而是触及我们本性的一
个侧面,读者也许认为我把该侧面已忘得一干二净。在我们人的
存在中,有一种无法用形式的推理过程满足的要素;它就是想象的
或审美的侧面,诗人和哲学家求助于这个侧面,科学要成为科学
的,也不能无视这个侧面。我们看到,在从已分类的事实推导关系
和定律时,想象不能代替理性。但是,训练有素的想象还是实际上
导致了所有伟大的科学发现。在某种意义上,一切伟大的科学家
都是伟大的艺术家;没有想象力的人可以收集事实,但他不能作出
伟大的发现。如果我必须举出在我们一代人中具有广泛想象力和
最有益地运用它们的英国人的名字,那么我认为,我应该把小说家
和诗人放在一旁,而说出迈克尔·法拉第和查尔斯·达尔文。现
在,十分需要理解想象在纯粹科学中扮演的确切角色。我们也许
能够通过考虑下述命题最佳地达到这一结果:纯粹科学因为它给

予想象能力以锻炼和它供给审美判断以满足,而对我们有更为强烈的要求。在后面两章,将考虑"科学事实"和"科学定律"这些术语的确切意义,但是目前让我们假定,这样的事实已被精心分类,它们的关系和顺序也被仔细追寻。科学研究过程的下一阶段是什么呢?毋庸置疑,它是想象的运用。某个单独的陈述、某个简明的**公式**——整个事实群看起来是从中流出的——不是纯粹的编目人的工作,而是具有创造性想象的人的工作。单独的陈述、简明的公式,这些词汇在我们的心智中代替孤立现象之间的广大范围的关系,我们称其为科学**定律**。这样的定律由于使我们的记忆免除单个关联的麻烦,从而使我们以最小的智力劳累,把握错综复杂的自然现象或社会现象。因此,定律的发现是创造性的想象的独特功能。但是,这种想象必须是训练有素的想象。首先,它必须评估事实的整个范围,这要求导致单一的陈述;其次,当定律被达到时——这往往似乎只是天才的被唤起的想象——它的发现者必须用每一种可信的方式检验和批判它,直到他肯定,想象没有使他造成虚假的东西,他的定律与它所恢复的整个现象群真正一致。想象的科学运用的基调正是在这里。成百上千的人都凭他们的想象解决宇宙问题,但是对我们真正理解自然现象有贡献的人,却是那些对他们想象的产品慷慨地运用批判的人。正是这样的批判,才是想象的科学运用的本质,事实上是科学的真正生命线[①]。

法拉第所写的无疑是权威的:

"世上不知有多少思想和理论在科学研究者的心智中通过,但

[①]　维克多·库辛说:"批判是科学的生命。"

却被他自己的严厉批判和敌对审查在缄默和秘密状态中压碎了；在最成功的情况下，没有十分之一的建议、希望、意愿、最初的结论被实现。"

§12 科学方法阐明

读者切不要认为，我正在描绘科学发现的任何理想的或纯粹理论的方法。他将发现，上面描述的过程由达尔文本人在他给我们关于他的自然选择定律的发现中准确地刻画出来。在 1837 年返回英格兰后，他告诉我们①，在他看来情况仿佛是：

"通过收集在驯化和自然条件下以任何方式影响动植物变异的所有事实，也许可以对整个问题作出某些阐明。我的第一个笔记簿是在 1837 年 7 月打开的。我以真正的培根原则工作②，在没有任何理论的情况下，我通过问卷调查、与技艺高超的饲养员和园林工人谈话、广泛阅读资料，大规模地收集事实，尤其是关于被驯

---

① 《查尔斯·达尔文的生平和信件》(*The Life and Letter of Charles Darwin*)，vol. i, p. 83。

② 正是从像拉普拉斯和达尔文这样的一生致力于自然科学的人中，而不是从像穆勒和斯坦利·杰文斯这样的纯粹概念领域的工作者那里，我们必定能找到对培根方法的真实评价。除达尔文的话之外，我们可以引用拉普拉斯论培根的话：

"为了探求真理，他致力于规则而不是例子，以全部理性和雄辩的力量坚持放弃晦涩无意义的学派的必要性，以便观察和实验，提出表明现象的普遍根据的真正方法。这种伟大的哲学促成了巨大的进步，后者是人类精神在整个世纪完成的。"(《概率分析理论》(*Théorie analytique des Probabilités*)，CEuvres, T. vii, p. clvi) 使用工具的木匠比忘记它的人能更好地判断它的有效性。培根的观点被他的**科学的**同代人坚持，一个最佳的评价概要可参见富勒教授的《新工具》(*Novum Organum*) 版本的引言。

化的产物的事实。当我看到我阅读和摘录过的各类论著的目录时,其中包括整个系列的杂志和学报,我为我自己的勤奋惊讶不已。我立即察觉到,选择是人成功地培育有用的动植物种属的要旨。但是,选择如何能够适用于生活在自然状态中的有机体,在一段时间对我来说依然是一个秘密。"

　　在这里,我们明白了达尔文的事实的科学分类,他本人称其为"系统的探究"。在这种系统探究的基础上开始探索定律。这是想象的工作;在达尔文的例子中,灵感显然是由于细读了马尔萨斯的《人口论》。但是,达尔文的想象具有训练有素的科学品质。他像杜尔哥*一样知道,如果第一件事是发明体系,那么第二件事就是厌恶它。因此,随后而来的是持续了四五年的自我批判时期,在他把他的发现以最后的形式给予世人之前,经过了不少于十九年的时间。谈到他的关于自然选择是物种起源的秘密的关键这一灵感时,他说:

　　"在此时此地,我终于获得了据以工作的理论;但是,我如此渴望避免偏见,致使我决定在一段时间内甚至不写最简短的概要。1842年6月[即灵感之后四年],我首次容许我自己满足于用铅笔就我的理论写了一个35页的十分简短的摘要;1844年夏天,这个概要被扩充为230页,我清楚地把它抄写出来,现在还保存着。"

　　最后,达尔文手稿的摘要与华莱士的文章在1858年一起发表,《物种起源》在1859年出版。

---

　　*　杜尔哥(1727—1781)是法国经济学家,重农学派主要代表人物之一,主要著作有《关于财富的形成和分配的考察》。——译者注

　　以类似的方式,牛顿的想象与自我批判能力也是珠联璧合的,
41 这导致他把涉及月球引力的证明搁置了几乎十八年,直到他提供
出他的推理中未觉察的环节。但是,我们关于牛顿的生平和发现
的细节太贫乏了,以致我们无法像查看达尔文的方法那样仔细地
考察他的方法,我就后者所作的叙述,足以充分地表明科学方法的
实际应用以及想象的训练有素的运用在科学中所起的真正的
作用。①

42
§13　科学和审美判断

　　我认为,我们有正当理由得出结论:科学并没有使想象丧失活

---

　　①　必须充分承认,事实的分类常常大量地受想象及理性的指导。同时,无论是由
科学家本人还是由先前的工作者作出的准确的分类,在科学家能够开始发现定律之前,
必然存在于科学家的心智中。在这里,正如在其他地方一样,读者将发现,我与斯坦
利·杰文斯在《科学原理》中提出的观点分歧甚广。我不能不感到,假如这位作者了解
达尔文的程序的方法的话,该书的第26章就必须彻底改写。我以为,杰文斯对牛顿方
法的叙述似乎没有充分强调这样的事实:牛顿在着手运用他的想象和用实验检验他的
理论即在自我批判时期**之前**,他就对物理学有广博的了解。伪科学家用无根据的、却往
往显示出巨大想象和天真的理论拖累评论家的议事日程之理由,不只是缺乏自我批判。
一般地,他们的理论并不像科学家本人总是愿意提出和批判的理论。它们的不成立是
显而易见的,因为它们的提出者既没有为他们自己形成也不了解其他人的事实群——
他们的理论就是打算概述这些事实群的——之分类。牛顿和法拉第是以充分认识在他
们自己的时代已形成的物理事实的分类**开始**的,并进而推动了理论化与分类的联合。
培根(我认为斯坦利·杰文斯无理地轻蔑了他)生活在分类手段一事无成的时代,他缺
乏牛顿或法拉第的科学想象。皇家学会的会议之早期史表明,收集和分类事实的时期
先于有价值的理论的时期是多么必要。
　　对于斯坦利·杰文斯的论"科学方法的限度"的最后一章,今日的作者只能表达他
的完全不同意;其中的许多论据在今日作者看来是非科学的,倘若称它们是反科学的不
是更恰当的话。

力,而且相反地,科学有助于运用和训练想象的功能。不过,我们还必须考虑想象力与纯粹科学之关系的另一个方面。当我们看到创造性的想象的伟大作品时,比如一幅引人入胜的绘画或一出感人至深的戏剧,它打动我们的魅力的本质是什么呢? 我们的审美判断为什么宣称它是真正的艺术品呢? 这难道不是因为我们发现,它把广泛的人的情绪和情感浓缩在简短的陈述、单个的程式*或几个符号之内吗? 这难道不是因为诗人或艺术家在他的艺术作品中,向我们表达了我们在长期的经验过程中有意识或无意识地分类的各种情绪之间的真实关系吗? 在我们看来,艺术家的作品之美难道不在于他的符号确切地恢复了我们过去的感情经验的无数事实吗? 审美判断宣布赞成还是反对创造性想象的诠释,取决于该诠释体现还是违背我们自己观察到的生活现象①。只有当艺术家的程式与它打算恢复的感情现象一点也不矛盾时,审美判断才能得到满足。如果审美判断的这一说明完全是真实的话,那么读者将会注意到,它与科学判断是多么严格地平行②。实际上,还 43 有比二者之间纯粹平行更多的东西呢。正如我们已经看到的,科学定律是创造性想象的产物。它们是心理的诠释,是我们于其下在我们自己或我们同类身上恢复广泛的现象、观察结果的程式。因此,现象的科学诠释,宇宙的科学阐明,是能够持久地满足我们

---

*　这里作者用的是 formula,有"公式"、"程式"、"方案"、"准则"之意。——译者注

①　通过研究不同年龄和状况的几个朋友最喜爱的作者和绘画,很容易注意到,感情经验的长期性和多样性在审美判断的决定中起着多么重要的作用。

②　认真的读者可参考华兹华斯在他的《抒情民歌》(*Lyrical Ballads*),1815 序中的"对诗的总看法"。

审美判断的唯一的东西,因为它是永远不会与我们的观察和经验相矛盾的唯一的东西。科学的这一方面正是必须要大力强调的,因为我们常听人说,科学的成长消灭了生活的美和诗意。无疑地,科学使许多对生活的旧诠释变得毫无意义,因为它证明,旧诠释与它们声称描述的事实不符。不管怎样,不能由此得出,审美判断和科学判断是对立的;事实是,随着我们科学知识的增长,审美判断的基础正在变化,而且必须变化。与前科学时代的创造性想象所产生的任何宇宙起源学说中的美相比,在科学就遥远恒星的化学或原生动物门的生命史告诉我们的东西中,存在着更为真实的美。所谓"更为真实的美",我们必须理解为,审美判断在后者中比在前者中将找到更多的满足、更多的快乐。正是审美判断的这种连续的愉悦,才是纯粹科学追求的主要乐趣之一。

44

§14　科学的第四要求

在人的胸怀中,存在着用某一简明的公式、某一简短的陈述恢复人的经验事实的永不满足的欲望。它导致野蛮人通过把风、河、树奉为神明来"阐明"一切自然现象。另一方面,它导致文明人在艺术作品中表达他的感情体验,在公式或所谓的科学定律中表达他的物理经验和心理经验。艺术作品和科学定律二者都是创造性想象的产物,都是为审美判断的愉悦提供材料。乍看起来,读者也许似乎觉得奇怪:科学定律与其说应该与在人之外的物理世界相关联,还不如说应该与人的创造性的想象相关联。但是,正如我们在下面几章的行文中将要看到的,科学定律与其说是外部世界的要素,还不如说是人的心智的产物。科学致力于提供宇宙的心理概要,它要求我们支持的最后一个重大的主张是,它具有满足我们渴望简明地描述世界的历史的能力。这样的恢复所有事物的简明的描述、公式,科学迄今还没有找到,也许永远也找不到,但是我们觉得可以保证这一点,即科学追求它的方法是唯一可能的方法,科学达到的真理是能够持久地满足审美判断的真理的唯一形式。现在,最好满足于部分正确的答案,而不要用整个错误的答案欺骗我们自己。前者至少是通向真理的一个步骤,而且它向我们表明可能采取的其他步骤的方向。后者不会与我们过去的或未来的经验完全一致,因此最终将无法满足审美判断。在实证知识增长期间,永不息止的审美判断逐步地抛弃一个又一个的信条和一个又一个的哲学体系。确实,我们现在可以从历史记载中满意地获悉,人们借助于有条理的观察和仔细的推理,能够希望一点一滴地、循序渐进地达到真理的知识,而科学在该词最广泛的意义上是通向知识的唯一门径,这样的知识能够与我们过去的经验以及未来可能的经验和谐一致。诚如克利福德提出的:"科学思想不是人类进步的伴随物或条件,而是人类进步本身。"

摘　　要

1.科学的范围是弄清每个可能的知识分支中的真理。没有什么探究领域在科学的合法领域之外。在科学方法和哲学方法之间划出分界线是蒙昧主义。

2.科学方法以下述特征为标志:(a)仔细而精确地分类事实,观

察它们的相关和顺序；(b)借助创造性的想象发现科学定律；(c)自
我批判和对所有正常构造的心智来说是同等有效的最后检验。

　　3.科学要求我们的支持取决于：(a)它为公民提供有效的训
练；(b)众所周知,它对许多重要的社会问题施加影响；(c)它为实
际生活增添舒适；(d)它给审美判断以持久的愉悦。

文　　献

Bacon,Francis-*Novum Organum*,London,1620,A good edition
　　by T. Fowler,Clarendon Press,1878.

46 Bois-Reymond,E. du-*Ueber die Grenzen des Naturekennens*,Veit
　　& Co. ,Leipzing,1876.

Bois-Reymond,P. du.-*Ueber die Grumdlagen der Erenntniss in
　　den exactem Wissenschafetn*,H. Laupp,Tubingen,1890.

Clifford W. K.-*Lectures and Essays*,Macmillan,1879.("Aims
　　and Instruments of Scientific Thought","The Ethics of
　　Belief",and "Virchow on the Teachin of Science".)

Haekel,E.-*Freie Wissenschaft und freie Lehre*,E. Schweizerbart,
　　Stuttgart,1878.

Haldame,J. S-"Life and Mechanism",*Mind*,in pp. 27-47;also
　　Nature,Vol,xxvii,1883,p. 56,Vol,xxiv,1886,p. 73;and
　　also,Haldance,R. B. ,*Proceedings of the Aristotolean Society*,
　　1891,vol. i,no. 4,part i,pp. 22-27.

Helmholtz,H.-*On the Relation of the Natrual Sciences to the*

TO-*tality of the Sciences*, translated by C. H. Schaible, London,1869.

This occurs also in *the Popular Lectures*, translated by Atkinson and others,First Series p. 1,Longmans,1881.

Herchel,Sir John-*A Preliminary Dissertation on Natural Philosophy*, London,1830.

Jevons, W. Stanley-*The Principles of Science*: *A Treatise on Logic and Scientific Method*,2nd ed. Macmillan,1877.

Pearson, K. -*The Ethis of Freethought*: *A Selection of Essays and Lectures* ("The Enthusiasm of the Market-Place and of the Study"),Fisher Unwin,1888.

Virchow,R. -*Die Freiheit der Wissenschaft im modernen Staat* (Versammlumn deutscher Naturforscher),München,1877.

第二章　科学事实

§1　事物的实在性

在第一章，我们频繁地讲过**事实**的分类是科学方法的基础；我们也有机会使用**实在的**和**非实在的**、**宇宙**和**现象**这些词的机会。因此，在进一步出发之前，我们应该就这些词意指什么而努力澄清我们的观念，则是十分恰当的。我们必须力求稍微更加周密地限定一下科学的材料在于什么。我们已经看到，科学的合法领域包括宇宙的所有心理的和物理的事实。但是，这些事实本身是什么，它们的实在性标准对我们来说是什么？

让我们以某种"外部客体*"开始我们的研究，因为本作者职业的熟悉的必需品即黑板将满足显而易见的简单性，所以就让我们以它为例吧①。我们发现外边的黄褐色的长方形框子，我们较为仔细地检查后足以推定它是木制的，它围着内部相当光滑的、涂以黑色的表面。我们能够测量确凿的高度、厚度和宽度，我们注意
到某种程度的硬度、重量和对破坏的阻力；如果我们进一步审查，

---

*　obeject 可译为"物体"、"客体"、"对象"，我们将依据上下文翻译。——译者注

①　黑板作为"直观教学课"是作者特别喜欢的例子，读者在这里也许会原谅他使用它。你的方言总是给每个人带来麻烦不便。

还会注意到一定的温度,因为黑板使我们感到冷或热。尽管乍看起来黑板好像是十分简单的物体,但是我们看到,它立即把我们引向十分复杂的性质群。在通常的谈话中,我们把所有这些性质归之于黑板,但是当我们细心地思考这件事情时,我们将发现,它绝不像表面看起来那么简单。首先,我借助我的视觉器官,接收到大小、形状和颜色的确凿印象,这些印象使我在未接触或度量该物体之前就能够以十分显著的确定性宣布,它是用木制成的、用颜料涂过的黑板。我**推断**,我将发现它是硬的和重的,若我乐意我能够看清它,我也会发现它具有各种其他性质,我已学会把这些性质与木料和颜料结合起来。这些推断和结合是我**添加**到视觉印象中去的某种东西,我本人从我过去的经验把它给予和赋予该物体即黑板。我可以通过触觉印象而不通过视觉印象达到我的黑板概念。即使蒙住眼睛,我也能判断它的大小和形状、硬度和表面质地,然后推断它的可能用途和外观,把所有的黑板的特征与它结合起来。在这两种场合中都必须注意,**实际的**黑板之存在的**绝对必要条件**首先是某种即时的感觉印象。决定外部物体的实在性的感觉印象实际上可能是十分稀少的,客体可以主要由推断和结合构成,但是如果我要把客体称为实在的,而不仅仅是我的想象的产物,那么就必须有**某些**感觉印象。若干感觉印象的存在导致我推断其他感觉印象的可能性,如果我乐意的话,我能够把这一可能性交付检验。

　　我听说国会大厦在华盛顿,尽管我从未去过美国,但是我还是确信美国和国会大厦的实在性——也就是说,我相信,如果我使我自己恰恰处在那个环境中,那么我就会经验到确凿的感觉印象。在这种情形中,我具有间接的感觉印象,即与来自美国的美国人以及船舶和动产接触,这导致我相信美国以及我的眼睛或耳朵告诉我关于美国的内容的"实在性"。在建构国会大厦时,很清楚,主要凭借的是过去的各种类型的经验。但是,必须注意,这种过去的经验本身也基于这类或那类感觉印象。这些感觉印象仿佛存储在记忆里。如果感觉印象充分强烈的话,那么它就在我们的大脑或多或少地留下它本身的持久的痕迹,无论何时相似类型的即时的感觉印象重现,这种痕迹便会以联想的形式显示出来。过去的感觉印象存储的结果,在很大程度上形成了我们通常称之为"外部客体"的东西。因此,必须清楚地认识到,这样的客体主要是由我们自己建构的;我们把存储的感觉印象群添加到或多或少的即时感觉印象中。两种贡献的比例大半取决于我们感觉器官的敏锐性以及我们经验的长期性和多样性。由于我们把大量的东西赋予大多数外部客体,因此劳埃德·摩根教授在他的《动物的生活和智力》(第 132 页)关于这个问题的出色讨论中,提议使用"**构象**"(construct)一词称呼外部客体。就我们目前的意图而言,十分需要记住的是这一点:外部客体一般说来是构象,也就是即时的感觉印象与过去的或存储的感觉印象的组合。事物的实在性依赖于它作为即时的感觉印象群出现的可能性[①]。

---

① 实在的东西和非实在的东西,以及实在的东西和理想的东西之间的划分,并不像许多人所想的那么截然分明。例如,海王星由理想的东西过渡到实在的东西,而原子还是理想的东西。当理想的东西的知觉等价物被发现时,理想的东西就过渡为实在的东西,但是非实在的东西永远也不能变成实在的东西。因此,形而上学家的概念,诸如康德的**物自体**或克利福德的**心智素材**(mind stuff),就我对这些词的意义之理解而言是非实在的(不是理想的),它们不能变成直接的感觉印象,但是关于物质本性的物理学假设是理想的(不是非实在的),因为它们并非绝对地处在可能的感觉印象的领域之外。

§2　感觉印象和意识

作为以感觉印象为基础的实在性这一概念,需要仔细考虑,而且需要某些保留和修正。让我们稍为比较周密地审查一下,所谓感觉印象一词我们是如何理解的。在迅速转动我的转椅时,我把膝盖碰到桌子的尖棱上。在一点也没想我正在做什么的情况下,我的手伸向下边,揉搓青肿的部位,或者膝盖使我觉得很不舒服,以致我站起来,想想我将做什么,旋即决定使用外伤用药山金车花酊剂。此刻,在我身上的两种行动似乎具有截然不同的特征——至少初次考察时是如此。在两种情况中,生理学家告诉我们,在最初阶段,信号从受伤的部位经过所谓的**感觉神经**传达至大脑。这种神经传递它的刺激的方式无疑是物理的,尽管它的确切**运作方式**还是未知的。在大脑里,形成了我们称之为感觉印象的东西,很可能在那里还会发生某种物理变化,这一切就我们称之为记忆的那些存储的感觉印象来说依然会或多或少地持续下去。适于大脑接收感觉印象的一切是我们习惯上称之为物理的或机械的东西,下述假定是合理的推断:形成我们命名为记忆的心理方面的东西,也具有物理的侧面;大脑把持久的物理印记看做是每一个记忆,而不管变化是在大脑物质的分子构造中还是在基本的运动中;这样的物理印记是我们存储的感官印记①。这些物理印记在未来的相

---

　　①　与被称为记忆的"持久印象"最密切的物理类比是弹性学家的挠度和余胁变。断言它们是比类比更多的东西,也许侵犯了生理学家的职能。

似特征的感觉印象被接收的方式中起着重要的作用。如果这些即时的感觉印象具有充分的强度或广度,正如我们也许可以冒险说的那样,那么由于与即时的感觉印象同源的——或者用一个更有启发意义的词**协调的**——过去的感觉印象,它们将唤起若干物理印记发生某一种类的活动。即时的感觉印象是受过去的物理印记制约的,一般的结果是我们称之为"构象"的东西。

除了传递信号到大脑的**感觉神经**以外,还有其他从大脑出发并控制肌肉的神经,我们称之为**运动神经**。通过这些运动神经,把信号发送到我的手臂,命令它揉搓我的青肿的膝盖。这个信号可以即时发出,或在我的手指蘸上山金车花酊剂后发出。在后一种情形中,通过了十分复杂的过程。我了解到,感觉印象相应于青肿的膝盖,山金车花酊剂对于青肿是有效的,药瓶必须在某个小橱中才能找到,等等。显然,这些感觉印象在手臂的运动神经发出揉搓膝盖的作用之前,要受到若干过去的印记的制约。该过程被说成是思维,由于各种各样的过去的经验可以开始起作用,因而最终到达运动神经的信号在我们看来好像是有意的,我们称其为**意志行为**,可是它实际上常常受到过去存储的感觉印象的制约。另一方面,在没有明显刺激任何过去的感官印记的情况下,当从感觉神经到达大脑的信号不比沿运动神经发出用手揉搓膝盖的命令快时,我们就说它是来自本能或习惯的无意的行动。整个过程可能是如此迅速,我可能如此全神贯注于我的工作,以致我一点也未意识到来自感觉神经的信号。我甚至未对我自己说:"我碰了我的膝盖,而且揉了它。"也许只有旁观者才意识到碰膝盖和揉膝盖的整个过程。现在,这在许多方面都是重要的结果。我能够在没有辨认它

的情况下接受感觉印象,或者感觉印象并未卷入意识。在这种情 53
形中,不存在存储的感觉印象群,不存在插入即时的感觉印象和传
到运动神经的信号之间的、我们称之为思维的链环。因此,我们所
谓的意识,即使不是全部也是大部分归因于存储的感觉印象的库
存品,归因于当感觉神经把信号传达给大脑时,这些库存品制约传
给运动神经的信号的方式。于是,意识的度量将主要取决于(1)过
去的感觉印象的广度和多样性,(2)大脑能够持久地保存这些感觉
印象的印记的程度,或可以称之为大脑的复杂性和可塑性的东西。

§3　作为中心电话局的大脑

在这里所讨论的大脑活动的观点,也许可以通过把大脑与中
心电话局加以比较来阐明:电线从中心电话局辐射到信号的发送
者 A、B、C、D、E、F 等,以及信号的接收者 W、X、Y、Z 等。A 通知
该公司,除 W 外他永不与任何人通话,他的线路与 W 的线路总是
接通的,而接线员依然没有意识到信号自 A 来以及它的电信到达
W,尽管信号通过他的电话局①。确实没有铃响。这相应于凭借感
觉印象无意识地继起的本能动作。其次,接线员根据经验发现,B 54
恒定地想要与 X 通话,因此不管他是否听到 B 的铃响,他都机械
地把 B 与 X 联接起来,而一刻也没有停止阅读他的花边新闻。这

---

①　假如电线在电话局之**外**联接,那么我们可以将其类比为某些反射作用的可能
性,这种可能性是在到达大脑之前由感觉神经和运动神经联合起来而产生的,例如甚至
在切除蛙的大脑后,当摩擦它背脊上的刺激点时,蛙腿便如此运动。

相当于凭借感觉印象无意识地继起的习惯性动作。最后，C、D、E 和 F 出于各种意图使他们的呼铃作响；接线员在每一种情况下都要回答他们的要求，但是这可能需要他倾听这些电话用后的特殊交谈，查阅他的花名册、他的邮局的电话号码簿或存储在他的电话局的任何其他信息资料。他最终把他们的线路分路，使他们与 Y 和 Z 的线路连成回路，这样作看来最适合各个要求的性质。这相应于按照接收的感觉印象有意识地继起的动作。在所有的实例中，交换活动都是从一个可能很大的，但还是有限的数目的发送者 A、B、C、D 等接收到信号而引起的；接线员的独特活动则是限于听从他们的命令，或者根据他的电话局存储的信息尽其所能地满足他们的要求。过程的类比绝不能强加得太离谱：尤其是发送者和接收者必须认为判然有别，因为感觉神经和运动神经似乎未显示出交换的机能。但是，作为中心电话局的大脑的概念，不仅能显著地阐明感觉神经和运动神经的作用，而且也能阐明思维和意识。没有感觉印象，就不会有存储的东西；没有接收持久的印记的官能，即没有记忆，就不会有思维的可能性；而没有这种思维，这种在感觉印象和行动之间的踌躇，也就不会有意识。当我们的行动凭借感觉印象即时地继起时，我们说该动作是无意识的，我们的行动隶属于我们把感觉印象归因的"外部客体"的机械控制。另一方面，当动作受到存储的感觉印象制约时，我们称我们的行动是有意识的。我们说它是由"我们内心"决定的，并断定"我们的意志的自由"。在前一种情形中，动作只受即时的感觉印象制约；在后一种情形中，它受部分是即时的、部分是存储的印象之复合制约。铸造品性和决定意志的过去的训练、过去的历史和经验，实际上都建立在这一时期或那一时期接收的感觉印象的基础上,因此我们可以说,不管行动是即时的还是延迟的,都是感觉印象的直接的或间接的结果。

§4　思维的本性

在这里还有一两点必须注意。首先,即时的感觉印象被视为点燃思维的火花,它使过去的感觉印象存储的印记活动起来。但是,人的大脑如此复杂,它存储的感觉印象以如此多种多样和千差万别的方式——部分地借助于连续的思索,部分地借助于在附近出现的和把明显不一致的过去的印记群如此联系在一起的即时感觉印象——联络起来,以致我们并非总是能够分辨即时的感觉印象和思维的最终序列之间的关系。另一方面,我们也并非总是能够追溯思维与它由以开始的即时感觉印象的顺序。不过,我们可以肯定的是,思维的元素归根结底是过去的感觉印象的持久印记,思维本身是由即时的感觉印象出发的[①]。

无论如何,绝不能期望这一陈述把思维的材料狭隘地局限于我们将其与即时的感觉印象结合起来的"外部客体"的组合。思维一旦激起,心智由于惊人的能动性便从一个存储的印记过渡到另一个印记,它分类这些印记,分析或简化它们的特征,从而形成有关性质和模式的一般概念。它由直接的也许可以称为物理的记忆结合到间接的或心理的结合;它由**知觉**到**构想**。如果我们能够追

---

① 随即时的感觉印象继起的思维的严格序列主要依赖于大脑在它接收的时刻的物理条件,进而主要受存储的感官印记在过去被激起的模式、即记忆被运用的模式之制约。

随心理的结合或追随过去感觉印象的存储印记之间关系的辨认，那么它很可能像即时的感觉印象和过去的印记的物理结合一样具有确定的物理方面。但是，印记的物理方面只是从即时感觉印象的物理性质中得出的合理性的推断，因此我们必须在目前使我们自己满足于认为，每一个思维过程具有物理方面是极其可能的，即使我们距离能够查明它的目标还十分遥远。

57

我们只能辨认出，这种心理结合的过程肯定发生在我们的个体自身中。我们将在后面考虑我们在其他人身上推断它的理由。不管怎样，在我们的个体自身中，要阐明它就必须主要依赖于我们的存储印记的多样性和广博性，进而依赖于个人的思维能力，或依赖于思维过程在其中发生的肉体器官的形成和发展，即依赖于大脑。个人的大脑恐怕显著地受到遗传、健康、训练和其他因素的影响，但是一般说来，在两个正常人中，思维的肉体工具是同一类型的机制，实际上不同的只在于效率，而不在于本质或功能。对于同样两个正常人而言，感觉器官也是同一类型的机制，从而处在只能把同一感觉印象传达到大脑的限度内。宇宙对于所有正常人的类似性正是在这里。相同类型的肉体器官接受相同的感觉印象，并形成相同的"构象"。两个正常的感知官能实际上建构同一宇宙。假如这一点不为真，那么在一个心智中思考的结果对第二个心智来说就不会正确。科学的普适的正确性取决于在正常文明人中感知官能和推理官能的类似性。

上面关于思维本性的讨论当然不能视为是最终的，或者不能视为是对思维的心理方面提供了任何真实的说明。它只是打算提

出我们藉以可以把思维看做是受到它的物理方面制约的方式。思 58
维的心理方面和物理方面之间的实际关系是什么,我们不知道,正
如在所有这样的情况中一样,最好是径直地承认我们的无知。在
目前我们关于大脑的心理学和物理学知识的状况下,用既不能证
明又不能反驳的假设填充无知的空隙,是无用的,甚至是危险的。
因此,如果我们说,从不同的方面看思维和运动是同一事物,那么
我们在我们的分析中并未作出真实的进步,因为我们未能形成关
于这一事物的本性本身可能是什么的概念。事实上,假如我们进
一步把思维和运动比之为同一曲面的凹侧和凸侧,那么我们的做
法肯定有害而无益;因为凸性和凹性此时并不是数学家精确定义
的不同的质,而只是同一个量即曲率的程度,该量通过零曲率或平
面从一个过渡到另一个。另一方面,大脑活动的心理方面和物理
方面之间的区别好像本质上是质的区别,而不是度的区别。最好
用下述评论使我们自己满足于我们目前的知识状态:感觉印象以
所有可能性导致大脑的某些物理的(在这个术语下包括化学的)活
动,这些活动被每一个人在思维的形式下**仅为他自己**所辨识。每
一个个人都辨认他自己的意识,并察觉到,感觉和动作之间的间隔
是被某种心理过程占据的。我们在我们个人自身中辨认出意识,
我们**假定**意识在其他人身上也存在。

§5　作为投射的他人的意识 59

刚才提到的假定,与我们在从有限的即时感觉印象群形成我
们称之为构象的东西中每一时刻所作的,绝不具有相同的性质。

我看到黑板的形状、大小和颜色,我**假定**我将发现它是硬的和重的。但是,在这里所假定的特性能够交付即时的感觉印象加以直接检验。我能够接触和提起黑板,能够完成我对它的特性的分析。即使我对其没有直接感觉印象的华盛顿的国会大厦,也能够提交同类的直接检验。不管怎样,一般认为,另一个人的意识永远不能被感觉印象直接察觉,我只能够从我们的神经系统明显的类似,从在他的情形中和我自己的情形中感觉印象和动作之间同样的踌躇,从他的行动和我自己的行动之间的类似,来**推断**它的存在。这种推理实际上并不像形而上学家希望我们相信的那么伟大。它是最终基于感觉印象和动作之间的时间间隔这一物理事实的推理;虽然我们迄今不能用物理学证明另一个人的意识,但是我们亦不能用物理学证明地球上生长的苹果会落在一个恒星的行星的表面上,或原子确实是物质分解的一个层次。可以想象,假如我们的感觉器官更灵敏些,或我们的交通工具更完善些,那么我们也许能够看见原子,或携带地球上生长的苹果到恒星——换句话说,用物理学或借助直接的感觉印象检验这些推论。但是:

60　　"当我得出结论,**你**是有意识的,在你的意识中存在的对象类似于在我的意识中存在的对象时,我并没有推断我自己的任何实际的或可能的感情,而是推断**你的**感情,而你的感情没有而且不能以任何可能性变成我的意识中的对象。"[1]

对此可以回答说,假如我们的心理学知识和外科手术充分完

---

[1]　W. K. Clifford, "On the Nature of Things-in-Themselves",《讲演和论文》(*Lectures and Essays*), vol. ii, p. 72。

备的话,那么我就会有可能意识到你的感情,承认你的意识是直接的感觉印象;例如,让我们说,通过合适的神经物质的连合把你的大脑**皮质**与我的大脑皮质联接起来。这种他人意识的物理证实的可能性并不比到恒星旅行的可能性更遥远。事实上,有一些人认为,在没有这种假设性的神经联接的情况下,通常所说的"预期另一个人的希望"、"解读他的思想"等过程,其本身就含有他人意识的感觉印象的要素,而不完全是从实践经验得出的间接推理。

　　克利福德把**投射**(eject)这个名称给予像他人意识这样的仅仅被推断的存在,该名称是一个方便的名称。与此同时,在我看来似乎还有疑问:**客体**(可以作为直接的感觉印象到达我的意识中的东西)和**投射**之间的区别是否像他欲使我们相信的那么明显。可以承认,另一个人的大脑的复杂的物理运动对我来说是客观实在;但是另一方面,假设性的大脑连合难道不能使我确信另一个人的意识正好像我的意识一样起作用吗?因此,在这方面似乎没有必要断言,意识处在科学领域之外,或者意识必须逃脱物理学的实验和研究方法。现在我们离真知可能还十分遥远,但是我未看到有什么逻辑障碍阻止我们断言,在朦胧的未来,我们也许可以对今天看来只是投射的东西获得客观的了解。事实上,没有关于心理效应都能够**还原**为物理运动的任何教条主义假定,我们也能做到这一点。心理效应无疑是由物理作用引起的,我们唯一的假定是这样一个并非不合理的假定:合适的物理链环可以把心理活动的评估由一个心理中心转移到另一个心理中心。

§6　科学对投射的态度

实际上,在某些方面,他人意识似乎比许多推断的存在较少超越我们的研究。一些物理学家推断原子的存在,尽管他们没有任何单个原子的经验,因为原子存在的假设能使他们简洁地恢复若干感觉印象。我们恰恰出于类似的理由推断他人意识的存在;但是,在这种情况下,我们至少具有了解一个个人的意识,即我们自己的意识的优势。我们在我们自身看到,它如何把感觉印象和延迟的动作联接起来。尽管原子像他人意识一样在某一天可能获得客观实在性,但是存在着科学处理的某些概念,正如我们在后面将要看到的,它们是不可能达到这一点的。例如,我们关于曲线和曲面的几何学观念就具有这种特点。虽然它们也许由于比他人意识具有更强的逻辑性可以被命名为**投射**,可是依然没有几个人否认,它们在感觉印象中有其终极的起源,它们是通过心理概括过程从感觉印象中抽取或分离出来的,我们先前已提及这一点(边码p.56)。一个更为引人注目的概念的实例是历史事实的概念,我们无法用任何形式的即时感觉印象去证实它。我们相信,约翰国王确实签署了大宪章,曾有一个时期雪原和冰川覆盖了英格兰的大部分,可是这些概念永远也不能作为直接的感觉印象进入我们的意识,它们也不能以同样的方式被证实。它们是我们通过一长串推理环节达到的结论,这些推理从直接的感觉印象出发,在终点则与原子和他人意识不同,绝不可能被即时的感觉印象直接证实。因此,当我们述说我们心智的全部内容最终都以感觉印象为基础时,我们必须仔细地认识到,心智通过分类和分离已获得概念,但这些概念却广泛地远离能够直接证实的感觉经验。心智的内容在任何时刻都与此时刻实际的或可能的感觉印象的范围差之千里。至于那些超出感官即时证实的事物,我们能够不断地从我们的即时的和存储的感官印记中获取推论;也就是说,我们推断不属于客观世界的或者无论如何不能够用此刻属于客观世界的即时感觉印象来直接证实的事物之存在。尽管这似乎很奇怪,但科学主要基于这种类型的推理;它的假设在很大程度上超越了即时可感觉的区域,它主要处理从感觉印象引出的概念,而不是处理感觉印象本身。

这一点需要特别加以强调,因为我们往往被告知,科学方法只适用于外部的现象世界,科学的合法领域仅在于即时的感觉印象之中。目前工作的目标是坚持针锋相对的命题,即科学实际上是心智内容的分类和分析;科学方法恰恰在于从存储的感官印记和基于它们之上的概念引出比较和推论。在即时的感觉印象还没有达到概念的水平,或者至少还没有达到知觉的水平时,它就不成其为科学的材料。说实在的,科学的领域与其说是外部世界,毋宁说是意识。科学的天职与其说是统治"外部质料世界"的"自然定律"的研究者,毋宁说是概念的诠释者,在这样为科学辩白时,我必须提醒读者,科学依然认为心智的整个内容最终建立在感觉印象的基础上。没有感觉印象,就不会有意识,不会有供科学处理的概念。其次,我们必须细心地注意,并非每一个概念——更不必说每一个推论——都具有科学的有效性。

§7 概念的科学有效性

为了概念可以具有科学有效性,它必须是首尾一贯的,是能够从正常人的知觉中演绎出来的。例如,半人半马的怪物不是首尾一贯的概念;只要我们关于人和马的解剖学知识得以充分发展,半人半马的怪物就变成不可思议的事物——自我否定的观念。正如人—马被视为感觉印象的混合物(这在解剖学上是不相容的)一样,人—神(其较粗糙的类型是海格立斯*)也被视为喀迈拉**,即一个自相矛盾的概念,只要我们清楚地定义了人的生理和心理特征的话。但是,即使个别心智达到了对该心智来说无论如何是完全首尾一贯的概念,也不能由此得出,这样的概念必定具有科学的有效性,除非科学可能关心分析那个人的心智。当一个人设想,一种颜色(绿色)足以描绘我的庭院中的蔷薇树的花和叶时,我知道他的概念毕竟可能是首尾一贯的,它也许与他的感觉印象完全和谐。我只是断言,他的知觉官能是**反常的**,并认为他是色盲。我可以从科学上研究这个人的反常性,但是他的概念没有科学的有效性,因为它不是从正常人的知觉中能够演绎出来的。在这里,如果我们要决定什么首尾一贯的概念具有科学的有效性,那么我们的确必须十分谨慎地进行。尤其是,我们必须注意,概念并不因为没

---

* 海格立斯(Hercules)是希腊神话中的大力士、主神宙斯之子,曾完成十二项英雄业绩。——译者注

** 喀迈拉(Chimera)是希腊神话中的喷火女妖,是一个狮头、羊身、蛇尾的怪物。——译者注

有被大多数正常人从他们的知觉中演绎出来,而失去有效性。新 65
个体起源于雌雄细胞的结合这一概念,实际上可能从未被大多数
正常人从他们的知觉中推断出来过。但是,如果任何正常人受到
恰当的观察方法的训练,并且处在适宜的研究环境中的话,那么他
将从他的知觉中引出这一概念而非它的否定。因此,正是在这个
意义上,我们必须理解下述论断:具有科学的有效性的概念必然能
够从正常人的知觉中**推演**出来。

前面的段落向我们表明,为了保证我们正在处理的是对所有
正常人具有有效性的东西,而不是反常的感知官能的结果,科学的
观察和实验应该经常地、由尽可能多的观察者重复,是多么重要。
不管怎样,这不仅在于能够容易地重复的实验或观察,而且更多地
在于特别难以重复的或不可能重复的实验或观察,因而大量的责
任落在记录者和要求接受他的结果的公众身上。一个事件可能在
有限数目的观察者在场时发生。事件本身不能重现,它完全与我
们习惯的经验不一致,这一切并不是在科学上无视它的充分根据。
检验他们的知觉官能在该场合是否正常,他们关于所发生的事件
的概念是否被他们的知觉辩护,多么繁重的责任加在各个观察者
的身上!更繁重的责任普遍地加在批判和查究这样的观察者给出 66
的证据的人的身上,要质问他们是否是训练有素的观察者,是否在
报告事件的时候是沉着和镇静的。也许由于先入之见的偏见或物
理环境妨碍清楚的感知,他们没有处在兴奋的心智状态中吗?简
而言之,他们的感知官能是否处在正常的条件内和正常的环境下?
毋庸置疑,当一个事件或观察的真或假对行为具有重大的影响时,

过分怀疑比过分轻信更有社会价值。① 在像当代这样的本质上是
科学探索的时代,怀疑和批判的盛行不应被视为绝望或颓废的征
兆。它是进步的保护措施之一;我们必须再次重申:**批判是科学的
生命**。科学的最不幸的(并非不可能如此)前途也许是科学统治集
团的成规,该集团把对它的结论的一切怀疑、把对它的结果的一切
67　批判都打上异端的烙印。

§8　推理的科学有效性

　　我们刚刚就概念的科学的有效性所讲的许多话,对于推理的
科学有效性也成立,因为概念不知不觉地就过渡到推理。本书的
范围将只容许我们简要地讨论一下合理的推理和归纳的限度。关
于比较充分的讨论,读者必须参考有关逻辑的专论,尤其是参考斯
坦利·杰文斯的《科学原理》中有关推理和归纳的各章(尤其是第
iv-vii、x-xii 章)。首先,在科学上有效的推理是每一个在逻辑方面
受过训练的正常心智都能够导出的,倘若该心智具有推理赖以立
足的概念的话。在这里,必须强调"**能够被导出**"和"**实际上总会被**

---

　　① 另一类难以或不宜屡屡重复的实验的一个好例子,可以从布朗-塞卡关于豚鼠
在一生中从它们的双亲获得的疾病的遗传之研究得到。这些研究是大规模进行的,耗
费了大量的时间和动物的生命。(布朗-塞卡同时饲养了五百只以上的豚鼠。)可是,我
们必须承认,即使这些实验是在每一个预防措施的条件下进行的(这可能使人联想到自
我批判),这一大数量的动物生命遭受的疾病和痛苦的"退化效应"比该实验可能阐明获
得性性状的遗传这个重大的社会问题所作的补偿还要大。不幸的是,布朗-塞卡的概念
和推理在许多生物学家看来好像是不确实的,证明下述问题的责任加在这位研究者的
身上:(1)实际上为结果的精确采取了所有可能的预防措施,(2)在采取预防措施时,实
验如此进行以致可以合理地假定它们能够解决所提出的问题。

导出"的区别。有许多心智已经清楚地定义了概念,却由于惰性或激情的偏见,不愿从那些概念导出能够导出的推论。科学的推理——以达尔文的自然选择作证——无论如何是合乎逻辑的,它往往得花费多年时间克服科学界本身的惰性,在它形成大多数正常心智的人之思想的基本因素以前,可能还需要更长的时期。可是,受过逻辑训练的、能够导出推理的人往往忽略这样做,与此同时在另一方面,没有受过逻辑训练的人却不幸地倾其大部分无条理的精力去编织杂乱无章的推理之网;他们编织得如此迅速,以致逻辑的扫帚也无法与他们的活跃性匹敌。面对中世纪的迷信以通神学或唯灵论的面目重新出现,很少有人去怀疑它们。

　　作为最受欢迎的、靠不住的推理之原因的假定,可能在没有查询的情况下被通过,因为它显然是荒谬的,多亏它不曾如此广泛流行。该假定简单地是这样:支持一个陈述为真的最强的论据是它的假定没有证明或不可能证明。让我们注意一下它的某些结果:物体的所有成分都能在大气中找到;不可能断言这些成分不能聚集在一起。① 因此,西藏的圣人能够用圣约翰的木材凭他们自己成形肉身。科学不能证明物质原因的均匀作用排除仁慈的造物主之假设。因此,人的冲动和希望得到科学的确认。意识被发现与物质结合在一起;我们不能证明,意识没有被发现与**所有**物质形式结合在一起。因此,所有的物质是意识的,或者物质和精神只能被

------

　　① 　未受训练的心智说:"这是我以前没有充分鉴赏的、值得注意的事实",这已大半皈依通神学了。

68

发现处于结合中,我们可以合法地谈论"社会的意识"和"宇宙的意识"。这些只不过是靠不住的推理的流行方法中的几个样本而已,尽管这通常已受到注意,但由于其隐蔽在不着边际的言辞之流下,从而未暴露它的赤裸裸的荒谬。当我们认识到这种特点的推理多么广泛地影响生活中的行为,而且又了解到这样的行为的根据必定是多么不可靠,多么易于被第一阵强劲的逻辑风暴摇撼其基础之时,于是我们理解,与不动脑筋的推理、轻松的和过分现成的信仰相比,诚实的怀疑对共同体来说更为健康。怀疑至少是通向科学探究的第一个阶梯;达到这一阶梯比无论什么智力进步也未做出要好得多。

§9　他人意识的限度

为了能够说明合法推理的限度,我们最好是考虑我们最后引用的例子,并探寻一下我们可以多么远地推断意识和思维的存在。我们已经看到(边码 p.52),意识是与在大脑中**可以**插入在接收来自感觉神经的感觉印象和通过运动神经发送刺激到行动二者之间的过程结合在一起的。意识是与具有某种特征的机制相结合的,我们称其为大脑和神经。进而,它依赖于感觉印象和动作之间的时间间隔的流逝,这一时间间隔仿佛充满了相互共鸣,并依附于存储的感觉印象和从它们抽取的概念。哪里不能观察到同样的机制和同样的时间间隔,我们在哪里就无法正确地推断任何意识。在我们的同胞中,我们观察到这种相同的机体和相似的时间间隔,从而我们推断他们有意识,这种意识可能像投射,但是正如我们看到

的(边码 p.60),这样的投射也许并非不可思议,无论如何有可能
在某一天变成客体。在比较低级的生命形式中,我们观察到大体 70
与我们自己的机制相似的机制,以及感觉印象和动作之间的越来
越短的时间间隔;我们可以合理地推断它们的意识,即使这种意识
强度变弱了。确实,我们不能指出一种确定类型的生命,说意识在
这里终结了,但是在不能发现感觉印象和动作之间的时间间隔的
地方,或者在不能发现神经系统的地方,推断它有意识则是完全不
合逻辑的。因为我们不能指出意识在其终止的肉体生命的精确形
式,所以我们没有权利推断意识与所有的生命结合在一起,更不用
说与所有的物质形式结合了;恰如如此之少的葡萄酒能够与水混
合,以致我们不能检测出它的存在,所以我们也没有权利推断必定
总是存在着与水混合的葡萄酒一样。正如我们已经看到的,意志
也与意识密切结合;当动作来自"在我们之内"的存储的感觉印象,
而不是来自"在我们之外"的即时的感觉印象的时候,意志就是在
我们自己个体中的感情。因此,我们可以正当地推断在与我们自
己或多或少同类的神经系统中的意志感情以及意识;我们可从我
们自身展示它们,把它们**投射**到某些肉体生命形式。但是,有人把
它们投射到无法找到神经系统的物质,甚或投射到他们假定是非
物质的存在,这些人不仅大大超出了科学推理的界限,而且形成了
像半人半马一样的、自身不一致的概念。从意志和意识与肉体机
制结合在一起,我们能够推断,没有这种机制就没有任何意志和意
识。当我们给予普通名词以与习惯的意义截然相反的意义时,我 71
们正在经由该术语的骗局而遁入我们能够绝对地假定是无、我们

只是不能否认其存在的事物。①

§10　合法推理的准则

我们在这里不能更充分地讨论信仰*和合法推理的限度。不过,当我们在第四章考虑**因果性**和**概率**时,我们将在某种程度上重返这个论题。但是,如果读者如此期望在斯坦利·杰文斯的《科学原理》或在克利福德的论《信仰的伦理学》的文章中进一步追求该论题的话,那就不可以在没有什么帮助的情况下用少数几个说明性的评论陈述合法推理的某些准则,而把读者撇开。我们首先应该注意,在我们的语言中,**信仰**一词的使用正在变化:先前它表示依据某一外部权威被视为某种确定的和确凿的东西;现在,它日益增长地表示依据与概率或多或少充分协调给予一个陈述的信任。②

---

①　没有神经系统的意识就像没有腹部的马一样,即喀迈拉,在习惯的语言中,我们否认其"存在"。我们无法证明,没有腹部的马不可能在物理宇宙"外面"存在,只是它不是马,只是它"无处"存在。我们能够假定无处之无的某种东西,但是它的存在从来也不能够从基于感觉印象的概念推导出来。这样的马也许像迈斯特·爱克哈特(Meister Eckehart,1260-1327/1328,莱茵兰神秘主义派创建人,德国新教教义、浪漫主义、唯心主义、存在主义的先驱。——译者注)的上帝,它是非神、非灵魂、非人、非理念,他就它说,任何断言与其必定为真,毋宁必定为假。

*　作者在这里用的是 belief,表示一般的相信。与它同义的 faith 表示毫无根据、仅基于自己的相信。二者均可译为"信仰"、"信念",二者原文及译文之意义难以确切区分。另一个同义词 conviction 表示由于他人使之信服后所产生的坚定信念,我们译为"确信",以示区别。——译者注

②　请把圣经段落中的古老用法,诸如"雅各(Jacob)的心之所以怯懦,是因为他不信神","除非汝等看见神迹和奇迹,否则汝等将不相信",或者在洛克的信仰定义——墨守人们被劝服相信,但却不知道其为真的命题——中的用法,与下述现代用法比较一下:"我相信,你将在停车场找到出租马车,列车在八点半开行。"

用法的变化标志着确信的基础从未批判的信仰向被权衡的概率逐渐转移。我们已涉及的准则如下：

1. 在不可能运用人的理性的地方，也就是不可能批判和研究的地方，信仰在此处不仅是无益的，而且是反社会的。

于是，信仰被视为知识的附属物：在需要决断的场合被视为行动的向导，其概率不像相对于知识那样是压倒之势的。在我们不能推理的领域去信仰是反社会的，因为共同经验表明，这样的信仰损害在我们能够推理的领域中的行为。

2. 只有当推理是从已知的事物到在类似环境中具有相似性质的未知事物时，我们才可以推断我们无法用直接感觉经验证实的东西。

因此，我们不能推断在有限意识的物理环境之外的"无限的"意识；我们不能推断月球上的人，不管月中人与我们自己在本性上多么相像，因为月球上的物理环境不像我们在此处找到的人所处的环境，如此等等。

3. 我们可以推断传说之真，当它的内容与人们目前的经验具有相似的特性和连续性时，当存在着合理的根据假定它的源泉在于人们了解事实并报告他们了解的东西时。威灵顿（Wellington）和布吕歇尔（Blücher）打胜了滑铁卢战役，这个传说满足必要的条件，而卡尔大帝和蜒蛇的奇迹则不满足无论哪个条件。

4. 虽然在微小的生活行动中，在迅速作决定是重要的场合，在微弱的证据上推断和在很小的概率权衡上信仰是合理的，但是把建立在不充足的证据基础上的信仰作为行为的持久标准，也是违背社会的真正利益的。

这个准则暗示,接受基于不充分证据的信仰作为行为的惯常指导,必然导致对个人在重要的生活决定方面的责任缺乏恰当的领悟。我们没有权利在七时相信,出租马车八时将在停车场上,即使我在八时半赶火车对其他事情至关重要。

§11 外部宇宙

在我们从目前的讨论中就科学的事实得出任何结论之前,我们必须再次重返即时的感觉印象,并稍为比较仔细地审查一下它的性质。我们习惯于谈论"外部世界",在我们之外的"实在"。我们言说各个客体具有独立于我们自己的存在。存储的感觉印象、我们的思想和记忆,虽然与它们的心理要素相比,它们极可能密切地与大脑中的某种物理变化或印记相对应,但是它们还是被说成是**在我们自身之内**。另一方面,假如把感觉神经处处隔开而达不到大脑,那么我们便失去对应的感觉印象,即使如此我还是言说像形式和结构这样的许多感觉印象是在我们自身之外存在着。此时,我们能够多么接近地到达这个在我们自己之外的假定的世界?几乎没有什么比大脑的感觉神经末梢更接近的了。我们像中心电话局的接线员,他不能比他的电话线的末端更接近他的顾客。实际上,我们的处境比接线员还要糟糕,为了恰当地进行类比,我们必须假定他**从未处在电话局之外,从未看见顾客或像顾客一样的任何人——简言之,除了通过电话线,从不与外部宇宙接触**。他无法就在他自身之外的那个"实在的"宇宙形成直接的印象;实在宇宙对他来说也许是从他的电话局的电话线的末端传来的音信。关于这些音信以及它们在他心智中引起的观念,他可以推理并得出他的推论;他的结论可能是正确的——对什么来说呢?对电话音信的世界来说,对通过电话传送的音信的类型来说。他可能对于他的电话用户的行动和思想范围了解一些确定的和有价值的事情,可是在这些范围之外,他却不会有什么经验。由于他被关在电话局,他甚至连电话用户**本人**从来也不能看见或接触。在这样的电话接线员位置中的许多东西,都像处在大脑的感觉神经末梢的我们每一个人的有意识的**自我**。自我不能比这些末梢更进一步地到达"外部世界",它无法断定它的神经交换机构的用户本人是谁以及为何目的。以感觉印象的形式表现出来的音信是从那个"外部世界"流入的,我们分析、分类、存储这些音信并就它们推理。但是,我们一点也不知道在我们的电话线系统的另一端可能存在的"物自体"的本性。

可是,读者也许评论说:"我不仅看见客体,而且我能够触及它。我能够从我的手指尖至大脑追踪神经。我不像电话接线员,我能够沿着我的线路网到达它们的末梢,并发现在它们的另一端有什么。"读者,你能够吗?请思考片刻,你的**自我**是否在一瞬间脱离他的大脑交换机构。你叫做触觉的感觉印象恰恰像视觉那么多地只在大脑的感觉神经末梢感觉到。你就从你的手指尖到你的大脑的神经还说什么呢?嗨,也是感觉印象,也是沿视觉神经或触觉神经传送的信号。说实在的,你正在做的一切是利用你的电话局的一个用户告诉你关于通向第二个用户的线路,但是你永远无法为你自己查清通向单个用户的电话线,无法确知他的本性如何以及为何目的。即时的感觉印象像存储的印记一样,都远远离开了你所谓的"外部世界"。如果我们的电话接线员借助留声机记录下外部世界在过去场合的某些音信,再如果任何电话音信按它的接收使几个留声机重放过去的音信,那么我们就有类似于在大脑中继续发生的形形。电话和留声机二者同样地离开了接线员所谓的"实在的外部世界",但是它们能使他通过它们的声音建构宇宙;他把这些实际上在他的电话局之内的声音投射到他的电话局之外,并称它们是外部的宇宙。这个外部世界是他从在声音内部的内容建构起来的,它与物自体大相径庭,犹如语言、符号与它表示的事物必然总是大相径庭一样。对于我们的电话接线员而言,声音可能是实在的世界,可是我们能够看到,它如何受到他的特定的电话用户的范围和他们的音信的内容的制约和限制。

关于我们的大脑情况就是如此;来自电话或留声机的声音相应于即时的和存储的感觉印象。我们把这些感觉印象仿佛向外投射,并称之为我们之外的实在世界。但是,感觉印象符号化的物自体,形而上学家希望把它称作的"实在",在神经的另一端依然是未知的和不可知的。外部世界的实在对科学和对我们来说在于形状、颜色和触感——感觉印象,它们与"在神经的另一端"的事物大为不同,就像电话的声音与在线路的另一端的电话用户大为不同一样。我们被幽闭和局限在这个感觉印象的世界,犹如电话局的接线员被幽闭和局限在他的声音世界中一样,我们无法越雷池一步。恰似他的世界受到他的特定的线路网制约和限制一样,我们的世界也受到我们的神经系统、我们的感觉器官的制约。它们的特殊性决定了我们建构的外部世界的本性是什么。正是所有正常人的感觉器官和知觉官能的类似性,才使外部世界对于他们全体来说是相同的或**实际上**是相同的。① 重新回到旧的类比，它仿佛是两个电话局拥有十分近似等同的电话用户群。在这种情况下，在两个电话局之间的线路不久会使被束缚的接线员确信，他们具有某种对他们自己来说是共同的和特殊的东西。这种确信在我们的比较中对应于辨识他人意识。

§12　在我自己之外和之内

我们现在能够清楚地看到，所谓"实在"和"外部世界"意味着什么。我们把任何即时的感觉印象群投射到我们自己之外，并认为它是外部世界的一部分。我们就这样称它为**现象**，在实际生活中说它是**实在的**。和即时的感觉印象一起，我们往往包括存储的感觉印象，经验教导我们，存储的感觉印象是与即时的感觉印象结合的。于是，我们设想，黑板是坚硬的，尽管我们只能看见它的形状和颜色。因此，我们称为实在世界的东西，部分地基于即时的感觉印象，部分地基于存储的感觉印象；它就是被命名为**构想**的东西。对个人来说，实在的世界和关于它的思想之间的区分是某种即时的感觉印象的存在。于是，在我自己之外的东西和之内的东西的区分，在任何时刻都完全取决于即时的感觉印象的总量。众所周知的德国科学家恩斯特·马赫教授用附图巧妙地描绘了这一点。这位教授躺在沙发上，闭着他的右眼，插图描绘了呈现在他的

---

① 并非**严格地**相同，因为感觉器官和感知能力的范围在某种程度上随不同的个人而变化；如果我们考虑到其他的生命，可能变化更大。

左眼的东西：

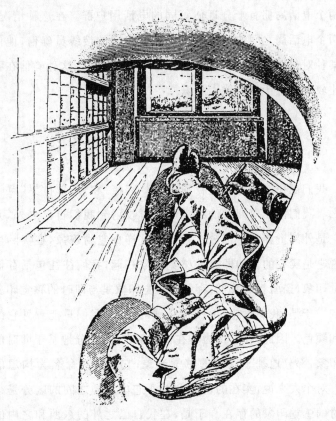

图　　1

　　"在我的眉棱、鼻子和胡子围成的框子内，显露出我的身体的可见部分以及身体周围的事物和空间。……如果我观察我的视野内的一个要素 A，并研究它与同一视野内的另一个要素 B 的联系，借用一下我的一位朋友在看这幅图画时使用的恰当表达的话，倘

79

若 B 通过我的皮肤,那么我便离开物理学领域而进入生理学或心理学领域。"[1]

从我们的立场来看,为简单起见忽略除视觉之外的任何其他感觉的即时贡献,该图画描绘了这位教授此刻形成他的"外部世界"的部分感觉印象;其余的是"内部"——对他来说只是作为存储的感觉印象存在。

努力把我们拥有的"外部事物"的知觉还原为我们藉以感觉它们的简单的感觉印象,简直是对心智的最好锻炼。因此,显而易见,在我们自己之外和之内的任意区分只不过是日常实践方便的区分。以针为例,我们说它细、亮、尖,等等。除了与从过去的感觉印象引出的概念结合在一起的形状和颜色相关的感觉印象群以外,这些性质是什么呢? 它们的即时的来源是某些视神经的活动。这些感觉印象对我们来说形成针的**实在性**。不过,它们以及合成的构想被投射到我们自己之外,并**假定**属于外部事物即"针"。现在,我们不幸把针刺进我们的手指;另一个神经受到刺激,我们称之为疼痛的快快不悦的感觉印象出现了。另一方面,这被说成是"在我们自己之内",没有投射到针。可是,在我们看来构成针的颜色和形状恰好因它刺伤而产生的疼痛一样,也是在我们之内的感觉印象。因此,在我们自己和外部世界之间的区分只不过是任意的,倘若一种类型的感觉印象和另一种类型的感觉印象之间的分离在实际上是方便的话。形成我们称为**我自己**的感觉印象群只是

① "The Analysis of the Sensation,——Anti-metaphysical",《一元论者》(The Monist),vol. i,p. 59.

广阔的感觉印象世界的一个小小的细分部分。我的手臂麻痹了，我还说它是我的一部分；它坏死了，我便不完全如此肯定它是否可以叫做我的一部分；外科医生截去它，它此时不再是我称为"我自己"的感觉印象群的一部分了。显然，"之外"和"之内"之间、一种个体性和第二种个体性之间的区分，仅仅是实际的区分。我们称之为树的感觉印象群，有多少是光和大气的效果？可以叫做感觉印象群——我们将其为个体——的限度的东西无法在科学上获得。但是，我们将在后面重返这一点。

§13　作为知识的素材之本源的感觉

当我们发现，心智完全局限于一个源泉即感觉印象，而且就它的内容而言，它能够分类和分析、结合和建构，但是总是用这一相同的素材，不管是它的即时的形式还是存储的形式，那么就不难理解，科学的事实、知识的题材能够是什么和只能是什么。我们曾经说过，科学处理从感觉印象引出的概念，它的合法领域是人的心智的整个内容。断言科学处理外部现象世界的人只是讲了一半真81 理。科学只是为检验和证实它的概念和推理的准确性，才诉诸现象世界——即时的感觉印象，而它的概念和推理的终极基础正如我们已经看到的，在于这样的即时的感觉印象。科学处理内心的、"内部的"世界，它的分类和推理的过程之目的恰恰是本能的或机械的结合之目的，也就是说，能够使动作最适合于保存种族和个体，以最小的时间和智力耗费使感觉印象继续下去。科学在这方面是思维经济——为的是与接收感觉印象和发出能动性的器官之心智微妙地调谐。

转向超越于感觉印象、超越于我们不能达到的大脑的感觉神经末梢的问题，并随我们的意愿沉思一下它。关于超越于它们的东西，关于形而上学家用以命名它们的"物自体"，我们充其量只能知道一种特性，我们只能够把这种特性描述为产生感觉印象、沿着感觉神经发送信号到大脑的能力。这就是能够就处于感觉印象彼岸的东西所作的唯一的科学陈述。但是，即使在这个陈述中，我们也必须仔细地分析我们的意义。对感觉印象和基于它们的概念有效的方法，不能投射到我们的心智之外，不能离开我们知道它们适用的范围而投射到我们认为是未知的和不可知的范围。如果我们能够论及定律的话，那么这个范围的定律和它的内容一样必定是未知的，因此谈论它的内容产生感觉印象是没有保证的推理，因为我们正在断言**原因和结果**——现象或感觉印象的定律——在超越我们经验的区域内有效。① 我们**了解**我们自己，我们**了解**我们周围的不可穿透的感觉印象之墙。在感觉印象背后存在着**产生**感觉印象的"物自体"这一陈述中，不仅没有必然性，甚至没有逻辑。关于这个超感觉的范围，我们可以无益地把它哲学化和教条化，但是我们永远不能有用地了解它。把知识一词应用到不能成为心智内容一部分的某种东西，导致了该词的不合理的外延。在感觉印象背后或超越感觉印象的东西可以还是不可以与感觉印象具有相同的特征，我们对此无法言说。我们感觉到一个物体**表面**是柔软的，但是它的核心可能是坚硬的还是柔软的，我无法言说；我们只能合

---

① 当我们讨论**原因和结果**的科学意义时，这一点将显得更清楚。参见第四章。

法地称它是表面柔软的物体。就感觉印象和可能在它们背后的东西而言,情况也是如此;我们只能说感觉印象素材或者**感觉**——我们愿意把它命名为感觉,不过与惯常的意义有某种程度的差异。所谓感觉,我们将相应地理解为其唯一可知的一面是感觉印象。在用**感觉**一词代替感觉印象时,我们的目标将是表达我们对于下述问题的无知或绝对的不可知论:感觉印象是否是由不可知的"物自体""产生的",或者在它们背后是否可能存在具有它们自己本性的某种东西。① 外部世界对科学来说是感觉的世界,感觉只是作为感觉印象为我们所知。

§14　影子和实在

　　初次碰到这些问题的读者可能觉得倾向于断言,如果这个感觉印象的世界是科学知识的世界,那么科学正在处理影子的世界,而不是实在的实物的世界。可是,如果这样的读者愿意思考一下当他的肘碰到桌子时所发生的情况的话,那么我认为他将会同意,正是坚硬性的感觉印象,也许正是疼痛的感觉印象,对他来说是实在,而作为"这些感觉印象源泉"的桌子则是影子。他可能会不耐

---

　　① 在这里存在着形而上学讨论的枯燥无味的领域。在感觉印象背后以及作为它们的源泉,物质论者设置了**物质**;贝克莱设置了**上帝**;康德以及在他之后的叔本华设置了**意志**;克利福德设置了**心智素材**。E. 马赫教授在边码 p. 79 提及的论文中把外部世界还原为它的已知表面,即他命名为感觉的感觉印象——没有留下我们打算用感觉一词表意的可能的不可知的附加物。这样的理论不会导致科学的错误,但是它好像不是从感觉印象而来的正当的推论。上面引用的各种各样的推理表明必须避免的困境,尤其是当推论为了感觉世界中有影响的判断而得出之时。

烦地反驳："我看见桌子——四条腿、黄铜柄、在过去一代人的使劲擦拭下黑栎木桌面闪闪发光——在那里存在着实在。"让他暂停一会儿,调查一下他的实在是不是即时的和存储的感觉印象的构象,是不是与先前的坚硬性的感觉印象具有严格相同的特征。他将立即使自己确信,**实在的**桌子对他来说在于确凿的感觉印象群的持久结合,而影子的桌子也许是在抽取这个群之后所留下的东西。

让我们片刻重返我们的老朋友黑板吧,它以复杂的性质体现 84给我们(边码 p.48)。首先,我们得到大小和形状,其次是颜色和温度,最后是诸如硬度、强度、重量等等的其他性质。撇开大小和形状而留下所有其他性质,这个群就不再是黑板了,它可能是另外的无论什么东西。假定颜色去掉了,它也不再是黑板。最后,假如硬度和重量不得不消失的话,那么我们也许**看见**黑板的幻影,但是我们应该立即使自己确信,它不是我们命名为黑板的"实在"。现在,由于读者可能正在认为这个黑板存在得太久了,至少是在我们的书页中存在得太久了,那就让我们雇佣一个木匠,把它拆开,用它制造一张四腿桌子吧。为了覆盖这样一张桌子的明显缺陷,我们给它涂上一层厚厚的阿斯皮诺尔珐琅。我们眼下有一张四腿红桌子。它不再是黑板;如果我们把它叫做黑板,那么任何不知道它的来源的人会认为我们完全发疯了。不管怎样,我们也许可以说,与曾经在黑板中的"相同的材料"现在在红桌子中,以此来使他明白我们的意思。对于实际的目的而言,这是十分恰当的和方便的;但是,如果我们说黑板和桌子是**相同的**事物,那么这将有助于我们达到精确的个体性概念吗? 新的涂料也许还有钉子被添上;木匠可能提供了一些附加的木材;不仅如此,还有更多的东西:如果我

85　们开始使用桌子,一条腿脱落了,换上了一条新腿;在一段时间后,
新桌面也许会有优点,于是甚至那张桌子的"材料"也可能不再与
黑板的材料一样了。更有甚者,由于我们的桌子可能坏了,我们将
它劈开烧掉,从而黑板将转化为各种气体和一些灰烬。现在,它的
情况怎么样呢?大小和形状、温度和颜色、硬度和强度统统一去不
复返了。确实,化学家断言,如果我们能够完全收集那些气体和灰
烬,那么一种感觉印象即重量的感觉印象,在这些东西中和在原来
的黑板中依然是相同的。但是,我们能够不管大多数偏差而确定
同一性在于某一个感觉印象子群的持久性吗?这种持久性可能是
我们感觉印象接续的链环,但是它几乎不能被看做是定义个体性
的基础。**即使**气体和灰烬能够被收集起来!事实上,它们已随风
而散,在时间的进程中可能被其他植物吸收,也许最终作为其他黑
板再现,甚或在羊肉腿中重现。在我们所说的原来的黑板的感觉
印象群背后的"物自体"怎么样呢?确实,在它那儿比在我们关于
黑板的感觉印象中存在着较少的持久性,与在重量同一性的纯粹
心理的概念中存在的持久性相比就更少了。黑板的实在性对我们
来说在于群聚在一起的某些感觉印象的持久性,除了作为存储的
感觉印象群而外实在性永远地消失了,这难道还不清楚吗?

86 ## §15　个体性

　　让我们从稍为不同的立场再次考察一下这个问题。让我们考
虑一个亲密的朋友,然后想象他的高度、体型和他的面部变化的熟
悉特征;设他的整个一系列身体特征深刻地改变了,或者统统消失

了。接着,让我们设想,他的才华,他的实际上使我们喜欢他的那
一点弱点即偏见,他关于文学、政治和社会问题的观点,他的所有
的人生概念,都完全改变了或消除了。一句话,构成我们的朋友的
一切感觉印象都去掉了。显而易见,这位朋友不会再是我们的朋
友了,他的个体性恐怕消失了。这位朋友的"实在性"对我们来说
不在于某种影子似的"物自体",而在于我们藉以辨别他的大多数
感觉印象群的持续性。为实际的目的,我们习惯于说小孩和长大
后的成人是相同的个体,但是身体和心智之变化是如此之大,以至
于假如把那个小孩带到那个长大后的成人面前,他也许会觉得他
完全是一个陌生人。我们在观看我们自己的二三十年前拍摄的照
片时,便体验到不自在的陌生感。年轻人和成年人的确是如此大
相径庭,尽管出于实际目的我们称他们是同一个人,我们猜想,假
如他们在街上邂逅相遇,那么他们可能相互之间形同路人。显然,
个体并不是以物自体的任何同一性,而是以某些感觉印象群的持
久性表示其特征的;这才是我们辨识的基础。

§16 "物自体"的无用

87

如果在不同时间我们遇到两个相互差异十分微小的感觉印象
群,那么我便命名它们是相同的客体或个体,在实际生活中本体的
检验是感觉印象的同一性。在我们看来,客体的个体性在于我们
的绝大多数感觉印象在两个时刻的同一性。在生长或急剧变化的
场合,这些时刻必须随着急剧性的增加而选取得越来越接近。这
种同一性的被存储的印记于是在观察者的心智中形成了,这在"外

部世界"的情形中构成个体性的识别,在"内部世界"的情形中构成
自我连续性的感情。

　　本节就我们对于个体事物必须理解的东西的考虑,比它们乍
看起来可以显现给读者的要重要得多。为了阐明客体的持久性、
它们作为个体之存在,我们不得不假定在感觉印象群背后的影子
似的"物自体"吗?我们通过所举的例子看到,物自体必须被设想
为像感觉印象一样是易逝的,而物自体的引入则是为了说明感觉
印象的持久性。[①]　不管怎样,为了出于实际的和科学的目的定义
客体的同一性,我们没有重新依靠关于物自体的任何形而上学的
探究。我眺望窗外,在我的庭院的**某个**角落看见一棵桉树,它有**某
种**形式和形状的枝干,阳光正照耀着它,**某些**光亮和阴暗历历可
见,风正把西边树条的叶子吹得翻转过来。这一切形成复杂的感
觉印象群。我闭上双眼,在睁开眼睛时我再次经历了复杂的感觉
印象群,但是与上一次稍微不同,因为阳光离开一些叶子,而落在
另一些叶子上,而风依然如故;不过,在两个群的感觉印象的绝大
多数中存在着同一性,因此我把它们叫做同一棵个体树——我的
庭院中的桉树。如果任何人告诉我,同一性是由于某种把持久性
引入感觉印象群的"物自体",那么我一点也不能接受或否认他的
断言,正如他的确一点也不能证明这种影子似的物自体一样。他
可以称它为**物质**、或**上帝**、或**意志**、或**心智素材**,但是这样做无助于

---

　　①　事实上,除非我们遵照毕希纳的粗糙的物质论,否则就不会如此;毕希纳把我
们命名为素材的特殊的感觉印象看做是其他感觉印象的基础,或看做是物自体。于是,
客体的个体性便重新依靠**未知的**物质要素的同一性;参见第七章。

有用的意图,因为它在基于感觉印象的概念的领域之彼岸,在逻辑推理或人类知识的范围之彼岸。假设在我们生活于其中的感觉印象的实在世界之背后的影子似的不可知物,是徒劳无益的。只要它们影响我们和我们的行为,它们就是感觉印象;可以超越它们的东西是幻想,而不是事实;假如假定**彼岸**是聪明的,那么假设把我们禁闭在内的感觉印象之面必定不可避免地把某些事物关在外面。这样的不可知物无助于我们理解,为什么感觉印象群依然或多或少持久地联系在一起。我们的经验是,它们是如此联系的,它们的结合目前是并且可能永远依旧是神秘的,正像现在存储的感觉印象借以在大脑中无意识地联系在一起的过程一样神秘。在我的心智中,为什么"庭院"的思维恒定地紧随着"猫"的思维? 这一结合的心理基础不是我意味的东西。我辨认出它在于我反复经历过猫类在**我自己的**庭院中造成的大破坏。可是,在我的大脑中作为印记的这两个概念之间的**物理的**连接是什么呢? 没有人能够说得出;不过这个问题应该比我们命名为客体的即时感觉印象之间的连接问题容易回答一些。当生理心理学回答了前一个问题时,我们讨论后一个问题也许将不再是愚蠢的。其间,让我们坦白我们的无知,而在此致力于即使在眼下就可以获得丰收的工作。

§17　知识一词若用于不可思议
之事物则无意义

　　我认为,我们现在正处在能够清楚地把握我们所谓的科学事实意味着什么的位置上;我们看到,它的领域最终以感觉为基础。

感觉的熟悉的一面即感觉印象激发心智形成构象和概念,这些再次通过联想和概括给我们提供了科学方法应用的素材的整个范围。我们可以说,科学方法有限度吗——我们的认识能力被束缚在感觉印象的狭隘界限之内吗?在证明能够找到知识——将包括不在人的思维平面上的东西——的定义之前,该问题是一个可笑的问题。我们独有的思维经验是与人的大脑结合的;把思维进一步延伸到与他同类的神经系统之外,这样的推理不可能是合法的。但是,人的思维在感觉印象中有它的终极源泉,它不能达到感觉印象的彼岸。因此,我们只能表明,通过证明在人的思维范围即思维只能够在那里被合法地说是存在着的范围内,有永远不能够解决的问题,我们的知识必然地受到限制。我至少从未遇见过这样的证明,我相信永远也无法提出它。我们人人都必须坦言,在可思考的事物的范围内,我们的知识还是极细的线条。我们甚至可以断言,我们在有限的时间内将永远达不到完备的知识;不过,这一断言与下述断言迥然不同:就在思维之外的事物而言,知识是可能的,可是不管如何可能,却必然是不可能达到的。这样的断言必定是荒谬透顶的,除非我们把知识作为在思维之外的事物之间存在的某种关系的术语来使用。但是,即使对该术语这样滥用,撇开它造成的混乱不谈,它也不能使我们比陈述无意义的 x 存在于不可思议的 y 和 z 之中更进一步。

摘　　要

1. 即时的感觉印象在大脑中形成持久的印记,这在心理上对应于记忆。即时的感觉印象与被结合的存储的印记之联合，导致"构象"的形成，我们把构象投射到"我们自己之外"，并称其为现象。在我们看来，实在的世界在于这样的构象，而不在于影子似的物自体。在自己"之外"和"之内"同样地最终以感觉印象为基础；但是，从这些感觉印象出发，通过机械的和心理的结合，我们形成 91 概念并引出推论。这些是科学事实，它的领域本质上是心智的内容。

2.当感觉印象和动作之间的时间间隔的流逝被标志着存储印记的复活和组合的大脑活动充满时，我们便说思维或是有意识的。他人意识是迄今还未被即时的感觉印象证实的推论，我们称其为投射。不管怎样，可以相信的是，它能够变为客体。在超越于类似我们自己的神经系统之外，意识是没有意义的；断言所有物质都是有意识的，更有甚者，断言意识能够存在于物质之外，则是不合逻辑的。

3.当把知识一词延伸到我们可以合理地推断意识的范围以外，或者当把它应用到思维平面之外的事物，即应用到被概念——尽管概念并非最终来自感觉印象——之名夸大了的形而上学术语，则知识一词是无意义的。

文　　　献

这些介绍仅打算给外行学生指出易读的材料，所以在这里提供哲学经典著作一览表也许是无用的。因此，我在某种程度上犹豫地提及康德的《纯粹理性批判》(Max Müller 的英译本)。同时，

我不了解关于康德的"物自体"观点的基本的专题论著。作为中等的和容易理解的东西,我引用:

Berkeley,G. -*An Essay towards a New Theory of Vision*,1709;*A Treatise Concerning the Principles of Human Knowledge*, 1710; and*Three Dialogues between Hylas and Philonous*, 1713. (All to be found in vol. i of Wright's edition of *The Works of G. Berkeley*,1843.)

Clifford,W. K. -*Lectures and Essays* ("Body and Mind"and"On the Nature of Things-in-themselves"). Further: *Seeing and Thinking*,Macmillan's"Nature"Series,2nd ed. ,1880.

Huxley,T. H. -*Hume*,Macmillan,1879.

Mach,E. -*Beiträge zur Analyse der Empfindungen*, 1886. Further:"the Analysis of the Sensations —Anti-metaphysical", the *Monist*,vol. I,pp. 48-68:"Sensations and the Elements of Reality",ibid. ,pp. 393-400.

Morgan,G. L. -*Animal Life and Intelligence*,chaps. viii and ix, Arnold,1891.

Pearson,K. -*The Ethic of Free thought* ("*Matter and Soul*").

第三章 科学定律

§1. 概要和前言

我们头两章的讨论对准近代科学的方法和素材的本性。我们看到,科学的素材对应于心智的所有构象和概念。我们把某些与即时的感觉印象结合的构象向外面投射,并说它们是物理事实或现象;另外的由存储的感官印记通过分离和协调的心理过程而得到的构象,我们则习惯于称它们是心理事实。在这两类事实的场合中,科学方法是我们能够藉以达到知识的唯一道路。的确,正是知识一词仅仅适用于科学方法在这个领域的产物。其他方法处处可能导致像诗人或形而上学家那样的幻想,导致信仰或迷信,但永远不会导致知识。谈到科学方法,我们在头两章看到,它在于事实的仔细的,而且往往是吃力的分类①,在于它们的关系和序列的比较,最后在于借助训练有素的想象发现简明的陈述或**公式**,从而用几个词句概述事实的整个范围。我们已看到,这样的公式被命名为**科学定律**。发现这样的定律的目标是思维经济;从存储的和相

①　读者必须仔细回想,**分类**并不等价于收集。它意指同族事实的系统结合,意指不是所有事实的收集,而是相关的和决定性的事实的收集。

关的感官印记中引出的概念的适当的结合,容许在接收即时的感觉印象时以最少的思维使恰当的动作紧随其后。科学定律的知识能够使我们用心理的结合或思维代替或补充机械的结合或本能。正是**预谋**,能够在接受新的感觉印象群时作出恰当的动作,人凭借**预谋**才在很大的程度上高于其他动物。

我们习惯于说科学定律是某种普遍有效的东西,或者无论如何习惯于说它的一种形式即所谓的"自然定律"(natural law)是某种普遍有效的东西;我们认为它对于所有人像对它的原来的提出者一样为真。甚至不缺少作出下述断言的人:自然定律具有完全独立于系统阐述、证明或接受它的人的心智的有效性。我们能够方便地观察到,关于自然定律的有效性实际上存在着某种独特的东西。提出新体系的哲学家,或者宣布新宗教的先知,都可能绝对地确信他陈述的真理;但是,来自古老时代的经验结果表明,他无法证明他的陈述的真理,以使每一个有理性的人的心智确信它。不管哲学的或宗教的准则——例如贝克莱的观念论,休谟的怀疑论,或中世纪神秘主义者的舍己——的教导者可能多么确信,它能够被合理地证明,但是实际上它却诉诸个人的气质,按照个人情绪的同情而取舍。另一方面,像牛顿就行星体系的运动提出的公式,将被每一个理性的心智接受,只要理性的心智一旦理解了它的术语并清楚地分析了它所概述的事实。[①] 这充分地表明,在哲学的和科学的体系之间、在神学的和科学的准则之间,必定存在着某种

---

① 一个行星引力的体系被整个文明世界接受了,但是一打以上的截然不同的神学体系以及几乎同样多的哲学学派甚至没有能力赢得我们自己国家的赞同。

广泛的差异。在本章,我将努力弄清这种差异何在,努力发现当定律一词科学地使用时它的意义是什么,以及我们能够在什么意义上说科学定律具有普遍的有效性。

§2. 关于定律一词及其意义

定律(law)一词首先使读者回想起国家公布的行为规则,并在或多或少严重的惩罚下针对它的某一阶层的公民强行实施这些规则。英国最负盛名的法理学作家奥斯丁[①],在他的众所周知的著作中用十分大的篇幅致力于讨论**法**(law)这个词的意义,他评论道:

"法在该词的字面意义被使用时的最一般和最综合的概念上,可以说是具有凌驾于理智人之上的权力的理智人为指导理智人而 95 制定的准则。"

他进而继续观察到,哪里有这样的规则,哪里就有命令,而哪里有**命令**,哪里就有相应的**责任**。从这一立场出发,他着手讨论各种类型的法,诸如民法、道德法和神法。人们将立即看到,在奥斯丁的法之定义中,没有为科学意义上的法则(law)留下余地。他本人承认这一点,因为他写道:

"除了包含在法一词字面概念中的、通过密切的和显著的类比虽则不合适地称为法的各种各样的规则以外,法一词还有诸多应用,这些应用都依靠微弱的类比,只不过是隐喻的或象征的。当我

---

① 《法理学讲演》(*Lectures on Jurisprudence*,4th ed).London,1879。

们谈论低等动物所奉行的**法**,植物的生长或衰败所遵守的**法**,决定无生命的物体或质团的运动的**法**,情况就是这样。因为在那里没有**理智**,或者理智太狭窄而无法得到**理性**的名称,从而狭窄得无法设想法的意图,所以在那里就没有法能够起作用的或者责任能够激发或遏制的**意志**。可是,由于一个**名词**作为隐喻公然被误用,从而法学和道德领域因混乱不堪的推测而被弄得泛滥成灾。"(边码p. 90)

现在,奥斯丁绝对正确地强调法一词在科学中的使用和在法理学中的使用之间的重大差别。在此毋庸置疑,同一名词对于两个截然不同的概念的使用导致了众多的混乱。但是,在一方面,如果法一词的科学意义公然误用到法理学和道德领域,因"混乱不堪的推测"而把这两个领域弄得泛滥成灾的话,那么在另一方面同样可以确定,该词的法律意义和道德意义的误用同样有害于科学领域的清晰思考。奥斯丁在写上述段落时,也许考虑到像黑格尔的《法哲学》这样的著作,我们在这些著作中发现,科学定律的持久的和绝对的特征被用来建立绝对的、以某种方式在人类制度中实现它自身的民法和道德法体系。对于一旦在它的自然选择的特殊因素中彻底把握了进化原理的心智来说,任何给定的社会在一个特定的时期的民法和道德法都是作为那个社会和邻接社会之间的生存斗争的最终结果而出现的。一个共同体在任何时期的民法和道德法法典平均来说是最适合于它目前的需要、最适应它现在的稳定性的法典。它们是可塑的,在每一个时代都随社会条件的发展和变化而改变。是合法的东西,就是特定社会在特定时期的法律不禁止的东西,是道德的东西,就是有助于特定社会在特定时期的福利的东西。我们都充分了解民法的连续改变；事实上，我们保持着它的重要的本体即所谓的议会，它的主要功能是修正和改写我们的法律，从而使这些法律在每个时期最适宜于在生存斗争中帮助共同体。关于道德法的变化，我们也许较少意识到，但是它们 97 没有一个是较少现实性的。在某一时期，在这个或那个社会的发展中，几乎不存在不是道德的行为；事实上，有许多问题，我们对它们的道德判断是与我们祖辈的道德判断截然不同的。我认为，正是民法和道德法随时代和共同体的相对性或可变性，才导致奥斯丁在某种程度上强烈地谈论把这样的法与在科学的绝对意义上的法则混淆起来的推测。法律或道德意义上的法只对个人或个人的共同体适用，它能被修正或废除。科学的法则在结果上将被视为对所有正常的人都成立，只要他们的知觉能力和推理能力依然没有实质性的变更。这两种观念的混淆，是由在自然法和精神世界或道德世界的法之间寻找类比的"混乱不堪的推测"产生的。

　　现在，如果我们发现两个绝然不同的观念不幸地具有同一名称，那么为了避免混乱，我们应该给它们之一重新命名，或者不这样的话，我们应该在一切场合完全确信，我们是在两种意义上使用该名称的。因此，在第一章，为了避免法一词的双重意义，当我在科学上讲到它时，我尽力用下述那样的短语代替它："概述事实群之间的关系之简要的陈述或公式"。倘若可能的话，实际上最好采用神学家和数学家已经使用的术语公式，用它代替科学定律或自然定律。但是，后一术语已如此植根于我们的语言，以至于现在的 98 确很难代替它。此外，假如法一词只在一种意义上被使用，那么我们可能会问，为什么是科学家而不是法理学家必须放弃他对该词的权利呢？法理学家说，在历史上他们对该词拥有古老的所有权——民法早就存在于科学定律之前。在某种意义上这完全为真[1]，因为编纂生活在共同体中的人的行为之法律的最早尝试比任何有意识地认识科学定律都要在先。现在，这直接导致我们进行十分重要的区分，要是忽略了这一区分，便成为众多混乱之源。法在它得到表达和认识之前存在吗？按照奥斯丁的观点，法在法理学的意义上肯定不是在此之前存在，因为这样的法包含着"命令"和"相应的责任"——也就是表达和认识。那么，对于科学定律，我们必须说些什么呢，它实际上在人们表达它之前存在吗？当这个词未与人的心智结合时，它有任何意义吗？我认为我们必须确定地对这两个问题回答"否"，我相信仔细领会第二章的读者将会立即看到这一陈述的根据。科学定律是与由人的知觉和推理能力形成的知觉和概念关联的；除非与这些东西结合，否则它是无意义的；它是某些感知和概念群的关系和顺序的**概要**或**简明的表达**，只有当人阐明它时，它才存在。

§3. 与人相关的自然定律

99　　让我们考虑一下处理所谓的"外部世界"的科学定律的一个部门——自然定律。我们知道，这个外部世界是**构想**。它是由部分地用即时的感觉印象、部分地用存储的印记建构的对象组成的。为此理由，"外部世界"本质上受到人的知觉和记忆能力的制约。

---

① 关于我们对该词的历史权利的最后结论，请参见边码 p.114。

其至假设"物自体"的形而上学家也承认,感觉印象绝不像"物自体",人的感觉印象如此远离存在物,以致整个"物自体"的产物也许只不过是物自体"产生"感觉印象的"官能"的最小的一部分。因此,谈论自然定律是存在于"物自体"中而与人的心智无关,就是再次断言无意义的 x 在不可思议的 y 和 z 之中(边码 p.90)。如果自然对人而言受到人的知觉和记忆官能的制约,那么自然定律也受到这些官能的制约。它与超出和超越人的某种东西无关,而只与人的知觉官能的特殊产物有关。我们没有权利推断没有知觉官能的事物之存在,甚或没有权利推断与人的知觉官能并非密切同族的知觉官能之存在。我相信,只要把这一点记在心中,包含在"自然"的流行观念中的大量模糊性就可以避免。

自然定律的**相对性**的一个好例子在所谓的**热力学第二定律**中被发现了。这个定律概述了广泛的人的经验,也就是在**我们的**感觉印象中观察到的广泛的序列,它包容大量的结论——这些结论不仅影响到实际生活,而且影响到被设想预兆所有生命的末日的能量耗散。对自然定律相对性的评估十分重要,我企盼读者将原谅我引用克拉克-麦克斯韦讨论这个例子的整段话[1]: 100

"在热力学中最佳地确立的事实之一是,在一个用壳层封闭起来的,既不容许体积变化,也不容许热交换,而且其中温度和压力处处相同的体系中,要在不耗费功的情况下产生温度或压力的任何不相等是不可能的。这就是热力学第二定律;只要我们能够处理大量的集合体,而没有察知和操纵构成集合体的孤立分子的能

---

[1] *Theory of Heat*, 3rd ed. p. 308. Longmans, 1872.

力,那么它无疑为真。但是,假如我们构想一个精灵,他的官能敏锐得足以追踪在它的路径上的每一分子,那么这样一个精灵尽管其属性本质上还与我们自己的属性一样有限,却能够做我们目前不可能做的事情。因为我们知道,空气容器中的分子在均匀的温度下绝不会以均匀的速度运动,尽管任意选取的任何大量的分子的平均速度几乎是严格匀速的。现在让我们假定,用一个有小孔的隔片把容器分为两部分 A 和 B,能够看见单个分子的精灵①打开和关闭这个小孔,以便只容许较快的分子从 A 进入 B,只容许较慢的分子从 B 进入 A。于是,他将在不耗费功的情况下使 B 的温度升高并使 A 的温度降低,从而与热力学第二定律矛盾。"

为了使外行读者明白这段话,我们只添加一句,在分子运动论中气体的温度依赖它的分子的平均速度。现在,热力学第二定律的毋庸置疑的正确性概述了广大范围的人类经验。它在那种程度上像引力定律一样是自然的定律。但是,气体分子运动论不管是否是假设的,它能使我们构想一个妖,它具有的知觉官能与我们自己的只有程度的差异而无质的区别,对它来说热力学第二定律也许并非必然地是自然的定律。这样的概念能使我们理解,我们所谓的自然对于察知它的官能来说是多么相对的。科学定律像感觉印象一样,不存在于外部宇宙,并非不受我们自身制约。克拉克-麦克斯韦妖察知的自然是某种与我们的自然大相径庭的东西,这

---

① 这个"精灵"作为"克拉克-麦克斯韦妖"而变得十分有名,但是必须注意,克拉克-麦克斯韦假定精灵的属性"本质上与我们自己的属性一样有限"——这一特性通常没有与妖联系起来。

在较少的范围内对动物界,甚至对不同的发展和文明阶段的人来说大概也为真。儿童的世界和野蛮人的世界与正常文明人的世界大异其趣。后者用自然的定律联系在一起的一半知觉对于前者来说是缺乏的。我们的潮汐定律对海滨的盲虫来说毫无意义,在它们看来,月球并不存在。① 对于每一知觉官能而言,自然的定律本质上受知觉的内容和方式的制约。因此,仅就知觉官能的某种类型即正常人的知觉官能来说,我们讲自然的定律的普遍有效性才有意义。

102

§4. 人作为自然定律的创造者

我们涉及的另一个问题是,科学定律在它被假定之前存在还是不存在。在这里,读者将觉得倾向于这样的评论:"在承认'自然'受人的知觉官能的制约后,不管人是否用词语系统阐明那个定律,人的知觉序列想必遵循同一定律吧? 引力定律在牛顿诞生前的时代就支配着行星的运动。"读者,是又不是;这个回答取决于我们如何定义我们的术语。包含在人对于天体运动的知觉中的序

---

① 这个观点是劳埃德·摩根教授在他的《动物的生活和智力》(*Animal Life and Intelligence*)中阐明的。在指出人和昆虫的感觉器官迥然不同的特征后,他继续说:

"请回忆一下它们的具有镶嵌视觉的、比我们的视网膜视觉粗糙得多的复眼,和在重要性上成问题的单眼,以及在这种或那种眼中完全没有肌肉调节的情况吧。我们能够想象用如此不同的器官能够在它们昆虫的心智中精制完全类似的知觉世界吗? 至少我无法想象。因此,即使承认它们的知觉可以合理地猜测是类同的,它们的世界是建构的结果,我们还是看不到我们如何能够暂且假定,它们建构的知觉世界能够在任何精确的意义被说成是类似于我们的知觉世界。"(边码 pp. 298-299,356-357,361)

列对托勒密和牛顿来说无疑是非常相同的；对原始人和我们自己
而言，太阳的运动是共同的知觉，但是感觉印象的序列在定律本身
中则是不同的。行星运动，小鸡起源于蛋，都是感觉印象的序列，
它们可以是科学上处理的事实，但它们不是定律本身，至少在对该
词的任何有用的诠释方面不是。整个行星体系的变化可以被察
知，甚至这些知觉可以被翻译为超过我们最精确的近代观察者的
丰富词语，可是无论知觉序列本身，还是它的描述，都未包含任何
定律的存在。知觉序列必须与其他序列比较，分类和概括必须紧
随其后；必须形成概念和观念这些心智的纯粹产物，此后才能给
序列范围以描述，这样的描述因其简明性和综合性是名副其实的
科学定律。

　　在这一点必须注意的是，不仅达到科学定律的过程是心理的，
而且定律本身在达到时包含着自然事实或现象与完全处在这些现
象特定领域之外的心理概念之结合。没有心理概念，就不会有定
律；只有当这些心理概念首次与现象结合时，才能形成定律。与
其说万有引力定律是牛顿发现的支配行星运动的法则，还不如说
他发明了简要描述我们称之为行星运动的感觉印象序列的方法。
他是借助纯粹的心理概念即相互的加速度做到这一点的。[①] 牛顿
首先把某种类型的相互加速度的观念与某一范围的现象结合起
来，从而使我们能够陈述一个概述了大量观察序列的公式，我们可
以称其为心理速记。这个公式的陈述与其说是引力定律的发现，
还不如说是引力定律的**创造**。于是，自然定律被视为心理速记的

---

　　① 读者将在第八章找到充分定义和讨论的相互加速度。

概要,对我们来说它代替了我们感觉印象之间序列的冗长描述。因此,在科学的意义上,定律本质上是人的心智的产物,它离开人则无意义。它把它的存在归因于人的理智的创造能力。人把定律给予自然的陈述比相反的陈述即自然把定律给予人更有意义。

§5."自然定律"一词的两种含义

我们现在至少追踪了法理学的法和科学的定律之间类似的一个方面,即二者都是人类理智的产物,我认为奥斯丁忽视了这一点。但是,我们同时看到二者之间的广泛差异。民法包含命令和责任;科学定律对所有正常人都是有效的,只要他们的知觉官能依然处在目前的发展阶段①,它就不可能改变。不管怎样,在奥斯丁以及其他许多哲学家看来,自然的定律不是心理公式,而是重复的知觉序列。他们把这种重复的知觉系列投射到他们自己之外,并认为它是受人制约却又独立于人的外部世界的一部分。在该词的这种含义——不幸地是这一含义在今天太流通了——上,自然定律能够在它被人认识之前存在。在这种含义上,自然定律比民法具有古老得多的祖先,它仿佛是民法的双亲。历史地追溯民法的成长,我们发现它起源于未成文的习惯。生存斗争在部落中逐渐形成的习惯,在时间的进程中变成它的最早的法律。现在,我们

----

①　感知能力即使平均说来也可能稍有变化,只不过未被觉察而已。与在人从低级的生命形式的进化期间感知官能经历的变化相比,现在它在人中间在类型方面还是持久的。

越远地回溯人类的发展，通过越来越完全的野蛮状态而进入简单的动物条件，我们就越近地发现合并在本能的习性中的习惯。但是，群居动物的本能习性与奥斯丁所谓的自然法十分类同。与今日文明国家中的财产和婚姻有关的法律，能够以或多或少的连续性追溯群居动物的本能习性。因此，民法的历史起源必须在其古老含义内的自然法中去寻找。实际上，早期罗马的法理学家就认清了这一事实，他们把存在的自然法（lex naturae）与民法相提并论。他们认为动物和人都对自然之法有所认识，他们特别相对于婚姻和小孩的出生提到它。现在很清楚，不管在奥斯丁的观点中隐喻可能是多么明目张胆，可是法一词在这种含义上的使用甚至在法理学家本身中也是十分古老的用法。

§6.　自然定律两种含义之间的混淆

但是，罗马法学家仅仅从希腊哲学家那里采纳了自然法的观念，我们则把法的概念尤其归功于斯多葛学派，该概念具有阐明在许多心智中还附属于自然法一词的那种类型的模糊性。斯多葛学派把自然定义为事物之大全*，它们宣称这个宇宙是受理性指导的。但是，因为理性是指示禁止和命令的权力，所以他们称理性为法。现在，他们认为自然之法以某种方式起源于自然本身——对

---

*　作者在这里用的是 universe（宇宙）一词，该词意指在时空中存在的事物的总体，故在这里译为"大全"。它的同义词 cosmos（宇宙）本意为秩序，用来表示有序的、和谐的世界，cosmos 的反义词是 chaos（混沌）。——译者注

自然来说法的源泉不在自然之外，他们相应地把这种自然之法定义为在宇宙中固有的力。他们进而断言，由于理性不能是双重的，由于人和宇宙都有理性，因此人的理性和宇宙的理性必然是同一的，从而自然之法必定是人的行为应该受其指导的法。

　　表明这个论点的一连串的教条和无保证的推理具有足够的特色，不过这只是以第二手材料[①]抵达我们的。可是，该论点是值得注意的，因为我们在其中发现法一词的三种意义，而我们对该词的处理绝望地陷入混乱。斯多葛学派从科学定律行进到自然法——纯粹的现象序列，然后在丝毫也没有注意它们的跳跃的大小的情况下行进到民法和道德法；这些早期哲学家以这种方式完成的东西被后来的时代的哲学和自然神学的信徒超过了。也许一个例子将足够我们眼下的研究。16世纪的神学学者理查德·胡克由于陈述了以自然法和道德法之间的混乱为基础的悖论而声名显赫，他一般地这样定义**法**：

　　"我们把分配给每一事物和类型、缓和力量和权力、处置工作的形式和度量的东西命名为法。"（《基督教会的政治形态》，第一编，ii）

　　胡克进而考虑到，包括自然在内的一切事物都具有某种"并非激烈的或偶然的"运作。这导致他断言，这样的运作具有"某种预先构想的目的"。与斯多葛学派不同，胡克把这种理性置于外部的造物主上帝，而不是内在于自然，此外他从中得出的学说和结论密

---

　　①　Marcus Aurelius, iv. 4 and Cicero《论法律》(De legibus) i , 6-7, Cf. T. C. Sandars，《富斯蒂尼安研究所》(The Institutes of Fustinian), p. xxii. Longmans, 1878。

切类似于斯多葛学派。不管怎样，他意识到他的法的定义的可塑性特征，因此他写道：

　　"如此习惯于演说的他们，把法的名称仅用于较高权威强加的工作准则；然而，我们在某种程度上更多地扩大了它的含义，用它命名使行为依之符合法的任何种类的准则或原则。"（第一编，iii）

　　胡克和斯多葛学派的观点就这样简明地勾勒出来，它们值得读者细心考虑，因为它们使人联想起我们由于未定义地使用自然法一词而陷入的谬误典型。[①] 首先，这些哲学家是从作为现象的纯粹联系、感觉印象的接续或惯例的自然法概念出发的。其次，作为物质论者，他们把这些感觉印象投射到受人的知觉官能制约而又独立于人的知觉官能的实在的外部世界。再次，他们推断现象联系背后的理性。现在，理性只有在与意识的结合中才能为我们所知，我们发现意识只能伴随某种类型的有神经的生物体。于是，在先前假设为在这种类型的有神经的生物体之外并独立于它的东西中推断理性，是无法得到辩护的；它也许是教条，但不可能是逻辑。不管我们与斯多葛学派一起断言理性内在于自然，还是像胡克那样把法典制定者放在自然之外同时又作为自然的创造者和指

───────────────

　　① 在具体例子中的谬误的学习应该在我们教育的全部课程中起较大的作用。有些著作在这方面具有永恒的价值。对于逻辑和法理学学生来说，我无法想象比分析胡克的《基督教会的政治形态》（*Ecclesiastical Policy*）第一编中的不合逻辑的推论更好的训练了；对于物理学学生来说，没有比发现格兰特·艾伦先生的《力和能》（*Force and Energy*）中的谬误更好的训练了；或者对于这两种学生，没有比批判地研究德拉蒙德的《心灵世界中的自然法》（*Natural Law in the Spiritual World*）更好的训练了；而在伪科学方面的比较困难的研究可在 J. G. 福格特的《电和磁的本质》（*Das Wesen der Elektrizität und des Magnetismus*）的第一部分找到。这样可以达到的批判和逻辑洞察能力在许多方面像从细读真正的科学产生的对方法的鉴赏一样有好处。

导者,都不会造成差别。两种断言都统统处在知识领域之外,正如我们以前曾说过的同样的陈述,它们在逻辑上指的是无意义的 x 存在于不可思议的 y 和 z 之中(即"实在"不受人的知觉官能制约)。

§7. 自然背后的理性

109

但是,有人可能问,理性存在于现象背后的概念是如何变得广为流传呢?为什么如此之多的哲学家和神学家——不,甚至还有科学家[①]——使用"目的论据"呢?科学的责任不是以表明一个论点是荒谬的而终结;它必须研究该谬误的来源,并表明谬误产生的过程的本性。在目前的情况下,我并不认为我们必须深入探索。简要地讲,"目的论据"在于从自然之法中产生证据,从而有助于显示自然之法是合理性的存在或某种形式的理性的产物。现在,虽然在被定义为现象的纯粹联系、感觉印象的序列的自然之法中,就我能够察觉的而论,不存在在理性一词任何可理解的含义上的理性的证据,可是在科学之法中,在它的那个分支即我在本书中命名为自然定律的那个分支中,存在着理性的每一个证据。只要人开始由他的感觉印象形成概念,结合、分离和概括它们,那么他就开始把他**自己的**理性投射到现象,在他的心智中用以心理速记的形式描述感觉印象序列的简明概要或公式代替过去的现象联系的感

---

① 例如 G. G. 斯托克斯爵士在他的最有启发性的和最高明的《关于光的白奈蒂讲座》(*Burnett Lectures on Light*)。

官印记。他开始把科学定律即他自己的理性产物,与纯粹的现象联系即在胡克和斯多葛学派含义上的自然法混淆起来。因为他把他的感觉印象投射到他自己之外,忘记了它们本质上是受他自己的感知官能制约的,所以他无意识地割断了他自己与他自己的理性产物之联系,把它们投射到现象,不料在再次发现它们时,反而惊奇什么理性把它们放在那儿了。许多模糊的思辨的根源就在这里,在自然法一词的双重含义上。

我们在自然现象中发现的理性,确实是由我们具有关于它的一些经验的唯一理性即人的理性放在那里的。人的心智在分类现象和阐明自然定律的过程中把理性的要素引入自然,人在宇宙中发现的逻辑只不过是他自己的推理官能的反映。假如狗能够辨认指导它的行为的本能,它也许会十分自然地设想,本能而非理性是自然现象的基础,从而把它自己的行为源泉投向它在它周围观察到的一切。事实上,在我看来,在太阳下落和升起背后发现本能比理性似乎更合乎逻辑,因为本能至少未预设意识。假如我们的狗是斯多葛学派的狗,那么对它来说本能似乎是宇宙本身固有的;尽管它被饲养在牧师住所里,但是它肯定会把它的狗窝想象为超越宇宙的本能的产物。但是,狗和人二者在超越合法推理的范围这样争辩时,同样也正在破坏科学方法的基本原则。这个原则实际上归因于牛顿,禁止我们寻找自然现象的多余的原因。[1] 在我

---

① "寻求自然事物之原因,不得超出真实和足以说明其现象者。自然喜欢简单性,不会响应于多余原因的侈谈。"(Editio Princeps, 1687, p. 402)当然,这一"自然的简单性"是教条,但是禁止我们着迷于多余原因的哲学原则对于我们作为思维经济的科学观来说是根本的。

们证明没有已知的原因能够说明任何现象群之前,我们不应该寻 111
找新的原因说明它。在下一章,我们将更清楚地看到,如何理解词
汇"原因"和"说明";但是在目前,牛顿的原则足以向我们表明,斯
多葛学派在证明他们已知的唯一理性官能即人的理性官能,对于
阐明他们声称在自然中观察到的理性要素是不充分的之前,他们
去寻求自然中固有的未知的或不可知的理性是非科学的。理性是
什么?我们可以在何处推断它的存在?我们能够从这种可接受的
理性行进到自然定律中的理性要素吗?这些是斯多葛学派应该合
乎逻辑地询问他们自己的问题。我们的惊奇不应该由如此广大范
围的自然现象受像引力定律这样简单的定律支配(原文如此!)这
一观念激起,但是我们应该表达我们的惊讶:人的心智能够用如
此简洁的描述表达这样广泛的感觉印象序列。他自己的这种能力
暗示知觉官能和推理官能之间的某种和谐、某种关系——我们在
后面将重返这个论题。

§8. 民法和自然定律之间的关系

从奥斯丁的法之定义继续行进,我们发现必须区分在"自然定
律"的术语下常常混淆的两个不同的观念,即纯粹的现象联系和给
它们的序列的简洁表达的心理公式。在我们聚精会神地关注后者 112
之前,弄清楚一两个关于民法和科学定律的余留方面,也许是有趣
的。当奥斯丁宁可在古老的含义上思考自然定律时说,二者之间
的任何关系只不过是隐喻的,而斯多葛学派和胡克双方却设想,在
现象背后被辨认出的理性或制定法典者应当指导人的道德行为。

现在,假如这些哲学家把自然法视为人的理性的产物,那么也许就不需要进一步的评论了;但是,正如我们看到的,情况远非如此。斯多葛学派告诉我们,理性不能是双重的,它在人和宇宙二者必定是相同的理性,因此人的民法等价于自然法。[①] 这种推理当然是不正当的,因为相同的理性可以在两个截然不同的领域起作用。不管怎样,重要的是要注意,在一种含义上,民法和道德法是自然的产物;它们是人类成长的特定阶段的产物。这种成长本身能够用科学方法来处理,它的阶梯序列能够用科学公式或自然定律来表达——把民法和道德法作为客观现象来考察。于是,民法是自然的产物,它不等价于自然定律,正像行星体系的特定构形此时并不等价于引力定律一样。我想,我们现在能够在民法(或道德法)和自然法之间划出清楚的分界线。民法在古老含义的自然法中看到它的起源(边码 p. 105),而它的成长和变化至少能够在广阔的轮廓上用简洁的科学公式或科学含义上的自然定律来描述。民法和道德法是社会和社会中的阶层在早期为自我保护、在后来的那些时期为最大的个人舒适而斗争的自然的产物。

按照奥斯丁的看法,民法是具有凌驾于理智人之上的权力的理智人为指导理智人而制定的准则。这样的准则随每一个时代和每一个社会而变化。另一方面,自然定律不是一个理智人为另一个理智人而制定的;它不包含命令或相应的责任,它对于所有正常

---

① 谈到"理性的同一性",几乎没有对该论据表示反对的,但是我们之中没有几个人会同意古代正直的法官约翰·鲍威尔(John Powell)爵士的格言:"没有什么东西是并非理性的法律。"

人都是有效的。人达到充分评估这种区别花费了若干世纪的时间,现在最好是通过**法**一词在这个或那个含义上的专门化来强调区别。我们痛切地需要针对感觉印象的惯例、简明描述或科学公式和社会行为的原则来区分该术语,换句话说,针对知觉序、描述序和命令序来区分该术语。我们不能历史地说,这些序中的任何一个都对**法**这个称号具有较高的所有权,因为罗马的法的观念至少必须追根溯源到古希腊。在这里,混淆集中在法的希腊词 νόμο ς 中,同时混淆的历史起源变得明显了。这个词向我们表明,民法起源于习惯,可是柏拉图却从"心智的分配"推导它。① 对于希腊人而言,从自然的和谐到歌曲的旋律都是**法**。因此,在序或序列的概念中,我们看到法在它的所有含义上的历史来源,于是无论是法理学家一方还是科学家一方,都不能历史地证明对它拥有优先权。没有一个作家能够希望成功地改造这样一个与法一词结合在一起的、古代确立的用法,他能够力求做的一切就是,使他的读者记住清楚地区分该词在每一种场合使用时的含义。②

114

§9. 物理的和形而上学的超感觉性

在分析了法的观念,并得到法在科学含义上的定义后,比较详

---

① 《法》(*The Law*),iv,714,也可参见 iii,700 和 vii,800。

② 对于本书的下余部分,无论如何我将出于方便在古老的含义上谈自然定律,或者仅仅作为知觉的惯例,或者作为**惯常的**(nomic)含义上的法。惯用的含义上的法从而不是理性的产物,而是纯粹的知觉**序**,而在拉姆霍尔(Bramhall)新造的词 anomy(**反常状态**)可以方便地用来表示对知觉惯例的违背。

细地讨论一下我们的结论及其对我们生活理论的应用,即使以重复为代价,也可能是妥当的。我们从感官直接地或以存储的感官印记的形式提供的素材中引出概念。我们就这些概念推理,努力弄清它们的关系,用我们命名为科学定律的简洁陈述或公式表达它们的序列。在这个过程中,我们常常把感觉印象的素材分解为本身不能够形成不同的感觉印象的要素;我们达到不能够用感官直接证实的概念;也就是说,我们永远不能够,或者至少我们在目前不能够断言,这些要素具有客观实在性(参见边码 p. 50)。这样一来,物理学家把我们命名为物质的实物的感觉印象群还原为**分子**和**原子**要素,讨论这些要素的运动,可是它们从来没有、也许永远也不能够变成直接的感觉印象。物理学家从未看见或感觉到单个的原子。原子和分子是理智的概念,物理学家以此分类现象,阐述它们的序列之间的关系。因此,从某种立场来看,物理学家的这些概念是**超感觉的**,也就是说,它们在目前没有表象直觉的感觉印象;但是读者必须细致小心,不要把这类超感觉性与形而上学家的超感觉性混为一谈。物理学家以两种不同的方式中的一种或另一种看待原子:或者原子是实在的,即能够是直接的感觉印象,要不原子是理想的,即是我们藉以能够系统阐述自然定律的纯粹心理的概念。① 它或者是人的感知官能的产物,或者是人的反映官能或推理官能的产物。它可以从后者行进到前者,从理想的阶段行进到实在的阶段;但是它还没有如此,它依然只不过是分类感觉印象的概念基础,它没有现实性。

---

① 也就是说,它是物理学家的心理速记的一部分。

另一方面,形而上学家断言不受人的知觉官能或反映官能制约的超感觉的东西的存在。他的超感觉的东西不能立刻成为感觉印象,可是却具有与人的想象无关的实在的存在。毋需赘言,这样的存在包含着未受检验的和不可证明的教条。然而,在物理学家的超感觉的东西和形而上学家的超感觉的东西之间的巨大鸿沟往往被忽略了,我们被告知,讨论像分子和原子这样的"物自体"是合乎逻辑的!

§10. 自然定律的简洁陈述的进步

借助在感觉印象领域可能有也可能没有知觉等价物的概念的简洁陈述,科学家能够分类和比较现象。从它们的分类出发,他行进到描述它们的序列和关系的公式或科学定律。现象的范围包容得越广泛,定律的陈述越简单,我们就越接近地认为它达到了"根本的自然定律"。科学的进步在于连续地发现越来越综合的公式,我们借助于这些公式能够分类越来越广阔的现象群的关系和序列。最早的公式并非必然是错误的,它们只不过是被用更简洁的语言描述更多的事实的其他公式代替了。

我们最好是针对一个特例即行星体系的运动,十分简要地审查一下这个过程。这一运动容易观察到的部分是太阳的每日运行,它在东方升起而在西方下落。对该运动的最初的描述是这样的陈述:在西方沉没的**同一个**太阳通过北方山脉的背后,沿着**扁平的地球**表面运行,重新在东方升起。该描述显然是十分不充分的,但它是在科学公式方面的第一个尝试。不久便作出了明显的改进:限定地球的曲面,假定太阳在固体的地球下方运行。把太阳的运动与恒星的运动结合起来考虑,导致早期的天文学家得出结论说,地球在恒星空间居中不动,太阳和恒星每日携带恒星空间绕它转动。这样改善了的描述还远远不完备;人们观察到太阳相对于固定的恒星改变它的位置。事实逐渐地、费力地积累起来,那些早期的天文学家及时断定,太阳在同一圆周每年转一圈,这个圆周本身携带星空每天转一圈。这个公式比早先的公式包容着更广泛的现象领域,它也许是在发明它时人对地球和太阳的知觉所允许的严格的描述。喜帕恰斯通过把地球不是精确地置于太阳圆周的中心,从而比较准确地描述了太阳运动中的某些表观的不规则性。在喜帕恰斯之后将近三百年,托勒密(公元 140 年)采用了一个更为完备的描述:他固定了天球的地球后,认为太阳和月球每年在圆周绕地球转动一周,其他行星也做圆周运动,它们的中心也描绘出绕地球的圆周。这个体系的整体和恒星一起每日绕地球旋转一圈。这个著名的托勒密体系在许多世纪依然是流行的公式,甚至至今,喜帕恰斯的偏心圆和托勒密的本轮作为比较近代的描述的要素,也不是没有用处的。我认为,说托勒密的体系是错误的**说明**是不对的,它只是用简洁而精确的语言**描述**过于有限的现象范围的不充分的尝试。于是,在中世纪结束时,哥白尼出现了;他通过简单地认为地球绕它的轴旋转而摆脱了麻烦的、携带恒星的天球,通过把太阳而不是地球作为体系的中心点看待而摆脱了本轮,虽然还没有摆脱偏心圆。在这里,在描述的简洁性和精确性方面取得了巨大的进展;但是,还有更多的事实依然要包括在内,还有更多的困难依然要分析和克服。这项工作主要是由开普勒完成的,他构想地球和行星在叫做椭圆的某些曲线上运动,太阳处在一个非中心点即所谓的椭圆的焦点。① 不管怎样，比开普勒的陈述包容更广的陈述不仅是可能的，而且是需要的；牛顿在一个简单的公式中提供了这一陈述，该公式不仅包含行星的运动，而且包含它们的卫星的运动和在它们表面上的物体的运动。这个公式是众所周知的引力定律，恰如开普勒定律是描述一样，它同样是在行星运动中所发生的事件的**描述**，它只不过是更简洁、更精确、包容量更广的陈述。无论哪个人都能够恰当地称其为自然定律。

引力定律是宇宙中的每一个物质粒子相对于每一个其他的粒子**如何**改变它的运动的简明描述。它没有告诉我们粒子**为什么**这样运动；它没有告诉我们地球**为什么**绕太阳描绘一个确定的曲线。它仅仅是用几个简洁的词汇概述了所观察到的广大的现象范围之间的关系。通过用心理速记陈述，向我们形成受引力作用的物质的宇宙之知觉的惯例，它使思维变得经济。

我们在引力定律中有一个科学定律的出色例子。我们在它的进化中看到，人类心智的连续斗争达到越来越综合的和精密的公式，牛顿最后达到如此简单、如此广泛包容的公式，以致许多人认为在这个方向上再也不能进一步达到什么了。保罗·杜·博伊斯-雷蒙说："这里是我们可能的知识的极限。"如果读者一旦把握牛顿的引力定律的特征，那么他将理解所有的科学定律的本性。人研究事实的范围——在自然界的情况中研究他们的知觉官能的素材内容，他们分类和分析，他们发现关系和序列，然后他们用尽

119

---

① 第谷·布拉赫(Tycho Brahé)的详尽观察。开普勒不仅陈述了行星路径的形状，而且在他著名的三定律中描绘了它的模式。

可能简单的术语描述尽可能广阔的现象范围。因此，说引力定律，甚或说任何科学定律**支配**自然，是多么无根据啊。这样的定律仅仅是**描述**，它们从未**说明**我们知觉的惯例以及我们投射到"外部世界"的感觉印象。

尽管科学定律是事实的理性分析的产物，但是它总是易于被更广泛的概括代替。事实上，一个公式这样被另一个公式代替是科学进步的有规律的进程。我们对任何定律的真、对描述的充分性之唯一最终的检验，我们的理智敏锐得足以达到一个扩展到它声称概述的整个事实范围之唯一证据，就是把公式的结果与事实本身即历史的观察或物理实验加以实际比较。这种检验是标志把科学假设和科学定律分开的一切，随着我们感知能力的每一增强，科学定律本身必定重新回到假设的地位，必须把它重新交付经验检验。可是，在超感觉领域中的什么哲学体系、什么形而上学心智的幻想能够像牛顿引力公式那样，在它的陈述方面没有丝毫改变、没有丝毫变化而站立两百多年吗？确实没有一个。它们都要随着人的实证知识的每一进展转变它们的根基。它们不经受经验的检验；它们是幻想，而不是真理；因为正如约翰·赫歇耳爵士所说：

"真理崇高的、事实上独一无二的特性是它能够忍受普遍经验的检验，能够出自每一种可能的公正讨论形式而无变化。"

§11. 科学定律的普适性

我们赋予科学定律的普遍性这一绝对的特性是相对于人的心智而言的。它受到下述条件制约：

1. 受知觉官能的制约。外部世界、现象世界实际上对所有的正常人来说必然是相同的。

2. 受反映官能的制约。结合和逻辑推理的过程、存储的印记和概念的内部世界实际上对所有的正常人来说必然是相同的。

现在，当我们把若干事物分类在一起，并给它们以相同的名称时，我们只能意味着预示，它们相互之间在结构和行为上密切类似。因此，当我们说人的存在时，我们正在涉及一个类，这个类在正常的文明条件下具有几乎同类的知觉官能和反映官能。因此，毫不奇怪，正常人知觉相同的现象世界，用许多相同的方式反映它。自然定律的"普适性"，科学方法的"绝对有效性"，依赖于一个人的心智与第二个人的心智之知觉官能和反映官能之间的类似性。人的心智在一定的限度内都是一种类型的构想和转换机制。它们只接受特定种类的感觉印象——像自动糖果箱一样，如果它们构造得巧妙，那么除非投入便士，它们对任何硬币都拒付糖果；倘若人的心智以实际相同的方式处于工作程序中，那么它们便收到它们排列和分析的素材。如果它们不以这种方式排列和分析素材，那么我们便说，这个心智是无序的，这个理性是缺乏的，这个人是发疯的。疯子的感觉印象对他来说是实在，犹如我们的感觉印象对我们来说是实在一样，但是他的心智没有以正常的样式转换它们，因此对他而言我们的自然的定律是没有意义的。

§12. 知觉的惯例可能是知觉官能的产物

作为分类机器的人的心智之观念并不是没有就另一个重要的

论题,即我们的感觉印象的例行的性质作出暗示。这种感觉印象的惯例在多大程度上依赖于知觉官能?它在多大程度上在超越感觉的未知的和不可知的方面处在知觉官能之外(边码 p. 82)?这个问题是一个现在不能给出确定答案的问题,也许是一个永远也不能找到答案的问题。对物质论者来说,如果我们使物质成为物自体,那么我们就使该惯例重新依靠感觉印象背后的某种事物,因而重新依赖不可知的事物。对于贝克莱来说,如果我们把该惯例归因于神的即时的行为,那么正好发生同样的结果。物质论者和观念论者在这里同样把感觉印象的惯例投向未知的东西。但是,科学的职责是认识,因此它将不轻易赞成把任何事物扔进不可知的东西之中,只要已知的"原因"未表明是不充分的。因此,在我们诉诸超感觉的帮助之前,科学的意向会认为我们知觉的惯例以某种方式应归于我们知觉官能的结构。事实上,尽管科学目前距离给该问题以任何确定的解答还相当遥远,但是还有一两个方面考虑一下也许并非没有好处。

首先,我们有任何证据证明知觉官能是**选择的**机器吗?我们已经看到,我们有可能时常没有意识到一些感觉,而在另外的场合,我们却可能敏锐地鉴别它们(边码 p. 53)。我们看到,昆虫构造的外部世界很可能与我们构造的外部世界迥然不同(边码 p. 101)。因此,假定没有形成我们意识的一部分、也许没有形成任何意识的一部分的感觉,并不是不合逻辑的推论,因为我们只能从已知的东西行进到同样是已知的东西,行进到可能是或者有一天可能是客体的投射。① 再也不能够找到比与狗散步更好的方式来了解各种不同的知觉官能具有不同的选择能力了。人远眺广阔的景色,他在遥远的地方看到的生命和活力的迹象可能对他具有深刻的意义。狗漠不关心地眺望相同的景色,它全神贯注于更为接近的邻近之处的事情,人只能通过狗的行动间接地意识到这些。许多事情在远处断断续续地以某种方式进行着——要是在附近就会引起狗的显著兴趣——人察觉到位于小灌木林边缘的田野上有野兔,再远些在公路旁边还有羊群,在羊群后面有牧羊人和他的大牧羊犬;狗依旧没有观察到这一切,或者即便看到了,也未就其思考。显然,狗和人相比,与远方的景色对应的感觉印象其复杂和强烈的程度要小得多。狗的知觉官能选择某些感觉印象,这些对他来说形成实在;人的知觉官能选择另外一些感觉印象,这些也许具有更为复杂的范围,它们本身对他来说形成实在。二者可以再次比作为自动糖果箱,它们仅在投入确定而不同的价值的硬币时才起作用。对人和狗而言,客观实在不是由相同的感觉印象组成的。

如果我们从人向下行进到最低等的生命形式,那么我们将发现,所察觉到的感觉的范围变得越来越简单,随着意识的停止作为知觉的感觉也统统中止了。因此,倘若我们接受人是来自最低等类型的生命的进化论,那么我们看到在感知官能问题上变异的广

---

① 克利福德在一篇论文中写道:"感觉在没有形成意识一部分的情况下能够独自存在。"在我看来,这一主要结论无论如何是完全没有证明的。["论物自体的本性",《讲演和文章》(*Lectures and Essays*),第一卷,p. 84]

阔领域展示在他的面前。人将进化到有能力察知这些感觉,即有能力察知将在生存斗争中总的来说帮助他的知觉。[1]

随着知觉官能的发展,反映官能或推理官能也发展了;转换和排列知觉的能力,迅速从感觉印象达到合适的动作的能力(边码p.55),被认为是对人在生存斗争中具有至高无上的重要性的因素。在我们目前还不能明确地理解人的知觉官能和反映官能之间的关系、它们的共济的本性的情况下,假定二者之间的密切关系就是不合理的;一种官能主要选择另一种官能能够分析和用简洁的公式或定律概述的知觉。在充分广阔的限度内,知觉官能的强度好像在一切生命形式中正比于推理官能。[2] 无论如何也不服从人的理性的感觉印象的世界,可能十分有害于人的保存。在这样的境况中,人就像白痴或精神病患者一样,不能分析或错误地分析;合适的动作不会紧随感觉印象,这种人只有很小的机遇幸存于知觉官能和推理官能是协调的人之中。很可能,某些种类的白痴和疯狂有几分返祖现象,人的心智重新回到知觉官能和反映官能不共济的变异——这样变异大体上在生存斗争中已经被消除了。如果这种诠释是完全正确的,也就是说,如果知觉能力能够如此在进化过程中形成,以便接受某些感觉印象而排斥另一些感觉印象;进而,如果知觉官能和反映官能在共济中发展,以致前者在广阔的

125

---

[1]　光和视觉、声和听觉、广延和触觉已知并非在有效范围内等价。参见威廉·汤姆孙爵士的《通俗讲座和讲演》(*Popular Lectures and Addresses*),第一卷,pp. 278-290。

[2]　说女人具有较强的知觉官能,而男人具有较强的反映官能,这是通常用来为阻碍妇女两种官能发展辩护的那些轻浮言行之一。不用说也有例外,但是普遍的准则似乎是,在两性中理智能力越深刻,则知觉的范围越广阔,神经系统越灵敏。

限度内接受的东西能够被后者分析，那么我们就能够以某种方式逐步理解，为什么人的理性能够用简洁的公式表达知觉惯例。当我们这样把知觉惯例归因于知觉官能的机制时，惯用（边码 p. 114的脚注）含义上的和科学含义上的科学定律之间的关系就变得更加密切。

不管怎样，不要把这种诠释向前推进得太远了；或者我们至少必须小心地记住，虽然知觉官能发展了单独知觉到**能够**用反映官能处理的感觉印象的能力，但是并不能由此得出，它们已经被后一种官能处理了。否则，我们将会出其不意地陷入混乱，因为有许多感觉印象，我们虽说知觉了，可是并没有分类和还原为简单的公式。还有许多现象，我们目前只能承认对其无知。例如，比较一下我们对潮汐和天气的认识吧。假如奥德修斯（Odysseus）及其部下被春潮搁浅在斯里纳基安岛，他们也许会给海神波塞冬（Poseidon）献上百牲祭，祈祷他明天赏赐另一次春潮。比奥德修斯更为聪明和较少敬神的近代水手则会在两周内平静地吃光太阳神赫利俄斯（Helios）的牛，然后比较安心地启程。另一方面，近代水手像古代的奥德修斯一样，还可能祈祷风平浪静的天气，于是把他无能阐明科学定律表现为在他的知觉序列中缺乏惯例和可能的反常状态（边码 p. 114）。假使我们相信反映官能能够最终把所有类型的现象还原为简洁的公式或定律，如果我们相信知觉和反映的共济，那么天气也许将不显现出十分强烈的反对我们假设的论据。至少必须承认，一百年或五百年间在天气方面的发现悲哀地使这样一些人感到不自在：他们乐于假定某些知觉群至少必须超越反映官能的分析。可是，这样的发现与迦勒底人的沙罗（Saros）

周期或食周期^①的发现相比,现在也许不会感到奇怪,而后者的发现对于把食视为可为他们的知觉任意干预并强烈祈祷日光或月光回复的人来说必定更加令人惊异。知觉能力和反映能力的同时期的发展与在前者中选择感觉的能力结合在一起,这种发展可能是重要的,但它不可能是理性具有用简单的定律描述广大范围的现象的惊人能力中的唯一因素。在此无疑值得注意另一方面。我们的感觉印象在它们的集群中确实是复杂的,但是它们只能借助极少几个比较简单的通道,即通过我们的感觉器官到达我们。因此,科学定律的简单性可能部分受到感觉印象藉以到达的模式的简单性之制约。

不用说,这一节的论点距离确定性的论点还十分遥远。它们仅仅意味着暗示,知觉官能本身有可能大部地或全部地决定我们知觉的惯例。如果这一点为真,那么共济的反映官能应该能够用比较简单的公式描述"外部宇宙",就显得不足为奇了。总的说来,这似乎是比下述假设更科学的假设:使惯例依赖于超感觉的实体,接着为了阐明人分析自然的理性的能力而把这些实体赋予与人的理性同类的理性,从而假定思维和意识与唯一能为我们推断其存在的肉体的机制无关。我们讨论的假设由于它可能未被证明,所以该假设假定理性没有超过我们可以在逻辑上推断它,同时尝试阐明分析知觉惯例的能力,这种能力无疑是人的反映官能所具有的。

---

① 迦勒底人发现,日食和月食以 18 年又 11 天的时间循环发生,这样便能预言它们出现的日期。

§13. 作为分类机器的心智

通过扩展现有的机制,不难设想具有这样一个特征的庞大的分类石块的机器:当把一大堆乱石从一端乱七八糟地投入时,它会把某些尺寸的排除掉,而余下的在机器的另一端按照它们的大小输出筛选和分类过的石块。于是,只关心机器的最终结果的人会认为,只有某些尺寸的石块存在着,这样的石块总是按照它们的大小排放着。依据像这样的一种方式,我们也许把人的知觉官能视为那种巨大的分类机器。一切种类和大小的感觉都可以流向它,一些立即被排除,另一些统统被有序地分类,并按处所和时间加以排列。可能正是知觉官能本身,在我们没有直接意识到它的情况下,把在时间和空间中有序的序列贡献给我们的感觉印象。知觉惯例可能是由于接收者,而不是素材的特性。如果情况是与此类似的任何东西,那么(姑且承认知觉官能和推理官能的共济)不足为奇,当人的心智开始分析时间和空间中的现象时,它将发现它自己能够简要地描述过去的并预见未来的一切方式的感觉印象的序列。从这种立场来看,惯用的自然定律是知觉官能机制的无意识的产物,而科学含义上的自然定律是分析知觉过程、起分类机器作用的反映官能的有意识的产物。这样一来,整个**有序的**自然被视为是一种心智,即我们藉以获知的唯一心智的产物,而知觉惯例能够用简明的公式表达的事实不再像当我们假定双重理性——一种类型具有超越于我们感觉印象的"物自体"的特征,另一种类型与神经组织的肉体机制结合在一起——时那样神秘了。

129

§14. 科学、自然神学和形而上学

我盼望读者将把这些提议只不过作为暗示看待就行了。我们确信的东西是某种知觉惯例和心智用科学定律的心理速记概述知觉的能力。我们没有权利推断的是，秩序、心智或理性——一切落在感觉印象此岸的人类的特征或人类的概念——在感觉印象的彼岸存在于未知的感觉附加物或物自体。无论在彼岸可能存在什么，我们都不能逻辑地推断它类似此岸的无论什么东西。在科学上，我们必定依然是不可知论的。不管怎样，如果有可能设想秩序、知觉惯例是由于感觉印象此岸的任何东西的话，那么我们将从彼岸收回最后的拟人说的成分，而把它交托给感觉印象背后的混沌，这样使用知识一词也许是荒谬绝伦的。

对于实证神学，对于启示，科学没有反驳。它在绝然不同的层面起作用。只有当信仰侵入可能的知识领域，侵入实在的层面，科学才不得不严厉抗议；只有当信仰代替知识作为行动的基础时，科学才被迫批判信仰的道德性，而不是批判信仰的实在性。不过，当自然神学和形而上学断言，理性能够帮助我们达到某种超感觉的知识时，科学与它们的关系就完全不同了。在这里，科学是完全确定的和清楚的；自然神学和形而上学是伪科学。心智被绝对地局限在它的神经电话局内；超越感觉印象之墙，它在逻辑上什么也不能推断。秩序和理性、美和仁慈，是我们发现唯一地与人的心智、与感觉印象的此岸结合在一起的特征和概念。我们不能科学地把它们投射到感觉的混沌中；我们没有无论什么根据断言，任何人类的概念将足以描述可能在那里存在的东西,因为它处在感觉印象的屏障之外,而人类的所有概念最终都来自感觉印象。简而言之,混沌是科学能够就超感觉的东西——在知识之外、在用心理概念分类之外的领域——逻辑地断言的一切。如果婆罗门(Brahmins)相信,世界是由无限的蜘蛛的本能产生的,因为对他们来说这是**神启的**,那么我们可能惊奇,**本能**和**蜘蛛**的概念在他们的心智中可能是什么,并说他的信仰对我们而言毫无意义。但是,如果他们断言现象世界本身给出从这种怪物的肠内吐丝结网的证据,那么我们便从信仰层面行进到理性和科学的层面,并果断地摧毁他们的怪想。

§15.　结　论

对于读者来说,我们讨论科学定律的本性也许显得有些不合理地冗长了。可是,我们在此处达到了具有基本重要性的一点,体系和信条在该点上的战斗是长期的和激烈的。在这里,物质论者向自然神学家发起了挑战,而后者反过来则尽力用科学的外衣乔装打扮教条。在物质论者看来,现象世界在不受人的知觉官能制约的世界之外,"死"物质的世界永远服从不变的惯常的规律(边码p.114),我们知觉的惯例则来自这些规律。斯多葛学派以更大的洞察力发现,这些规律是充满理性的,但是他们反过来却教条主义地假定在物质中固有的与人的理性同类的理性。自然神学家像物质论者一样发现"死"物质,但他们却像斯多葛学派一样在它的规律中看到理性的强烈证据;他们把这种理性置于外部的制定法典者的地位上。形而上学家和哲学家通过关于不能变成意识但却存在于感觉印象屏障背后的心智素材、意志和意识，使模糊性达到极点。科学把物质论者的"死"物质作为感觉印象的世界看待，因为科学拒绝任性地臆想它不能认识的地方，不愿意在还未证明旧原因不充分的地方假定新原因。这些感觉印象看来好像是遵循能够用简洁的科学公式表达的不变的惯例，因为知觉官能和反映官能在所有正常人中是实际上相同类型的机器。像斯多葛学派一样，科学家在审查自然现象中找到理性的证据，但是他在发现相反的证据之前，他满足于认为理性可能是他自己的。他清楚地认识到，所谓的自然之规律无非是他自己的知觉的广大范围的简单概要、简洁描述，他的知觉官能和推理官能之间的和谐并非不能追溯它的起源。在他看来，自然规律是人的理智的产物，而不是"死物质"固有的惯例。科学的进步从而归结为知觉官能的越来越完备的分析，我们无意识地、自然而然地把这种分析投射到某些超越感觉印象的东西的分析。因此，科学的素材和定律二者都内在于我们自己，而不是内在于外部世界。对我们来说，我们的知觉群形成实在，我们在这些知觉和从知觉中推导的概念之上推理的结果形成我们的唯一真正的知识。在这里，只有我们能够达到真理，即发现类似性和描述序列；如果我们要避免"含混的思辨"——当我们试图用自然规律的模糊定义扩展知识的领域时，将总是出现这种含混的思辨——的话，那么我们就必须无情地批判迈向彼岸的每一步。

如果读者以为我不是在**可能的人类的**知识领域，而是在知识一词本身的意义上过于狭隘地划界的话，那么他必须记住，当我们在没有简明的意义和清晰定义的限度的情况下使用术语时所造成的危险。科学处理超越感觉印象的权利并不是争辩的主题,因为科学坦率地宣布没有这样的权利。正是在像我们定义的知识的领域,尤其是在我们的知识只是处在形成过程之时,科学的权利才受到质疑。用假设代替无知是很容易的,因为只有获得真实的知识才能在许多情况下证明假设之假,所以便出现这样的境况:许多值得尊敬的以及其他出色的人物断言一个假设为真,由于科学还没有用实证知识证明它的谬误。在这里,在科学的传统未耕作的区域,还存在着未受训练的想象的游戏场。科学说,此地是**我的**,正像它不要求对超感觉的东西的所有权一样,它于是加速去它能够有效地占据的地方。我们被告知,科学没有说明生命的起源;科学没有说明人的高级官能的发展;科学没有说明民族的历史。

如果所谓说明①意指"用简洁的公式描述",那就让我们承认,科学还没有充分地分析这些现象。于是,紧随承认之后而来的是什么呢?噢,是诚实地坦白我们的无知,是信赖我们的基本原则——在未知的知觉领域证明不能够产生所需要的基础之前,不无意义地在超感觉的东西中搜寻未知的起源。今天,我们的教会还在为天气向我们提供祈祷,土星光环的神秘没有充分解决;五十年前,我们还不能阐明物种起源。后者的秘密通常被视为科学不充分性的惊人证据,被视为反常状态、每一生命类型单独创生的

¹³⁴

---

① 如果词 explain(**说明**)和 explanation(**说明**)在描述**如何**(how)而不是在决定为**什么**(why)的含义上使用,对它们就不能提出反对意见。在本书中,前者的诠释是给予它们的唯一诠释。

确凿论据。那些喜欢未受训练的想象而不喜欢实证知识的人，在从无知的堡垒被逐出之后，只有寻求到另一个堡垒避难。我们的无知多年前在物种起源方面所扮演的角色，正是现在我们设想的无知在人的高级官能的起源方面所扮演的角色。在天气中或在土星光环的神秘中避难也是这样，因为类似的一切都属于感觉印象的世界，从而都是科学方法能够并且将最终妥善处理的材料。

科学没有留下神秘吗？相反地，它宣布在其他人声称知识之处有神秘。在感觉的混沌中，在意识包容那些把它们自己的秩序、规律和理性的产物投射到未知的和不可知的世界的小角落的能力中，存在着足够的神秘。在这里存在着足够的神秘，只不过是让我们把它与可能的知识领域内的无知区别开来。神秘是费解的，而无知则是我们每天正在征服的。

135

摘　　要

1.科学定律与民法具有截然不同的性质；它不包括理智的制定法典者、命令和相应的责任。它是用心理速记简洁地描述尽可能广泛的我们感觉印象的序列。

2.自然法有两种不同的意义：纯粹的知觉惯例和自然领域中的科学定律。只有当我们在后一种含义上讲定律时，自然法中的"理性"才是明显的，从而它实际上是由人的心智在那里设置的。因此，设想自然法背后的理性，并不能使我们从知觉的惯例行进到感觉印象世界背后的理性之本性的任何东西。

3.人的反映官能能够用心理公式表达知觉惯例，这一事实可能是由于这种惯例是知觉官能本身的产物。知觉官能似乎是选择的，与反映官能共济地发展的。关于感觉印象之外的世界，科学只能在逻辑上推断出混沌，或推断出缺乏知识的条件；人类的概念、秩序、理性或意识不能逻辑地向它投射。

文　　献

Austin, J. -*Lectures on Jurisprudence*, London, 1879. (Especially Lectures I to V.)

Hume, D. -*Dialogues Concerning Natural Religion* (pp. 375-468 of vol ii of the philosophical works edited by Green and Grose).

Stuart, J. -*A Chapter of Science*; or, *What Is a Law of Nature*, London, 1868. (这是六个讲演组成的系列讲座，如果细心阅读的话，头五个讲演读起来还有某种益处，而最后一个讲演对逻辑学生来说形成对不合逻辑的推理的有用的研究。)

第四章　原因和结果。概率

§1　机械论

　　前一章的讨论致使我们看到,科学含义上的定律只是用心理速记描述我们的知觉的序列。它不说明**为什么**这些知觉具有某种秩序,也不说明**为什么**这种秩序本身反复出现;科学发现的定律没有把必然性的要素引入我们感觉印象的序列;它仅仅给出了变化正在**如何**发生的简洁陈述。某个序列在过去出现或重现是一个经验问题,我们用**因果性**概念给其以表达;它将在未来继续再发生是一个信仰问题,我们用**概率**概念给其以表达。科学在无论哪种情况下都不能证明一个序列中的任何固有的必然性,也不能以绝对的确定性证明它必须重复。科学对过去是描述,对未来是信仰;它不是而且永远不是说明,倘若这个词意谓科学表明任何知觉序列的**必然性**的话。科学不能证明明天大裂变将席卷宇宙,但是它能证明,迄今从提供支持任何这样的事件发生的点滴证据来看,即使从我们对我们的知觉序列中的任何必然性一无所知来看,过去的经验都给予推翻这样的大裂变的可能性。如果读者一旦充分地把握了,科学是过去经验的理智概要和未来经验的概率权衡,那么他把科学的"机械论的说明"与神话的"理智的描述"加以对照也没有危险。

若干年前(1885 年),格拉德斯通(Gladstone)先生在《19 世纪》写了一篇引人注目的文章,他在文中痛斥"死的机械论",他断言科学人把宇宙还原为死的机械论。他把机械的东西与理智的东西加以对比,并勇敢地捍卫他所谓的、在《创世记》第一章描绘的"宏伟的创世过程",以反对达尔文的进化论。他最近在一本更精致的著作①中重复了他的几个论据。现在,当一个具有格拉德斯通先生的才能的人陈述这种类型的反论时,我们可以公正地确信,该反论出自在使用术语中的某种流行的混乱,它使我们应该探询,关于**机械论的** * 一词流行的和科学的用法有何差异。不幸的是,某些或多或少肤浅的自然科学著作散布这样的观念:力学是具有内在必然性的自然服从的法则之核心。甚至在最近几年内出版的书中告诉我们,力学是关于力的科学,力是产生或倾向于产生运动变化的原因,力是物质所固有的。这样一来,力作为产生变化的无意识的物质所固有的动因而出现在公众的心智中。这种动因十分自然地与生命体的意志、具有产生运动的能力的意识形成对照。在物质中,这种意识不能被推断出来,因此力作为一种"死"动因与作为"活"动因的意志对比,没有超越物理学的表面探索的心智,同情格拉德斯通先生对于"死的机械论"的反叛,在二者的想象中科学把宇宙还原为"死的机械论"。现在,在我们看来,"物质"是感觉

138

---

　　① 　《圣经文句的坚不可摧的磐石》(*The Impregnable Rock of Hyly Scripture*),London,1890。

　　* 　mechanical 可译为"机械的"、"力学的"、"机械论的",我们尽可能依据上下文选用译名,请读者留意。——译者注

印象群,"运动中的物质"是感觉印象的序列。因此,促使运动①变化的东西必定是决定感觉印象序列的东西,或者换句话说,它是知觉惯例的源泉。但是,正如我们看到的,这样的惯例的源泉或者在感觉印象彼岸的不可思议的领域之中,要不就在知觉官能本身的本性之中。因此,"运动变化的原因"或者在不可思议的东西之中,或者在知觉的因素之中;无论在哪一种情况下,都不能就该词语的任何可理解的意义把它说成是"死的动因"。在前一种情况下变化的原因是不可知的,在后一种情况下它是未知的,并且可能长期依然如此,因为我们目前距离理解知觉官能如何能够制约知觉惯例还十分遥远。科学不处理不可知的东西;假如力不是可知的而是未知的,那么作为力的科学之力学迄今便不会进步。但是,现实确实与此不同。最伟大的德国物理学家之一基尔霍夫这样开始他的经典的力学专题著作②:

"力学是运动的科学;我们把用尽可能**简单的**方式**完备地**描述在自然界发生的这样的运动定义为它的目标。"

我冒险地认为,在基尔霍夫的定义中,存在着机械论的唯一首尾一贯的观点和科学定律的真实概念。正如人们经常断言的那样,力学在其基本的原理上与生物学或任何其他科学分支不同。运动定律与细胞生长的定律都不能阐明知觉惯例;二者仅仅试图

---

① 我们将看到,理性在后来断言,"运动"是概念而不是知觉——是表象感觉印象变化的科学模式而不是感觉印象本身。不管怎样,在本章,"运动"术语在通用的含义上用于明显种类的感觉印象的序列。

② 《数学物理学讲义》(*Vorlesungen über mathematische Physik*), Bd. I. *Mechanik*, S. 1. Berlin, 1876.

尽可能完备、尽可能简单地描述我们感觉印象的重复的序列。与
生物科学不说明细胞的生长一样,力学科学也不说明或阐释分子
或行星的运动。两个科学分支的差别确切地讲是定量的而不是定
性的差别;也就是说,力学描述比生物学描述更简单、更普遍。运
动定律是如此广泛包容、如此普遍,它们如此完备地描述我们过去
的许多变化形式的经验,以致我们有相当大程度的把握相信,将发
现它们描述的所有的变化形式。这不是把宇宙还原为"死的机械
论"的问题,而是测量概率大小的问题,即一种具有高普遍性的和
较简单的类型的变化的描述最终将被认为能够代替另一种具有较
特殊的和较复杂的特征的描述。这不是把生物学从可以命名为**描
述科学**的一个分支中除去,而是把它移放到另一个分支——**规范
科学**的分支。在这里,所谓**规范科学**,我们指谓科学的想象的方面,
力学屡屡假定呈现出这个方面,即演绎出知觉惯例中的某种内在必
然性,而不仅仅用简单的陈述描述那种惯例。因此,当我们说我们
达到了任何现象的"机械论的说明"时,我们只是意味着,我们已用
简明的力学语言描述了某种知觉惯例。我们既不能说明为什么感
觉印象具有确定的序列,也不能断言确实在现象中存在着必然性的
要素。从这种立场来看,力学定律本质上似乎是理智的产物;当机
械论的和理智的这些词汇一旦在它们的精确的科学含义上被把握
时,把机械论的和理智的东西加以对照看来好像就完全不合理了。

§2　作为原因的力

如果力在它使某种知觉惯例具有必然性的含义上被视为变化

的原因的话,那么我们就没有办法处理力。它可能是知觉官能的结构,或者它可能是形而上学家藉以栖居在感觉印象彼岸的一些假象。因此,在我们探寻**原因**的科学概念时,力将对我们毫无帮助。正如我们看到的,定律一词传达了两种甚或三种理念,同样至少有两种观念与原因一词结合在一起,它们的混乱也导致同样多的"含混的思辨"。让我们首先研究一下流行的原因观念,然后看看这与科学的定义有何关联。点滴观察向人们表明,某些变化序列**表观上**是由自愿的行为、由活的动因的意志引起的。我拾起一块石块,没有人能够确定地预言我将用它做什么。对于所有的外观(appearance)而言,紧随我捡起石块的,是完全独立于任何在它之前的序列的新序列。我能够让它再次落下;我能够把它装进我的衣袋,或者我可以在任何方向、以各种各样的速度把它扔向空中。我的行为的结果可能是一长串序列的物理现象,要用力学描述它们也许要求解决复杂的声、热和弹性问题。不管怎样,该序列似乎是以我的行为、**我的**意志开始的。**我**似乎使它出现了,用通常的语言来讲,我被说成是导致现象的**原因**。在原因一词的这种含义上,我好像在质上与该序列中的其他任何阶段不同。如果一个力气更大的人之手强迫我扔掉石块,那么我便立即插入现象之链的一环中;他而不是我,会成为导致运动的原因。

千真万确的是,即使在流行的用法中,序列的中间阶段将偶尔被说成是原因。如果从我手离开的石块打破窗子,那么窗子破碎的原因完全可能被说成是运动的石块。不过,正如我们在后面将要看到的,虽然这种用法接近原因一词的科学用法,但是它还把在科学用法中不存在的强迫观念包括在流行的评估内。我认为,以某一速度运动的石块**必定**对窗子产生破坏,是包含在运动的石块

作为破碎的原因的这种说法中的观念。假如我们的知觉器官充分
强有力,那么科学想象我们应该看到的也许是:在碰撞前窗子的粒
子和石块的粒子以某种方式运动,在碰撞后相同的粒子以迥然不
同的方式运动。我们可以仔细地**描述**这些运动,但是我们不能说
为什么一个阶段会紧随着另一个阶段,恰如我们能够描述石块**如
何**落到地上,而不说它**为什么**落到地上一样。于是,在科学上,序
列阶段——运动中的石块,被打碎的窗子——中的**必然性**观念、强
制的观念都会消失;我们应该有经验的惯例,但却是非说明的惯
例。因此,当我们在日常生活中把序列的阶段说成是原因时,我不
认为这是因为我们正在接近科学的立场,但是我担心,这是由于我
们通过长时期的使用把**力**的观念与石块结合起来而引起的。石块
是某些新运动的原因,正如我被看做是石块的某些运动的原因一
样——也就是说,石块和我被设想**强制**序列中的后继的阶段。现
在,我认为读者可能将准备放弃把力的概念作为运动的原因,他一
旦这样做了,他也许会承认,在石块粒子和玻璃粒子的运动中不存
在强制的成分,而仅仅存在经验的惯例。他还可能说,在必然论者
的含义上,活的动因的意志对他来说似乎是运动的原因。在这方
面,他恐怕不是不合理的,因为我必须承认,把运动的序列归因于
意志的假设,乍看起来似乎比把它们归因于未知的而且可能是不
可知的源泉即**力**的假设要科学一些。

§3　作为原因的意志

　　人在他们心理成长的早期每一个阶段中,应该对存在于他们

的引起"运动"的意志中的真实的,或者无论如何是表观的能力留下深刻的印象,这是很自然的事。我们在这种方式中发现,最原始的人把所有的运动都归因于运动物体背后的某种意志;因为他们关于运动原因的第一个概念在于他们自己的意志。于是,他们认为太阳是由日神携带旋转,月球是由月神携带旋转,而河水流动、树木生长和刮风则是由于在它们内部寓居的精灵的意志。只是在经过了漫长的时期,人类才或多或少清楚地认识到,意志是与意识和确定的生理结构结合在一起的;接着,运动的唯灵论说明逐渐地被科学描述代替;我们在一个接一个的例子中消除了意志在天然物体运动中的直接作用。[①] 不管怎样,强迫的观念,在序列秩序中的某种必然性的观念,作为来自意志是运动原因的唯灵论说明的习语旧词,依然根深蒂固地存在于人的心智中。这种观念与科学的运动描述,与物质论的作为使某些运动的变化或序列具有必然性的力的观念结合在一起而保留下来,致使我们还有旧唯灵论的幽灵。物质论者的力就是旧唯灵论者的意志,是与意识分离的东西。二者都把我们带进我们感觉印象的彼岸的区域,因此二者都是形而上学的;但是,旧唯灵论者的推理即使不合理,也许比近代物质论者的推理少一些荒谬,因为唯灵论者并未推断意志存在于意识领域的彼岸,他总是发现意志与意识结合在一起。

[①]　唯灵论的说明不用说还在科学分析不完备的地方存在。我们继续诉诸精灵:"按照他的命令,狂风骤起,掀起滔天海浪,它又使那里的波浪平息",或者"它降下暴雨和洪水的大灾难"。

作为运动原因的力①严格说来与作为生长原因的树神处在同一立足点上，二者都只不过是隐藏我们对我们知觉惯例中的**原因**（why）一无所知的名称而已。*

§4　第二因未包含强制

让我们尽力略为仔细地看一下，我们知觉获取的、在特定秩序中的任何固有的必然性之观念是如何从科学的运动序列概念中消失的，至少是如何从除第一阶段之外的所有阶段中消失的，假若该序列是从意志的表观行为中产生的。在流行的含义上还是要说，假使意志的行为存在，我们将把它命名为第一因**，将把这个序列后继的阶段命名为第二因。我们现在的命题是，运动的科学描述没有把强制的观念包含在运动的后继阶段中。我们在结果中可以看到，近代物理学的总趋势是，通过把自然现象还原为概念的运动来描述它们。我们由这些运动建构更为复杂的运动，借助于此我们描述实际的感觉印象序列。但是，在单一的例子中，我们未发现**为什么**这些运动正在发生；科学描述它们如何发生，而**为什么**依然是一个秘密。把它命名为力也许不会像原来那样产生模糊性，尽

¹⁴⁵

---

①　在我们关于"运动定律"一章中，将发现力作为运动的特别**度量**而使用的名称并未包含模糊性，它本身是一个方便的术语。

*　作者在第二版添加说："自然定律中的必然性不是几何学定理的逻辑上**不可少的东西**（must），也不是人类制定法典者的绝对不可少的东西；它只不过是我们对惯例的经验，这种惯例既不具有逻辑的序，也不具有出自意志的序。"——译者注

**　请注意"第一因"（a first cause）与"第一推动"（the First Cause）的含义。——译者注

管在初等教科书中有一个暗示：运动的原因或运动变化的原因可能是知觉官能的本性，或意志，或神，或在不可思议的 y 和 z 中间的不可知的 x。从作为原因的力圆滑地过渡到作为运动的量度的力，太经常地遮掩无知，不过公开地宣布无知是科学的责任，就像在另一方面断言知识是科学的责任一样。原始人把日神置于太阳背后（正如我们之中的一些人还把风神置于暴风之后一样），因为他不理解它如何运动和为什么运动。物理学家现在着手通过描述地球的粒子和太阳的粒子在彼此存在时如何运动，来描述太阳**如何**运动。牛顿的引力定律描述了这种运动，但是**为什么**有这种运动对我们来说还是秘密，**正如太阳**的运动对野蛮人来说是秘密一样。[①] 即使借助某种更简单的粒子或以太元素分析和描述了引力，但是整体还是运动的描述，而不是运动的说明。科学还不得不使它自己满足于记录**如何**。因此，在我们命名为第二因的东西里面，科学没有发现强制的成分，只发现经验的惯例。但是第一因的意志的观念一而再地与第二因结合在一起。亚里士多德由于注意到说明运动为什么发生的困难，所以他不仅引入了作为第一因的上帝，而且像原始人那样，使上帝在每一个第二因中成为强制的即时的源泉。亚里士多德坚持认为，上帝把运动连续地传递给宇宙中的所有物体，从而产生现象。亚里士多德的学说被中世纪的经

---

　　① 读者将发现，分析像引力定律是物体落到地上的**原因**这样的陈述是有益的。这个定律实际上是按照我们过去的经验描述物体如何下落。它告诉我们，物体在地球表面上在第一秒大约向地球下落 16 英尺，而在月球的距离在同一时间大约是这个距离的 1/3700。引力定律描述了物体下落的速率，或者更确切地讲，描述了它的运动在不同的距离变化的速率，引力实际上是这一运动变化的某种量度，通过把它定义为运动变化的原因无助于有用的意图。其他物理学定律应该用同样的反形而上学的方式来诠释。

院哲学家接受了,该学说在许多世纪的哲学和神学著作中依然是基本的原则。德国形而上学家叔本华察觉到,运动的唯一已知的表观的第一因是意志,他于是把意志置于宇宙的一切现象之背后,这与原始人假定风神的意志在风暴背后一模一样。[①] 但是不管怎样,这些形而上学的思辨没有一点逻辑基础,即一切都不满足合理推理的准则(边码 p.72),它们还足以标明作为强制的流行的或形而上学的原因概念和作为知觉惯例的科学的原因概念之间的差异。固有的必然性与第二因的每一结合都是从物理学到形而上学、从知识到幻想的过渡。我认为,在历史上,整个结合能够通过旧唯灵论追溯到作为第一因的意志能够明显地强制的运动序列。因此,我们在这里应该问两个问题:意志真的能以任何方式说明运动吗? 存在着支持意志是任意的第一因的任何根据吗?

147

§5　意志是第一因吗?

现在,在尝试科学地回答这些问题时,我们必须记住,我们所谓的意志只有在与意识的结合中才能为我们所了解,我们只能在我们发现某种类型的神经系统的地方推断意识。意志作为运动的明显自发的源泉有助于阐明运动的秘密吗? 它以任何方式说明了运动所采取的特定的序列吗? 为了首尾一贯起见,我们将不得不

---

① 约翰·赫歇尔爵士走得如此之远,以致把引力和意志等量齐观!《天文学大纲》(*Outlines of Astronomy*,arts. 439-440)另一个具有相同的万物有灵论倾向的例子可以在马蒂诺博士和已故的卡彭特博士的著作中找到。

与亚里士多德一样地假定,运动的每一阶段都是有意识的生命的直接产物。让我们重新回到石块的例子。显而易见,由于我的意志的任意行为,我使石块运动。在这样做时,我看来好像是第一因。但是,复杂的运动序列现在出现了。我能够使我自己构想用力学**描述**这个序列的每一阶段,但是我的确不能断言这些阶段的必然性和**原因**(why)。例如,石块落向地面,我能够近似地说,它将在第一秒和紧接着的若干秒下落多少英尺。这是把过去的经验用于预言未来的结果,是用引力定律概述的现象的分类的结果;但是,这个定律并没有说明运动的**原因**。如果我承认我的意志使石块运动,那么我不能以同一理由假定它继续运动,因为在石块离开我的手之后,任何数量的意志在大多数情况下至少都不能影响它的运动。因此,即使在由有意识的生命开始的运动中,我们立即就碰到神秘。我们的意志能够说明运动的起源,但它不能说明运动的继续。既然意志必须帮助我们,那么我们就必须假定它在每一阶段都产生运动。但是,很清楚,这将不是我们的意志;它必须是其他某种意志。在这里,我们只不过是用原始人的自然背后的唯灵论重述了原始人的解答,用叔本华的所有现象背后的不明确的意志重述了叔本华的解答,用亚里士多德在说上帝使万物运动时的话重述亚里士多德的解答。但是,这些解答都包含着,把意志概念外延到我们不能合理地推断它的存在的领域之外。像力的假设一样,它也假定不可思议的 x 在感觉印象之外。它使我们走投无路。因此,正如不能把意志视为我们所谓的第二因一样,也不能把意志视为使运动序列具有必然性。因为在绝大多数情况下,即使假定意志使运动开始,那么它不能强制运动在特定的序列中继续下去,就意志而论,运动也许终止于开始之时。

§6 作为第二因的意志

这样一来,意志像第二因一样,看来是知觉惯例的一个阶段。我们的经验向我们表明,在过去意志行为在知觉惯例中的某一阶段发生,但是我们不能断言,在该行为本身中存在着任何**强制**紧随其后的各阶段的东西。然而,在较为仔细分析时,意志不同于作为被观察的惯例之**第一**阶段的另外的第二因吗?这把我们引向我们的第二个问题(边码 p. 147),对它的回答实际上包含在第二章提出的关于意识的观点中。

我们已经看到,有意的和无意的动作之间的区别在于,后者仅仅受到即时的感觉印象的制约,而前者则受到存储的感觉印象和从它们引出的概念的制约。哪里有意识,哪里就可能有感觉印象和动作之间的时间间隔,这种时间间隔仿佛充满了只是被结合的存储的感觉印象和它们相关的概念的"共鸣"。当动作一旦被即时的感觉印象(我们把它们与投射到我们自己**之外**的构象结合起来)决定时,我们不提意志,而说反射行为、习惯、本能等。在这种情况下,感觉印象和动作好像是知觉惯例的阶段,我们未说动作是第一因,而说动作是感觉印象的直接结果;二者在知觉惯例中都是第二因,都能够用力学描述。另一方面,当动作受到存储的感觉印象制约时,它仿佛受到在我们**之内**的某种东西的制约;通过这种方式,记忆和过去的思想把存储的感觉印象和从它们引出的概念联系在一起。其他人不能以绝对的确定性预言动作将是什么,因为我们

149

心智的内容对他来说不是客体。尽管如此，我们大脑的遗传的特点，由于过去的养育、锻炼和一般的健康大脑目前的物理状况，我们过去的训练和经验，都是决定什么感觉印象将被存储、它们将如何结合、它们将产生什么概念的因素。对此，我们必须理解，如果我们能够把在大脑中介入即时的感觉印象和有意识的动作之间的过程引进知觉领域，那么我们将会发现，它们正像在感觉印象之前或紧随动作之后的东西一样是惯例变化。换句话说，当我们分析意志时，意志不是作为知觉惯例中的第一因出现，而只是作为第二因或链条的中间环节出现。"意志自由"在于这样的事实：动作受我们自己的个体制约，介入感觉印象和动作之间的心理过程的惯例在客观上既不被我们所知觉，也不被任何其他人所知觉，而仅仅在心理上被我们所知觉。因此，作为运动序列的第一因的意志根本没有说明什么；它只不过是我们描述一个序列的能力十分经常地突然中止的界限。

　　这一切已被近代科学所认识，以致它的一些专门分支完全致力于描述第二因的序列，描述在意志特别决定之前的惯例。科学力图描述意志如何受欲求和激情的影响，而欲求和激情又如何来自教育、经验、遗传、体格、疾病，这一切进而又如何与气候、阶层、种族或其他重大的进化因素结合在一起。因此，随着我们实证知识的进展，我们开始越来越多地把意志的个体行为看做是长序列的第二因，看做是能够被描述的惯例中的阶段；不管怎样，在这些阶段，惯例现在改变着它从心理的东西到物理的东西的可知的方面。因此，意志行为好像是作为第二因出现，而不再作为任意的第一因出现。邪恶的行为实际上出自反社会的意志，社会作为它的敌对面力图压制它们;但是,反社会的意志本身被视为来自坏血统的遗传,或被视为出自过去的生活和训练的状况。社会开始越来越多地把不可救药的罪犯视为疯子,把轻微的罪犯视为未受教育的孩子。

§7 第一因对科学来说不存在

关于作为原因的意志,我们现在得到一些十分重要的结论。首先,我们所知道的唯一意志(或者我们能够在逻辑上推断其存在的唯一**类似**的意志)未被视为与产生、改变或中止运动的任意的能力相结合。它似乎只不过是第二因,是惯例的一个阶段,但却是惯例的可知方面在其中从心理的东西到物理的东西变化的阶段。再者,在这种意志中不存在强制运动序列的能力。作为第一因的意志仅仅是一个界限,该界限是由于我们的能力在某种程序上不可能进一步跟随惯例的物理方面,或不可能发现它的进一步的心理方面;它只不过是另一种方式的说法:在这一点我们的无知开始了。当我们认识或推断的唯一意志不再作为序列的任意起源者或强制者出现时,只要它插入惯例的一个阶段——如果是一个显著的阶段的话,那么假定意志是自然现象的支柱就变得无根据了。意志作为自然的创造者和维持者,或者是用于某种未知的和不可知的存在的古老名称,或者如果在我们现在能够理解的唯一含义,即第二因的含义或惯例的阶段的含义上使用的话,它无助于我们领会惯例。如果我们丢弃现象背后的这种意志,并使我们自己满足于在知觉中存在惯例的意见,那么我们就真正地变聪明了。事实上,当知觉的简化不是由假定它们的存在引起的,必要地增加原

152

因,这正是科学要做的事情。

我们看到,作为运动的任意起源的意志概念,历史地和自然地是由惯例的一部分引起的,意志是惯例的一个阶段,该阶段由于它被埋藏在另一个人的个体中而在物理和心理两方面向观察者隐蔽着。我们进而注意到,当更加仔细地分析意志和运动时,意志产生运动的概念便不再有任何一致性。不过,就作为第一因的意志而言,在我们一边的任何可能的第一因经验落空了。我们甚至不再能够推断第一因存在的可能性,因为在我们的经验中不存在类似于它们的东西,因为我们无法借助逻辑推理的第二条准则(边码p.72)从已知领域到达某未知领域中完全不类似于它的东西。科学对第一因一无所知。正如斯坦利·杰文斯假定的[①],它们不能从任何科学研究的分支推断出来,在我们看到它们坚持自己权利的地方,我们完全可以确信,它们标志着知识的持久的或暂时的界限。我们或者在感觉印象的彼岸、在知识和推理是无意义的词的地方正在推断某种东西,或者我们在知识的领域内正在暗示无知[②],在这种情况下,说"在此时此处,我们的无知开始了"比说"在此处有第一因"要诚实得多。

[①]　在标题为"对科学方法的结果和限度的反思"的引人注目的非科学一章中,他的出色的《科学原理》在如此之多的方面以此作出结论。

[②]　后一种选择——无知的暂时的界限——是"第一因"的主要源泉。只要历史的惯例不能被追溯超过数世纪,我们便找不到断言世界是在 6000 年前开始的有什么困难。只要我们没有从生命的最原始的类型把握生命的进化,我们就假定第一因创造了每一种类型(佩利(Paley))。只要我们没有观察动物的理智和意识的各种等级,我们就假定灵魂在诞生时嵌入每一个人之中。只要我们没有看到两个原子的相互运动像细胞的生命变化一样神秘,我们就假定两类运动之间的绝对差异和单独的生命创造。

§8　作为经验惯例的原因和结果

我认为,我们现在能够鉴赏原因一词的科学价值了。在科学上,作为产生或强制特定的知觉序列的原因是无意义的——我们没有产生或强制其他某种东西的任何经验。不过,用来标明惯例的阶段的原因是明确的、有价值的概念,它把原因的观念完全投进感觉印象的领域、我们能够推理和达到知识的领域。在这种含义上,原因是经验惯例的阶段,而不是内在必然性的惯例的阶段。该区别也许是一个困难的区别,但它却更加需要读者去充分把握它的一切。如果我随机地写下一百个数,比如说漫不经心地打开一本书的若干页,其结果产生了一个数列,例如

154

141,253,73,477,187,585,57,353……等等,

在其中我不能从任何两个或三个,或更多的数预言将紧接着的数。数 477 不能使我说,187 将继之而来,在 187 前边的数无论如何也没有强制或决定紧随它的数。另一方面,如果我取下面的级数

1,2,3,4,5,6,7,8……

每一个个别数导致(通过加 1)即刻紧随的数,或者在某种意义上说决定它。不过,第一个级数能够如此经常地写下来,以致我们通过死记硬背学习它,以致它变成经验的惯例。当然,类比必须不要进逼得太远,但是它可能还有用处。在任何科学的原因中,都没有什么东西迫使我们从内在必然性预言结果。结果仅仅作为过去的直接的或间接的经验之结局与原因结合在一起。再者,由几何学的类比也许可以更清楚地领悟这个问题。如果我形成圆的概念,那么

从内在必然性可以得出,任何直径上的圆周角都是直角。一个概念不是作为经验的结果出现,而是作为逻辑的必然性来自另一个概念。感觉印象序列本身并不包含逻辑的必然性。序列可能像我们的第一个数列那样是混沌的;对我们来说,它通过反复的经验变成惯例。知觉惯例中值得注意的事实与其说在于序列中的阶段的特定秩序,还不如说在于这种秩序本身能够精确重复的经验的结果。

155　　　读者也许会感到奇怪,倘若感觉印象的序列确实具有我们的第一个数列所描绘的浑沌性质,那么要撇开它们的重复用我们命名为科学定律的简明公式描述这样的序列,这怎么可能呢。事实上,当知觉官能把序列呈现在我们面前时,不可否认的是,它更像第二个数列,甚于像第一个数列,因为自然现象无疑大半能够用某些简洁的定律来描述。我们观察一个人,我们完全不知道他的动机,他写下一个数列

　　　1,2,4,8,16,32,

现在他达到数 32。描述该级数的定律是明显的——每一个数是前一个数的两倍。我们以很大程度的概率推断,他眼下将写 64,尤其是倘使我们在此前看见他写级数到 32 并超越 32 的话。但是,他在前面的数之后写 64 并无逻辑的必然性。当我们知道规律时,这些数隐含他这样做,但是并未强制他这样做。

　　　我们现在能够科学地定义**原因**了。无论何时知觉 C 不变地在知觉序列 D,E,F,G 之前,或者知觉 C,D,E,F,G 总是以这一秩序出现,也就是说形成一个经验惯例,那么就说 C 是 D,E,F,G 的**原因**,而 D,E,F,G 则被描述成 C 的结果。现象或序列中的阶段并非只有一个原因,一切先行的阶段都是后继的原因;而且,由于

科学没有理由推断第一因,因此原因的接续能够回溯到现有知识的极限,并超越该极限而无限地进入可想象的知识的领域。当我们在科学上陈述原因时,我们实际上正在描述经验惯例的相继的阶段。约翰·斯图尔特·穆勒说,因果性是一致的[①]前件,这个定义完全符合科学的概念。

§9　原因术语的广度

即使在科学的含义上,原因一词也在某种程度是可伸缩的。它通常用来标明空间中的一致的合取以及时间中的一致的先行;当我选取实际存在的知觉群,比如说在我的庭院中的特定的桉树时,它生长的原因可以向外扩大到宇宙过去各个阶段的描述。它生长的原因之一是我的庭院的存在,而庭院的存在又以大都会的存在为条件;另一个原因是接近黏土界限的土壤、沙地的性质,这又以地球的地质构造和过去的历史为条件。因此,任何**个别**事物的原因都向外扩大到难以处理的宇宙的历史。桉树像丁尼生(Tennyson)[**]的"有裂缝的墙内的花"一样:要知道它的原因就必须知道宇宙。在这种意义上追寻原因,就像回溯在一个人身上会聚的所有家系;我们不久就到达这一点:由于材料众多我们无法再前进一步。显然,科学在追寻原因时并未试图去完成具有这种特

---

① "一致性(uniformity)"和"同一性(sameness)"在知觉世界中无论如何只是相对的术语(参见边码 p.200)。

** 丁尼生(1809-1892)是英国维多利亚时代最杰出的诗人。——译者注

点的任务,但是与此同时,记住下述事实是有益处的：宇宙的任何
有限部分的原因本质上都不可抗拒地把我们引向作为一个整体的
157 宇宙的历史。这种思想启示我们,我们实证知识的形形色色的分
支实际上多么紧密地编织在一起。它向我们表明,除非科学伟大
建筑的各个分支齐头并进,否则要使它急剧而可靠地进展是多么
困难(边码 p.16)。实际上,科学在某一时期不满足于追溯原因的
一个家系、一个范围,这并非是对像我的庭院的桉树这样的特殊的
和个别的对象而言的,而是对桉树甚或一般的树而言的。正因为
科学出于描述意图处理普遍的概念或观念,所以原因和结果的词
汇才被从感觉印象的范围、从它们严格所属的现象中撤回,而被应
用到概念和观念的世界,在这个世界确实存在着逻辑的必然性,而
不存在真实的原因和结果。我将在§11之下重返这一点。

§10   作为运动的宇宙之感觉印象的宇宙

读者不能不在他以往的阅读和经验中,感受到说明不幸的形
而上学概念**力**的巨大负担。他无疑会听到,"机械力"统治着宇宙,
"活力"控制着生命的发展,"社会力"支配着人类社会的成长。[1]
他也许会和现在的作者一样得出结论说,该词屡屡是把或多或少

---

[1]   从韦斯特马克最近出版的《人类婚姻史》(*History of Human Marriage*),可以
举出附着在词汇**力**和**原因**使用中的模糊性的好实例。作者写道:"没有原因就没有什么
事物存在,但是这种原因在外力或内力的凝聚中找不到。"这样一来,他暗示,应该在这
种难以理解的"外力和内力的凝聚"中去寻找。现在,作者尝试做的事情是,**描述**婚姻经
过的各种各样的阶段,然后用诸如自然选择这样简明的公式表达这些阶段的序列。使
用**力**一词绝望地使他的方法模糊了。

心理的模糊性符号化的崇拜偶像。可是，该词反复出现的理由实 158
际上追寻起来也不远。无论在哪里假定有运动、变化、生长，在旧
形而上学那里都可以找到作为运动原因的力。**力**一词的频繁使用
是由于**运动**几乎不变地与我们的知觉结合在一起，或者用更精确
的语言来讲，是由于要借助概念的运动来分析我们的几乎所有感
觉印象。例如，可以说煤火是暖和的原因。在这里，我们意味着，
我们称之为燃烧的感觉印象群紧随着我们命名为煤的群，而煤的
群在我们的经验中又不变地被暖和的感觉印象伴随着。如果我们
是化学家，我们就能够描述化学过程、原子变化或燃烧被还原的运
动；如果我们是物理学家，我们就可以描述热辐射现象被还原的以
太媒质的运动；如果我们是生理学家，我们就能够描述神经运动，
借助神经运动指尖的分子运动被诠释为大脑中的暖和的感觉印
象。在所有这些实例中，我们正在处理各种运动类型的序列，我们
把多种多样的感觉印象分解或还原为这些序列。正如在引力的特
例中，我们也能够描述这些序列，也能够测量我们设想发生的运 159
动，但是依然完全不能陈述这些运动**为什么**发生。如果我们乐意
的话，我们可以谈论燃烧力、辐射力甚或内在于神经物质中的力；
我们的确可以说，以燃烧作为其原因的暖和是由于"内力和外力的
凝聚"，但是在使用这些短语时，我们并没有引进点滴新知识，可是
却十分经常地引入大量的模糊性。我们隐藏了一切知识都是简明
的描述、所有原因都是惯例的事实。

　　现在，值得注意的是，我们正在处理的序列都可以还原为运动
或变化的描述。我们不需要随意地从煤的燃烧开始；例如，它在原
因序列中作为一个要素的化学组成能够经由煤的演化的漫长过去

史回溯,我们不能逻辑地推断(边码 p.151)这个序列中的任何开端或第一因。在自然现象中运动或变化的序列通过无限的原因范围向后回溯和向前追寻,在任何地方以第一因开始或以终极因终结它们,只不过是说在这样一点知识的范围以不可思议的 x 终止了。因此,对科学家来说,宇宙仿佛是运动的宇宙:虽说运动的**原因**是未知的,但是运动的序列按照我们的经验却不变地自我重复。在科学的含义上,处在感觉印象①范围内的运动的原因不能是运动的**为什么**,我们必须在运动的某个**一致的前件**中寻找它,例如运动的过去的历史、运动物体的相对位置等等。我们将在专门论述"运动定律"的第八章中看到,这样的前件如何是运动的真正的科学原因。

§11 必然性属于概念世界,而不属于知觉世界

在这一点,读者可能觉得倾向于发问:"像圆的直径上的角应该是直角的必然性一样,描绘其椭圆轨道的行星在某一时刻也应该处在某一位置,这种必然性不是确实存在着吗?"对此我完全赞同。行星运动**理论**本身是像圆理论一样的逻辑上的必然性;但是,在两个例子中,逻辑和必然性都来自我们在心理上由此开始的定义和公理,它们不存在于我们希望它们无论如何将近似描述的感觉印象的序列中。必然性处在概念世界,它只是无意识地和非逻辑地转移到知觉世界。

---

① 频频引用的"力的肌肉感觉"实际上只不过是诠释为运动的感觉印象的一种感觉印象,这将在本书后面的篇幅中说明。

这种差别可用前剑桥机械学教授詹姆斯·斯图尔特先生的例子恰当阐明。设想我把一块石头放在一片平地上，并绕它以所谓椭圆的特定曲线走动，行星绕太阳转动就描绘出这样的曲线。我进而设想石头处在所谓焦点的特定点，在椭圆轨道的情形中这一点实际上被太阳占据着；最后，我将兜圈子走动，以致从石头到我所画的线在相等的时间内扫过相等的面积，这是行星运动定律的基本特征。现在，我的运动能够用引力定律完美地描述，但是十分清楚，从石头到我的力、引力定律都不能在逻辑上被说成是使我以椭圆运动的原因。我们可以在**想象**中构想一个点，该点按照引力定律改变它的运动并勾画出我的椭圆，它可以与我齐头并进，以逻辑的必然性在相等的时间内覆盖相同的面积。这种逻辑的必然性出自我们的定义、我们的概念即吸引点的概念。这个点可以被用来描述我的椭圆运动，预言我在未来的位置，但是没有一个观察者能够逻辑地推断，包含在吸引点概念中的必然的位置序列能够被翻译或投射为他关于我的运动的知觉序列的必然性。我可能以相同的方式绕椭圆走一百次，然后停下来或以完全不同的路线离去。此时，观察者的唯一合理的推论也许是，引力定律并未充分广泛包容描述多于我的运动一部分的公式。[①] 应该精心记住概念的必然

161

---

　　① 斯图尔特先生在他的《科学的重要篇章》(*A Chapter of Science*)的边码 p. 168 给出了所引用的例子。它在那里被用来支持原始人的论据：我的意志促使我绕椭圆走动，因此意志促使行星以椭圆转动，斯图尔特先生从而转化为亚里士多德的作为万物连续原动力的上帝。不管怎样，为了推导他的第一因的物质的本性，斯图尔特先生没有使用仅发现与某些类型的肉体的神经系统结合在一起的意志。他通过普通名词的花招从已知的东西行进到知识和科学领域之外的不可思议的东西。他的《科学的重要篇章》所包含的关于自然规律的特征的真正真理，被他的神学立场污染了。他说："我知道，科学的结果不会促使整个《圣经》中的任何一件事丧失信誉。"(边码 p. 184)因此，斯图尔特先生的"科学"与使挪亚方舟丧失信誉的剑桥神学相比，更是无比的倒退。

162 性和知觉惯例之间的这一差异。光的微粒论、弹性固体论和电磁
论都包含一系列具有逻辑必然性的结论,我们可以运用这些结论
作为检验我们知觉的手段。就它们被确认而论,该理论作为描述
依然有效;另一方面,如果我们的感觉印象与这些结论不同,那么
结论恰恰具有同样多的心理的必然性,而尽管对心智来说有效的
理论作为知觉惯例的描述却不再有效。能使我们说"宇宙的恒定
的秩序"的,或者能使科学家断言迄今证明是顽强的事实将最终被
牢固确立的自然之定律所包容的,只不过是从惯例的过去经验推
导出来的十分大的概率。我们不是在因果性领域,而是在概念领
域论述确定性。

§12　知觉惯例是知识的必要条件

虽然在知觉本身的性质中好像没有倾向于强制秩序 $D, E, F,$
G 而不强制 F, G, D, E 的东西,但是要使思维是可能的,还有实际
163 的需要,即知觉官能应该总是按相同的程序重复这个序列。换句
话说,重复或惯例是思维的不可或缺的条件;序列的实际秩序是无
形的,但是无论它可能是什么,要使知识是可能的,它自己就必须
重复。我们用定律简要地表达这一点:**相同的**(边码 p. 200)**原因
的集合总是被相同的结果伴随着**。未来将与我们过去的经验一
样,这是我们能够预言什么正要发生并如此指导我们行为的唯一
条件。不过,思维作为行为的指导在生存斗争中进化;因此,假如
缺乏这一条件,思维就不能进化。如果在感觉印象 D, E, F, G 之
后没有一致地紧随感觉印象 H,但是 A, J 其或 Z 均等地经常出

现,那么对我们来说知识变得不可能了,我们必须停止思考。思维能力,或者把即时的或存储的感觉印象的群和序列结合起来的能力消失的条件是,这些群和序列没有我们能够藉以分类和比较的持久的要素。

　　在生存斗争中,人由于他的预见出自先行原因的结果的能力——不仅由于他对过去经验的记忆,而且由于他的整理自然定律的能力,也就是他的用科学陈述概括经验的能力——而赢得了对其他生命形式的专政。就他的成功而言,他并不必要知道现象为什么发生,唯一必要的是,他应该知道它们如何发生,他应该能够在它们中观察到作为他的知识基础的惯例、重复的序列。为了评价感觉印象序列中的不变秩序是人的知识,从而是人借助其赢得他的专政的预见之绝对条件,我们只要在某个简单的例子——比如说煤的燃烧的例子——中考虑一下,如果结果的感觉印象不是一致的,例如它忽而酷热忽而极冷,那么对人来说会发生什么情况呢? 在感觉的混沌中,在感觉印象的“彼岸”,我们不能推断必然性、秩序或惯例,因为这些是人的心智在感觉印象的此岸形成的概念。可是,倘若人的至高无上是由于他的推理官能,那么作为一种推理生物的人的生存条件就是他的知觉的惯例、他的感觉印象序列的恒定秩序。我们既不能断定也不能否认这种惯例是某种超越感觉印象的东西,因为在“彼岸”惯例一词是无意义的,而且我们既不能断定也不能否认我们正在涉及的、不能应用知识一词的领域之所在。我们能够断言的一切就是,人的推理官能内涵着以相同的恒定秩序呈现感觉印象的知觉官能。这种惯例是由于知觉官能本身的性质——由于我们在它的构成中没有意识到的、与推理官

164

能的有意识的结合和记忆同类的因素,这一看法似乎是有道理的,即使是一个未被证明的假设。不管怎样,正如我们看到的,它是被知觉和理性的同时代的成长所暗示的、被某种形式的知觉官能——例如我们在精神错乱者身上发现的——不可能在生存斗争中幸存(边码 p.125)所加强的假设。

165　　虽然感觉印象序列中的恒定秩序被这样视为理性的人的知觉官能的基本特征,但是理解任何序列的原因和理由的能力并非如此。了解物体为什么落到地上无疑具有巨大的理智兴趣,可是它们**如何**不变地下落才是实际的知识,这种知识现在能使我们建造机器,能使我们的祖先投掷石块,从而在生存斗争中帮助他们,正如它在生存斗争中帮助我们一样。广而言之,在这里像在其他地方一样,知觉官能是沿着强化人的自我保存能力的路线发展的,而不是仅仅沿着可能照顾他的智力好奇心的路线发展的。

人们注意到,任何倾向于削弱我们对于一致的现象秩序、对于我们命名的知觉惯例的信任的东西,也倾向于通过消除知识的唯一基础而使我们的推理官能无效。它减少了我们的预见能力,降低了我们在生存斗争中的力量。为此理由,因他们的近代奇迹而与长期经验的知觉惯例矛盾的通神论者和唯灵论者,尤其不可能形成一个充分稳定的社会,以便在生存斗争中幸存下去。每一个入迷的和神秘的状态都削弱经验它的人的整个理智特性,因为它损害了他们对于正常的知觉惯例的信仰。反常的知觉官能,无论是疯子的还是神秘主义者的知觉官能,必定永远是人类社会的危险,因为它损害了作为行为指导的理性的效力之基础。因此,确信现象的一致的秩序对于社会福利是至关重要的。

但是,读者可能反对,虽然这种确信对于社会福利是必不可少 166
的,可是不能得出它被牢固地奠基了。信仰偶像对原始部落的福
利也许是不可或缺的,不相信它的人可能会被灭绝;可是,这并未
证明信仰的理性特征。因此,我们应该研究我们的确信是否牢固
奠基了才是正确的,在本章下余各节,我将致力于这个方面。

在结束本节时,我可以概述所达到的结果如下:

在知觉秩序(原因和结果)中,不能证明固有的必然性。

在知觉序列重复的一致性(知觉惯例)中,也不存在固有的必
然性,但是知觉惯例应该存在则是思维的本质存在的必要条件。
因此,必然性处在思维本质的特性中,而不处在知觉本身中;从而
可以想象它是知觉官能的产物。

§13　概然的和可证明的

斯坦利·杰文斯讨论了概率论,这形成了他的《科学原理》最
有价值、最有兴趣的部分之一;他在讨论中评论说,**概然的**一词的
词源并不能帮助我们理解概率是什么,它在何处存在:

"十分好奇的是,由于**概然的**(probable)最终与**可证明的**
(provable)是相同的词,因而是一个词变得分化为两个相反意义
的好例子。"(边码 p. 197)①

167

---

①　我认为,必须在中世纪的拉丁语 proba(试样、检验或试验)中寻找二词的起源。
于是,probare 是在通过拷问取得事实的含义上使用的,而 probabilis 则是在借助 proba
被证明和被批准的含义上使用的。

现在,我们已经看到,确定性仅仅属于概念的范围;固有的必然性在逻辑的心理领域才有意义;"自然定律的必然性"是无法辩护的短语。因此,在可以证明的确定性的含义上使用的**证据**(proof)一词只不过应用于概念的范围。因此,当把证据一词应用于自然现象时,我们应该如何理解呢?我们能说在这样的关系中使用**证明**(prove)一词完全是不正确的吗?可是,我们第一流的科学人却使用它。在这里,从威廉·汤姆孙爵士关于"知识的六个入口"[①]中摘引一段:

"我不能设想,对一块金属产生如此奇妙效应的空间中物质之质即磁化,能够绝对地对活体物质没有任何影响,它肯定具有一些影响;它能够绝对地对处在那里的活体物质没有任何**可知觉的**影响,这对我来说似乎迄今依然未被**证明**,尽管还未发现什么。"

证明一词在这里显然被用于知觉领域中可以被证明的某种东西。在此处清楚地包含着一个推论,很容易看出这个推论是知觉惯例的推论,也就是说,如果某种东西一旦被知觉,那么在严格相同的环境中它将再次被知觉。我们对这种惯例的确信不是确定性,正如我们已经看到的,而是概然性。因此,当我们正在谈论知觉范围时,我们必须记住,可证明的最终与概然的是相同的词。因此,这两个词的结合似乎并非没有益处;词源毕竟可能有助于使我们回想起我们在知觉领域的知识的特征。

我们面前的问题是下述问题:某一知觉秩序在过去被经历,知觉在未来以同一秩序重复它们自己的概率是什么?该概率受到两

[①] 《科学讲演录》(*Popular Lectures and Addresses*),vol. i,p. 261,London,1889。

个因素的制约,即(1)在大多数情况下,该秩序先前被十分经常地重复,(2)过去的经验向我们表明,知觉序列是迄今务必重复它们自己的东西。于是,在阶层以及在个体中存在着过去的重复的经验,从而增强了同一秩序未来发生的概率。太阳将在明天升起的概率不仅受到人关于太阳运动的过去经验的制约,而且也受到他们关于自然现象的一致秩序的过去经验的制约。为了**证明**某一知觉序列,即为了确立有利于它的压倒之势的概率,在这里不需要去做多次谨慎地进行的实验了。从过去经验产生的有利于重复它们自己的**所有**序列的压倒之势的概率,同时包含着新序列。假设氢 169 的凝固被以诚实和谨慎闻名的实验者用批判察觉不到任何瑕疵的方法**一度**完成了。氢的凝固将继续重复相同过程的概率是什么呢?现在,拉普拉斯(Laplace)断言,已发生 p 次且迄今未停止作用的事件将再次发生的概率用分数 $\dfrac{p+1}{p+2}$ 来表示。因此,在氢的情况下,重复的概率是 $\dfrac{2}{3}$,或者正如我们通常所说的,有利于重复的机会应是 2:1。另一方面,如果太阳不中断地升起了一百万次,那么支持它明天升起的机会应是 1,000,001:1。很清楚,在这个假设中,关于太阳重复升起会有实际的确定性,而关于氢的凝固被重复仅有某种可能性。事实上,数字至少没有表示科学家对于两个现象重复的信任程度。我们应当宁可以这种方式提出问题:p 次不同的知觉序列被发现不管怎样遵循相同的惯例常常重复,没有发现一次不起作用,那么第 $(p+1)$ 次知觉序列将具有惯例的概率是多少?拉普拉斯定理向我们表明,有利于新序列具有惯例的机会是$(p+1)$∶1。换句话说,由于 p 在这里表示无限多样性的现象,而人过去对此的经验表明相同的原因反复地后随着相同的结果,因此任何新近观察的现象可以在这个因果律之下分类的机会是压倒之势的。[①] 考虑到机遇,我们对因果律应用到新现象的信仰如此之大和如此有理由地大,以致当知觉序列不重复自己出现时,我们便以极度的确信断言,相同的原因不存在于原来的序列中和重复的序列中。

§14　关于知觉惯例中断的概率

拉普拉斯甚至能使我们阐明知觉序列中的惯例的"奇迹"、反常状态或中断。他告诉我们,如果事件发生 p 次而 q 次未发生,那么它将在下一次发生的概率是 $\dfrac{p+1}{p+q+2}$,或者有利于发生的机会是$(p+1)$∶$(q+1)$。现在,如果我们像对奇迹报告者能够做的那样宽宏大量的话,那么我们几乎不能断言,知觉惯例的充分证实的中断在过去的经验中对于每十亿个惯例实例发生**一次**。换句话说,我们必须取 p 等于十亿次 q,或者在下一个知觉序列中发生违背奇迹的机会大约是十亿比一。因此很清楚,奇迹将在我们即时的经验中出现的任何信仰不可能形成实际生活的行为中的因素。确实,违反奇迹出现的机会如此之大,持久不健全的或暂时无序的

---

①　有利于自己已重复 r 次、在第$(r+1)$次实验中重复自己的新序列在某种程度上较大的概率,将在下面给出。

知觉官能的百分数与被断定的惯例的中断的百分数相比是如此之大,对人类来说发展绝对确定的知识基础的好处如此之大,[①]以致我们有正当的理由说,奇迹被**证明**是难以置信的——**证明**一词是在这样的含义上使用的:只有把它应用到知觉领域,它才具有意义(边码 p.168)。

§15　拉普拉斯理论的基础在于对无知的经验

我认为,我所说的已充分指明,如果拉普拉斯定理是正确的,并且能够**首先用来**测量事件重复的概率,那么我们对于知觉惯例的信仰就建立在高程度的概率的基础上,这使得**概然的**和**可证明的**实际上成为相同的词。让我们稍为仔细地考虑一下拉普拉斯理论的基础。假定我们拿一先令硬币并抛掷它,那么正面或反面将朝上的概率是严格相等的;设单位 1 表示确定性,那么我们说正确的概率等于 $\frac{1}{2}$。如果我们再次抛掷它,正面的概率将不改变,并将再次是 $\frac{1}{2}$,如此继续下去,对于每一次投掷来说概率依旧总是 $\frac{1}{2}$。由于在两次投掷中我们以相等的概率可以具有四种状况中的任一种:正正,反反,正反,反正,由此可得正面出现只有 $\frac{1}{4}$ 或 $\frac{1}{2} \times \frac{1}{2}$ 的概率。类似地,三个正面将被接连抛掷出来的概率很容易通过计

---

① 这涉及这样一个假设(边码 p.163):人在进化过程中获得了知觉官能,知觉官能在正常条件下只能呈现出惯例形式的知觉序列。正如我们已经看到的,这样的作为知识的唯一基础的惯例对人而言具有巨大的好处。

172 算看到,概然的状况是$\frac{1}{8}$或$\frac{1}{2} \times \frac{1}{2} \times \frac{1}{2}$;也就是说,相对于三个一组再现的机会是 7:1。把这扩展到正面 20 个一组或 30 个一组再现,我们立即发现,逆反在没有中断的情况下相继再现的概率是压倒之势的。

不用先令,让我们取一个袋子,把相等数目的黑球和白球放入袋中。随机取出结果为白球的概率现在将是$\frac{1}{2}$,在每次取出时取出白球的概率将总是如此,倘若把球重新放进袋子的话。现在,让我们把知觉世界视为装着白球和黑球的袋子,白球代表惯例秩序,黑球代表惯例的反常状态或中断。此时,由于我们不知道知觉应该具有惯例或不应该具有惯例的理由,我们可以断言每一个是同等可能的,或在我们的袋子里将存在同样数目的黑球和白球吗?如果情况如此,那么显而易见,逆反惯例秩序甚至三个一组出现而没有一个反常状态的机会是 7:1,逆反惯例出现完全不中断的机会是压倒之势的。可是,我们好像要做的唯一假定是这样的:在对自然一无所知时,惯例和反常状态被认为是同等可能发生的。现在,我们甚至在作这个假定时实际上没有辩护,因为它包含着我们对于自然并不具有的知识。我们利用我们关于硬币构成和行为的**经验**断言,正面和反面是同等概然的,但是因为我们对自然一无所

173 知,所以我们没有权利在经验之前断言,惯例和惯例的中断是同等概然的。由于我们无知,我们在经验之前应当考虑,自然可能是由所有惯例、所有反常状态或二者以任何比例的混合构成的,所有这样的东西都是同等概然的。这些构成中的哪一个在经验之前是最

概然的,必须明确地取决于经验是类似的东西。

重返硬币的例子吧,我们必须假定,所有关于硬币行为的经验都远离我们而去;硬币是否如此构造,以致两面都是正面,两面都是反面,或者一面为正面而另一面为反面,这些对我们来说必定是未知的。这三种同等概然的构成中的任何一种之概率在经验之前都是 $\frac{1}{3}$。现在,设想我们具有两次抛掷两者结果都是正面的经验。按照硬币的第一种构成,这是一个确定的结果,或者它的概率用 1 表示;按照第二种构成,该结果是不可能的,或者概率是 0;而按照第三种构成即通常的硬币的构成,结果的概率是 $\frac{1}{4}$。于是,经验向我们表明,硬币的一种构成是不可能的,另一种构成将确定地给出观察到的结果,尽管逆反给予它的依然可能的构成之机会是 3∶1。显然,双面为正比一正一反是硬币的更概然的构成。但是,这种构成比另一种构成以什么比率更概然呢?这是由拉普拉斯原理决定的,我们可以陈述如下:

"如果结果来自在经验之前具有同等概然性的若干不同构成中的任何一个,那么在经验之后作为真实构成的每一构成的几个概率,正比于结果来自这些构成中的每一个的概率。"

于是,在我们的例子中,正正构成给出观察结果将发生的概率 1,而正反则给出 $\frac{1}{4}$ 的概率。因此,根据拉普拉斯原理,我们的硬币双面为正的机会是 4∶1。我们必须精心注意,这个结果完全依赖硬币可以具有无论什么构成的假定;当我们一旦具备硬币通常有正面和反面的经验,它就不再适用了。但是,可以说,在我们能够预言具有正面两次向上翻转的单个硬币可能是双正面的硬币之前，我们不应当具备关于硬币可以有任何构成的实际**经验**吗？我们能够在没有这样的经验的情况下假定，在我们无知之处，所有的构成先验地是同等概然的吗？我们可以仅仅出于我们一无所知的理由"同等地分配我们的无知"吗？不止一个作者，值得注意的是已故的 G. 布尔(Boole)[①]教授对这种行进的逻辑提出质疑。我们的确有理由怀疑，从完全无知引出知识是否可能。但是，在我们能够同意布尔关于拉普拉斯的方法是无效的看法之前，我们必须询问，他的原理是否归根结底建立在知识的基础上，也就是说，是否以从下述经验导出的东西为基础：在我们无知的情况下，所有构成最终将被发现是同等概然的。

175　　　埃奇沃斯教授给出这方面的一个好例子。设我们用 7 除 143,678，并在商的第四位停止，我们则有 2052 作为结果。现在，我们可以假定对于下一位数将是什么一无所知，而在我们的无知中，**所有从 0 到 9 的数字是同等概然的**。为什么？因为如果我们用 7 去除 6 位十分大的数而在商的第四位数停止，那么我们会发现，从 0 到 9 的每一个数在第五位可能发生的次数实际上是相等的。换句话说，统计学会为"我们无知的相等分配"辩护，或者**经验**向我们表明，在拉普拉斯假定的基础中存在人的经验的要素。希望进一步追索这个论题的读者可能首次会提及埃奇沃思教授的文

---

①　《思维规律研究》(*An Investigation of the laws of Thought*, London, 1854)第 ⅩⅩ 章,《与原因和结果的联系相关的问题》(*Problems Rlating to the Connexion of Causes and Effects*),尤其是 pp. 363-375。

章。[1] 他写道:"我提出这样的假设:对于我们尤其一无所知的东西的任何概率常数是与另一个同样可能地具有一个值,这是以粗糙的但却可靠的经验为根据的,从而这样的常数事实上往往与另一个具有一个值。"

不过,读者可能会问,"自然"为什么不会在一组经验之后和另一组经验之前变化呢?对这个问题的真实的答案一部分在本书的前几章、另一部分在下一章论**空间和时间**所表达的观点之中。我们已经看到,自然是人的心智的构象(边码 pp. 50,122-129,163);时间和空间不是外部世界中固有的,而是区分感觉印象群的模式(边码 pp. 183,217)。因此,"自然"本质上受到我们知觉官能的制约,"变化"不能认为是与我们自己无关的。只要清楚地认识到时间和变化与知觉有关,而与感觉印象的"彼岸"无关,人们将会承认,"自然"在"经验之前和之后"是等价的。知觉官能的同一性是知觉的模式的同一性的关键。因此,每一次实验(像在掷骰子中或在从袋子取球中那样)依然相同的条件仅仅在于知觉官能的等价。

§16　拉普拉斯研究的性质

我们现在能够返回我们的白球和黑球的袋子,但是我们不再假定,两种球的数目相等,或者惯例和惯例的中断是同等概然的。我们必须假定,我们的"自然袋子"具有每一种可能的构成,或者黑球对白球的每一种可能的比率都是同样可能的;要做到这一点,我

---

[1] "机遇哲学"(The Philosophy of Chance),*Mind*,Vol. ix,pp. 223-235,1884。

们设想球总共是极其大的数目。接着,我们可以针对这些构成中的每一个,计算观察结果——比如说 p 个白球和 q 个黑球(或 p 个惯例的场合和 q 个反常状态)——在 $p+q$ 次取出时出现的概率。[1] 根据拉普拉斯原理,这将决定每一个假设性的构成是袋子的实际构成的概率。设这些概率用字母 $P_1,P_2,P_3\cdots$ 等来表示。于是,我们可以就这些构成的每一个决定白球将在第 $p+q+1$ 次取出时被取中的概率。如果用字母 $C_1,C_2,C_3\cdots$ 等表示这些概率,那么按照众所周知的合成概率定律[2],我们将发现,有利于白球在第 $p+q+1$ 次取出时出现的总概率,或者惯例在 p 次惯例和 q 次反常状态中继续下去的总概率是:

$$P_1 C_1 + P_2 C_2 + P_3 C_3 + \cdots$$

现在,这一切是纯粹的计算;它没有包含**新**原理,没有包含读者可能不信任的东西,即使他在数学分析方面不熟练。因此,我们将假定计算像拉普拉斯所做的那样进行了[3],结果将发现是我们在边码 p.170 中所给出的,即白球将被取出的概率是 $\dfrac{p+1}{p+q+2}$。或者,由于 q 是零或与 p 比较几乎缩小为零,我们在**下一次**实验中知觉惯例依然保持的概率是压倒之势的。

---

[1]　读者可以假定球在每次取出后重新放入袋子。

[2]　读者将会在任何基础代数著作中找到这个定律的讨论。例如参见托德亨特的《代数学》(*Algebra*),§§732 和 746。

[3]　参见托德亨特的《概率论的历史》(*History of the Theory of Probability*),Arts. 704, 847-848。布尔的《思维规律》(Laws of Thought),Chap. xx,§23;或 T. Galloway,《概率论》(*A Treatise on Probability*),§5,"论从经验推导的未来事件的概率"。

§17　对未来而言惯例的持久性

一个特例值得注意。设我们经历了 m 知觉序列重复它自己 n 次而无任何反常状态。进而设新序列重复它自己 r 次也无反常状态。于是,我们总共有 $m(n-1)+r-1$ 次重复或惯例的实例而无失败;因此,新序列将在第 $r+1$ 次场合重复它自己的概率可以通过在 §16 的结果中设 $p=m(n-1)+r-1$ 和 $q=0$ 而得到,或者有利于惯例在下一个场合与新序列一块出现的机会是 $m(n-1)+r:1$。因此,如果 m 和 n 十分大,那么将存在有利于跟随惯例的新序列的压倒之势的机会,尽管 r 或被检验的次数是十分小的。① 178

我们关于知觉序列中的惯例之概率基础的讨论必定是信念,只不过触及了广泛而困难的论题的皮毛。但是,它也许足以指明,在最接近的未来,或者事实上在任何有限的时间间隔内,有利于保持旧的和新的知觉群二者的那种惯例之机会是压倒之势的。② 我

---

①　为了获得充分综合的知觉序列,我们必须谨慎地应用这个公式。我们必须看到,在我们基于过去的知觉惯例的经验预言任何特例中序列的重复之前,原因实际上是相同的。我两次看见某条河流溢出堤岸,而从未看见河流未发洪水,这将不能使我预言,当我看见河流时,洪水将总是发生。在我具备充分广泛的原因使我能够从两次重复预言第三次发洪水之前,我必须在这些知觉上添加是年是季的知觉、太阳对河源的雪原和冰川影响大小的知觉、它的堤岸条件的知觉等等,等等。我必须确实表明,在我假定的等价序列中,实际上存在着相同的组分。希望更彻底地研究这一观点的读者必须参考穆勒的"归纳准则"(《逻辑体系》(*System of Logic*),第三编),在斯坦利·杰文斯的《逻辑基础教程》(*Elementary Lessons in Logic*)的"归纳教程"边码 pp. 210-264 将找到对此的基本讨论。

②　当过去表明 p 次重复而无失败时,有利于一个序列重复它自己 s 次的机会是 $p+1$ 比 s。在宇宙中重复的序列的数目或 p 实际上是无限的,以至于只要 s 是有限的,机会就是压倒之势的。不管怎样,我们不能由这个结果为赞成重复的无限的未来争辩。

们可能绝对无法证明出自我们知觉本身的惯例的任何内在必然

性,但是我们对这样的必然性一无所知与我们过去的经验相结合,

179 却能使我们借助概率论粗略地估计,知识的可能性和思维能力在

我们一代将被惯例的中断——用通俗的语言讲,就是我们所谓的

奇迹——所消灭是多么靠不住。

　　科学目前能够告诉我们的就这么多;如果我们承认惯例来自

我们知觉官能的本性而不是来自超越感觉印象的领域,我们才能

希望**知道**得更多一些。如果科学在目前的阶段不得不满足于宇宙

的即时的持久性(以概率为基础的,在实际生活中我们应称其为确

定性)之信念的话,那么我们必须同时记住,因为一个命题尚未被

证明,所以我们没有权利推断它的反题必定为真。这不是权衡矛

盾的明证的案例,因为在人类关于第一因或终极因的经验的整个

范围内找不到一个有效的论据。在我们的行星可能存在生命的开

端和终结;如果我们乐意的话,我们可以把这些命名为"第一突变

和终极突变"。但是,在无数的行星体系中,我们在明净的夜晚看

到,确实存在不可胜数的行星,已经达到我们自己的发展阶段,涌

现或已涌现出人类的生命。第一突变和终极突变必定已发生无数

次了;假如我们能够经过千千万万年目睹恒星的变化的光辉,那么

第一突变和终极突变对我们来说似乎不会作为第一因和终极因出

现,只不过是与个人的出生和死亡一模一样的知觉惯例而已。

180
摘　　要

　　1. 原因在科学上被用来指谓知觉惯例中的先行的阶段。在这

种含义上,作为原因的力是无意义的。第一因只不过是知识的持久的或暂时的界限。在第一因一词流行的含义上,在我们关于任意的第一因的经验中,没有出现一个实例,并且将肯定不会出现一个实例。

2. 在知觉惯例中不存在内在的必然性,但是理性人的存在使知觉惯例成为必需的东西。思维存在的可能性随着惯例的停止而中止。我们获得的唯一必然性存在于概念领域内;知觉惯例可能是由于知觉官能的构成。

3. 知觉领域中的证据是压倒之势的概率的证明。从逻辑上讲,我们应当仅在概念方面使用**知道**一词,而对知觉保留**相信**一词。"我知道圆的任何直径上的圆周角是直角",但是"我相信太阳将在明天升起"。在有限的未来惯例中断将不发生的证据取决于我们在那里是无知的牢固经验,未知的东西的所有构成在统计学上被发现是同等概然的。

文　　献

Boole,G.-*An Investigation of the Laws of Thought*,chaps xvi-xx,London,1854.

Edgeworth,F. Y.-"The Philosophy of Chance",*Mind*,vol. ix, 1884,pp. 223-35.

Galloway,T.-*A Treatise on Probability*,Edinburgh,1839.

Jevons W. Stanley-*The Principles of Science*,Chaps. x-xii. Mill, John Stuart-System of Logic,Book iii,Ist ed. ,1843,8th ed. ,

1872.

Morgan，A. De-*The Theory of Probabilities*，London，1838.

Venn，J. -The Logic of Chance，London，1866.

希望研究拉普拉斯第一手工作的读者，将会在托德亨特
(Todhunter) 的《概率论的历史》(*History of the Theory of
Probability*)第二十章中找到关于他的回忆和概率分析理论各种
版本的一些说明的指南。这样的读者也可参阅该历史书的 841-
857 条款。

第五章　空间和时间

§1　作为知觉模式的空间

在第二章(边码 p.77)我们看到,在我们自己"内部"和"外部"之间的区分不是十分真实的或充分确定的区分。我们把我们感觉印象的众多复合中的一些称为内部,而把另一些称为外部。对原始人来说,外部的开端、**自我**的界限无疑是他的皮肤;尽管他偶尔可能把自我观念扩展得更远一些,并且特别留心诸如剪下的指甲和剪掉的头发这样的自我的外在部分情况如何。在他看来,皮肤似乎是把自我与非我的外部世界分开的界限。他叫做皮肤的感觉印象群,把他能够看见和感觉到的世界与在正常条件下难以看见或触及的世界划分开来。他关于疼痛的头一批经验从在这个不可见和不可触的世界内的某种东西中产生了,或者至少永久存在下去了,他假定他作为疼痛而加以分类的神经颤动是在自我之内;他的消化不良似乎并未即时地与在他皮肤之外的可见的和可触的世界结合起来。因此,甚至当感觉印象疼痛后来与被分类为视觉和触觉印象的其他感觉印象群结合起来时,这种疼痛感觉印象特别作为某种内部的东西还与其他感觉印象有区别。我片刻接收到坚硬和疼痛的感觉,然后它们消失了;二者作为神经颤动,甚或借助相同的神经颤动都可以进入我的意识活动中心；二者与过去的坚硬和疼痛的存储的印记结合起来，可是我却把感觉印象坚硬投射到自我之外的某种东西，而认为疼痛是我的内部特有的某种东西。我说**我的**疼痛和**你的**疼痛；可是我不说**我的**坚硬和**你的**坚硬，却说坚硬是桌子腿特有的某种东西。于是，我把客观实在赋予一种感觉印象群，我拒绝把它赋予另一种感觉印象群。

现在，这种区别对我来说似乎出自这样的历史事实：我们把与坚硬结合在一起的存储的感觉印象从"皮肤外部"的可触的和可见的世界引出，而我们把与疼痛结合在一起的存储的感觉印象主要从"皮肤内部"的不可触的和不可见的世界引出。即使当我们的知识发展着，"皮肤内部"变得较少不可触和不可见之时，即使当我们学会把疼痛与"皮肤内部"的各种局部感官的存储的印记结合起来之时，我们还是觉得，说疼痛"存在于空间中"在某种程度上是语言的可疑的使用。不过，逐渐地，皮肤不再是明确标志的外部和内部之间的分界线。自我像形而上学家的心灵一样从肉体中消失了，而被集中在意识中。自我就坐（隐喻地而非物理地）于大脑电话局内，接受无限多样的音信，我们只能假定这些音信是以严格相同的方式到达自我的。可是，自我把这些音信中的一些群归类在一起，并说它们是存在于空间中的客体，而对于另一些群，它在过去否认或现在还在否认这种空间的存在。这种区分在多大程度上是逻辑的，在多大程度上是历史的？[①]

① 所谓**历史的**，我意指在人类的自然史中从不完善的知识和非逻辑的推理中产生的东西。因此，对幽灵、女巫和风神的信仰在人类的自然史中是完全理智的阶段，但却不是借助比较完善的知识从任何自然现象中所作的逻辑推理。

现在,我们将发现,当我们把一个群中的若干感觉印象结合起来,而把它们在知觉中与其他群分离开来时,我们就认为它们"存在于空间中"。因此,空间首先是知觉官能把共存的感觉印象分离为被结合的印象的群这一事实的心理表达。即时的感觉印象分类为群的这种分离、知觉官能的**区分**能力,在人类发展的早期阶段无论如何被明确地辨认,并被密切地与视觉和触觉结合在一起。因此,便发生了这样的情况:不可见和不可触的"皮肤内部"最初不被认为是在空间中。例如,后来由于我们把疼痛限制于局部,或者把它与其他被分类为可见的和可触的感觉印象结合起来,所以我们才把"皮肤内部"作为从属于空间来看待。可是,我们还是频频把可见的和可触的成员的在场视为感觉印象的**空间**群的条件。托马斯·里德说,空间是直接被视觉和触觉所知的。不过,在听觉和嗅觉中存在的辨别感觉印象群的手段可能是类似的,但却不怎么强有力。① 我们把声音和气味限制于局部,而没有把它们与可见的和可触的发声物体和散发气味的物体必然地结合起来。我以为,通过反思将承认,无论何时我们集中注意力于结合的感觉印象的限定群,我们都认为它们是空间的或"存在于空间中"。由于过去的经验,我们把某些作为**持久的**群的感觉印象联合在一起,我们然后在心理上把这种群与其他群分离开来。然而,当我们试图定义群的实际界限时,却发现该界限事实上是模糊的(边码 p.80)。尽

184

---

① 我的婴儿出生仅三天就能区分捻右手手指和左手手指的噼啪声,并用耳朵追踪声音的方向。在她注意十分接近她的眼睛的运动物体之前很久,她就会转向声音了。位置的差异就这样与声音结合起来。

管这个群大体上是持久的结合，但是它连续地流入和流出等级较
低的合作者；而通过仔细的审查，一些合作者像另一些合作者一样
属于一个结合。分离与其说是实在的，还不如说是实际的；它首先
起因于在我们的知觉中某些感觉印象或多或少持久地群聚在一起
之事实，其次起因于就这些群之一通过在概念中设置一个把它与
其他群分离开来的任意界限，而把我们的注意力集中对准其心理
习惯这一事实。这样的任意界限无疑是从视觉和触觉的感觉印象
中抽取出的概念，但是正如我们不久将要看到的，它们并不对应于
感觉印象世界中的或现象中的实在的事物。

　　或多或少持久的和独特的感觉印象群的共存是我们知觉的根
185　本的模式；它是我们知觉事物区别的方式之一。在感觉印象本身
中，不存在包含空间概念的东西，但是空间是"由于"感觉印象背后
的某种东西，还是"由于"我们知觉官能本身的性质，我们目前还无
法决定。莱布尼茨把空间定义为可能的共存现象的秩序。这种秩
序可能"起因于"现象背后的某种东西还是知觉机制，但是无论在
哪一种情况中，秩序本身仅仅是我们知觉事物的模式或方式。读
者必须仔细地在感觉印象群本身和我们知觉它们共存的秩序之间
作出区分。也许通过考虑字母表的字母

$$A, B, C, D, E, F, G, \cdots$$

将充分显示出这一区分。可以说，字母像我们称之为客体的感觉
印象群一样具有实在的存在。字母的秩序只是我们知觉它们作为
字母表共存的模式。于是，我们赋予其秩序的"存在"与我们赋予
其字母的"存在"具有截然不同的特性。字母表本身除非它包含字
母，否则它便不存在；但是另一方面，如果字母从未以任何秩序或

字母表排列,那么它们还会有实在的存在。字母表只不过是作为一种把字母视为完全在一起的方式而存在着。这些结果都可以用共存的感觉印象群及其秩序即**空间**来诠释。确实,对我们来说,单一的感觉印象可以在没有任何被假定的共存群的情况下存在,但是假如没有这样的共存群,那么空间便不会有什么意义。空间是知觉客体的秩序或模式;但是,假使撤走客体,空间则不复存在,正如没有字母则字母表不能存在一样。

186

如果读者一旦把握了这一要点——这无疑是一个困难的和费力的要点(因为我们的视觉和触觉微妙地导致我们把感觉印象的实在与我们知觉它们的模式混淆起来)——那么读者将不再把空间视为广漠的虚空,而客体则被绝不受他自己的知觉官能制约的动因置于其中;他将开始认为空间是事物的秩序,而不是事物本身。因此,说事物"存在于空间中"就是断言,知觉官能把作为一种感觉印象群的它与其他实际地或可能地共存的感觉印象群区别开来。我们不能教条地否认,共存的现象的秩序"起因于"感觉印象背后的某种东西,[①]但是我们可能觉得相当自信,空间即我们知觉这些现象的模式迥然不同于感觉印象背后的不可知世界中的任何东西。一旦辨认出空间是知觉官能的模式,它似乎就是**个体**知觉官能独有的某种东西。在没有任何知觉官能的情况下,可以想象有可能存在感觉(参见边码 p.123),但是却不会有我们命名为空

---

① 正如我们不应当断言它确实"起因于"感觉印象背后的某种东西一样。**起因于**一词在这里暗示**因果性**;但是因果性一词像感觉印象的不可思议的彼岸与感觉印象本身之间的关系一样,是无意义的。(参见边码 pp.82,151)

间的知觉模式。引人注目的事实是这样的:共存的现象的秩序无
论如何对于绝大多数人的知觉官能是相同的。对于所有正常人的
官能而言,为什么这种知觉模式会是相同的呢,或者也许可以更恰
当地说,为什么会是十分近似的相同的呢? 当我们问"为什么空
间对你和对我似乎是相同的"时,我们错误地表达了问题和秘
密;我们应当更确切地问:"为什么你的空间和我的空间是类似
的。"因为我们的知觉官能具有正常的类型,这也许是径直的回
答;但是依然不得不描述,类似的器官组织中心如何得以在感觉
的混沌中存在呢。

　　在论**生命**一章中将要充分提出的考虑,也许会给这个困难的
问题投来一些亮光。人仅仅借助个人主义的倾向是达不到他的目
前的高级发展阶段的,而且也要借助社会主义的或群集的倾向才
能达到。人与人之间的斗争可能足以引起个体人的知觉官能和推
理官能的共济(边码 p. 124),但是很清楚,在群与群的斗争中,在
群与它的环境斗争中,对于任何群而言巨大的好处会来自它的
成员的知觉官能的密切一致,而没有这样的一致则会给任何群带
来巨大的害处。前者的幸存恐怕是自然的结果。

§2　空间的无限大

　　"空间有多大"这个问题,在它提出时就是一个无意义的问题。
不过,"**对我来说**空间有多大"则容许有答案。空间正好像将足以
把对我来说共存的所有事物分离开来的那么大。让读者尝试撇开
感觉印象群,想象一下现象的空间吧,他将迅速地发现空间对他来

说是多么大。他将立即认识到，当我们不再**分离地**知觉事物，即不再在感觉印象群之间区分时，空间就没有意义。我们应当经常记住，空间是我们自己特有的；在反思我们知觉官能的复杂性质时，我们习惯于被激动，相形之下，我们则不应该在理性上被任何一个评论"空间的巨大"的人而激动得过高地赞美。最遥远的恒星和本书的书页二者对我们来说都只不过是感觉印象群，把它们分离开的空间不在它们之内，而是我们知觉它们的模式。

存在着一种廉价的然而不幸地也是共同的激情科学的形式，它着迷于把"空间的无限"与"人的有限的能力"相对照。我们可以举天文学通俗作家的下述一段话作为这种形式的一个有教益的样本：

"这些不计其数的天体实际上是宏伟壮丽的太阳，它们沉没在深不可测的空间深渊中的令人震惊的深度，这能够是真的吗？"

"可是，即使使用我们最大的望远镜，我们能够看见的一切与无限空间的整个广度相比起来，毕竟是太小了啊！不管我们的仪器探测的深度可能多么广漠，还是存在着无限广延的彼岸。请设想在空间中描绘一个浩瀚的球吧，这个球具有巨大的维度，它将包容太阳和太阳系、所有的恒星和星云、以至于我们有限的能力能够想象的一切客体。可是，甚至这么一个大球与无限空间的广延的比例关系归根结底必定是什么样呢？这个球将具有如此之小的比率，比一滴露水与整个大西洋的水相比的比率还要无限地小。"①

————————

① 鲍尔的 *Story of the Heavens*（《天的故事》），边码 pp. 2，538。

　　说我们感知共存现象的模式是令人震惊的深度的深渊,这在措辞上也许是相当无意义的;但是,无限空间包含着比我们有限的能力能够想象的更多的东西之陈述,则是绝望地误入歧途。首先,我们知觉的空间、我们用以区分现象的空间不是无限的:它精确地与我们称之为我们知觉官能的有限能力的内容相称。其次,如果作者所谓的"我们有限的能力能够想象的一切客体"意指概念而不是知觉的话,那么他正在把两种不同的事物混为一谈:一个是作为实在的共存现象的秩序之空间,我们把它命名为实在空间;另一个是我们思想的空间、几何学的概念空间,我们把它命名为理想空间。正如我们在以后将要看到的,这后一种空间既可以构想为有限的,也可以构想为无限的,尽管理想的无限空间的限定的部分最容易描述我们知觉的实在空间。因此,迄今从实在的巨大压倒我们有限的能力的特质来看,我们所知道的唯一无限的空间是我们自己推理官能的产物。另一方面,宇宙的空间、我们感知的模式,是有限的,不是受我们想象的东西之范围限制的,而是受我们知觉共存的东西之范围限制的。空间的秘密、它是有限的知觉空间还是无限的概念空间,在于每个人的意识之内,而不在于每个人的意识之外。或者我们必须在我们区分(或分离地知觉)如此之多和多变的感觉印象群的能力中寻找它,或者我们必须在能够使我们从有限的实在空间行进到无限的理想空间的、我们抽取概念的能力中寻找它。只是对于作为有知觉的人类的我们来说,空间才有某种意义;在我们没有发现与我们自己类似的心理机制的地方,我们不能推断它。

§3 空间的无限可分性

正如我们已经看到的,我们的知觉空间是有限的,是因个人的不同随着他的知觉的范围和复杂性而变化的。就我们对现象的知觉来说,它是足够大的,恰如就我们不得不理解它不是"无限可分的"而言,它同样也是足够小的。它的可分性的极限是我们分离地知觉事物的能力的极限。我们的感觉器官是这样的,以致只有具有某一强度或幅度的感觉印象才落入它们的认知之内。我们可以把现象分解为越来越小的感觉印象群,但是我们最终达到感觉印象在其处中止的极限。我们可以把一张纸分为越来越细小的碎片,但是最终即使借助最强大的显微镜也不再能感觉到它们。此时我们达到了分离地知觉的模式之极限,用通常的说法,达到了空间的可分性的极限。我们可以**构想**较小的分割,但是在这样做时我们从实在的领域行进到理想的领域——从知觉空间行进到几何学空间。在我看来,这种往往是完全无意识地完成的、从知觉到概念的过渡,是包含在关于空间无限可分性的悖论中的所有困难的基础。休谟在他的《人类理解力论》中涉及这一点①,他在那里如下写道:

"对所有抽象推理的主要反对意见来自空间和时间的观念——该观念在普通生活中和对不细心的观察而言是十分清楚的和可以理解的,但是当它们通过深邃科学的详尽研究(而且它们是

191

---

① Section xii, part ii; Green and Grose, *Hume's Works*, Vol. iv, p. 128.

这些科学的主要对象)时,它们就产生了似乎充满荒谬和矛盾的原理。出于驯服和征服人类反叛的理性而发明的教士的**教条**并不像广延的无限可分性学说及其推论——当它们被所有几何学家和形而上学家以几分凯旋和狂喜的心情壮丽地展示出来时——那样不断地震撼常识。比任何有限的量无限地小的实在的量,包含着比自身无限地小的量,如此等等,以至无穷;这是一个如此大胆和惊人的大厦,以致它对于任何妄称的支持证明都太沉重了,因为它震撼着人的理性的最明白的和最自然的原理。但是,使这个问题变得最为异乎寻常的是,这些表面上荒谬的看法却受到一连串最清楚、最自然的推理的支持;对我们来说,在不承认推论的情况下而容许大前提是不可能的。"

现在,读者应该仔细注意在这段话中从空间和时间**观念**向**实在的量**的无限可分性之无意识的过渡。这一过渡在伴随这段话的脚注中甚至更为鲜明,它是这样写的:

"关于数学点不管可能有什么争论,我们都必须容许存在物理点,即不能被眼睛或想象分割或缩小的广延的部分。这样一来,这些呈现在幻想和感官面前的图像是绝对不可分的,因而数学家必定容许它们比任何实在的广延部分都无限地小;可是对理性来说,好像没有什么东西比无限数目的它们具有无限的广延更确凿无疑的了。何况我们还可以设想无限数目的这些无限小的广延部分是无限可分的。"

在这里,从知觉向概念的过渡及再次返回转移了几次。数学上定义的点是概念,在知觉领域没有实在的存在。确实,我们把这个概念建立在我们对于不是点的事物的知觉经验之基础上,但是数学点不是能够在知觉领域进行的任何过程的**极限**；它是我们在思维领域中、在概念范围内想象进行的过程的极限。如果休谟所谓的物理点意指我们能够分开知觉的最小可能的感觉印象群，那么这是不能借助眼睛分割或缩小的。但是，这种从知觉领域过渡到概念领域的物理点却能够在想象中一而再、再而三地分割。当我们着手处理几何学的空间概念时，将会更清楚地估价这一评论。现在足以注意到，休谟从眼睛行进到现象，从数学的东西行进到物理的东西，从幻想行进到感觉，仿佛广延的几何学理论、这种分类和描述现象的速记方法本身是现象世界。几何学的几种类型能够被我们的理性官能精心制作出来，从它们之中得出的结果将取决于它们的基本公理的陈述。从这些类型中，我们选择将使我们能够用尽可能简明的公式描述最广泛的现象之类型，或者选择将使我们能够以最大的精确性分类感觉印象群之间的差异之类型。我们没有权利责备几何学家的空间无限可分性概念，正像我们没有权利责备他的圆的概念或物理学家的原子概念一样。它们个个都是超越知觉经验范围的纯粹的理想。我们必须问的问题是：这些概念在多大程度上有助于使我们简明地描述和分类我们的知觉？它们在多大程度上帮助我们在心理上存储作为未来行动指导的过去经验？点和圆在知觉世界中可能是绝对不合理的，但是如果它们有助于我们描述和预言地球绕太阳的运动，那么它们没有一个是较少有效和有用的概念。只有当我们断言每一个概念在知觉中具有明确的配对物，并忘记科学仅仅是自然的速记描述而不是自然本身时，休谟在几何学结论中发现的悖论才存在。

§4　记忆和思维的空间

194　　在我们从实在的或知觉的空间的论题通过之前,我们应当注意,这种知觉现象的模式不仅出现在与即时的感觉印象的结合中,而且也出现在与过去经验的存储印记的结合中。事实上,除非我们正在使用**知觉**一词同样指涉"外部的"感觉印象和"内部的"感官印记的意识,准确地讲,我们也许应该说,记忆模式是与知觉模式同族的。十之八九,洛克称之为外部的和内部的知觉的这些过程往往是相同的,只是它们从中汲取它们的材料的来源不同。在这种情况下,可以充分地说,空间作为知觉的模式可以像应用于现象一样地应用于记忆。通过这种看待问题的方法,我们肯定对空间可能起因于心理机制的本性之方式获得了新的洞察。谁也不会把过去经验的印记藉以群集和区分的空间视为与内部的知觉无关的实在;它十分明显地是记忆官能的模式。但是,现象世界和记忆世界之间的区别不在于它们的内容的秩序和关系,而在于在两种情况中刺激的强度和结合的质。我的桌子上的蜡烛、墨水台、书籍和纸张,不管我是看见和触及它们还是仅仅作为记忆回忆它们,都具有相同的秩序和关系,但是在外部的和内部的知觉的逼真性①方

195　面却存在着巨大的差异,在知觉内容在两种情况中与之结合的存

---

①　休谟的信仰定义在稍加修改之后可充分表明这种差异:与存储印记群相比,即时感觉印象群是对客体的"更逼真、更生动、更有力、更牢固、更可靠的"知觉,仅有存储印象群永远也不能获得这样的知觉(《人类理解论》(*Essay Concerning Human Understanding*),Sec. v,part ii)。

储印记的范围方面却存在着显著的变化。

先前认为空间是我们用以分别地知觉共存的事物的模式，我们或者增加了空间，或者考虑了所有分离在逻辑上指示空间。于是将发现，我们的思想和概念几乎不变地卷入空间关系中，而像疼痛这样的心理过程本身正在越来越限制于局部或与个人的大脑活动中心结合起来。可以公正地说，在任何领域未认清空间关系之前，在我们能够分开知觉事物之前，我们便没有区分、比较、分类的基础，便没有富有成果的科学知识。尤其是从心理过程的定域化，我们可以希望巨大的成果，希望未来的真正的心理学科学。这种定域化不是思维的"物质化"，它仅仅是意识的两个同等的因素即"内部的"和"外部的"知觉的结合。这种结合不是两个大相径庭的和针锋相对的事物——物质和精神——的结合，而是知觉的两个阶段的结合。受知觉官能制约的空间中的感觉印象群像心理过程一样，都是感知的人的一部分。

因此，从逻辑的角度看情况似乎是，不管我们是否明确地分离和区分共存的事物，我们都是在空间模式下知觉它们；我们所谓的"在空间中存在"意指的就是在这种模式下的知觉。可是，从历史的角度看，空间概念起因于感觉印象群的分离和区分，其时每个群中的一个或多个成员是由于视觉或触觉；因为这些感觉在人类的自然史中是群首次被借以分别地知觉的感觉。正如这些感觉印象群被从我们的意识向外投射，并被作为受我们知觉官能制约的事物、作为独立于感知的人的客体来处理一样，我们的知觉模式也被作为在感觉印象群中固有的东西来处理，并给予在神话的"原始的虚空"和通俗天文学家的"令人震惊的深渊"中发现的习语旧词以客观存在。我们只是逐渐地学会承认,空虚的空间是无意义的,空间是知觉模式——我们知觉官能用以把共同存在呈现给我们的秩序。我们没有被迫就现象假定在自我之外的空间,就记忆、思维和心理过程假定在自我之内的空间,但是我们宁愿必须坚持认为,我们在这些不同领域中用以知觉的模式本质上是相同的,这种模式就是我们所谓的空间。

§5 概念和知觉

如果知觉空间是这样的,我们接着要问:我们在科学上如何描述它? 概念空间即我们在几何学科学中处理的空间是什么? 我们看到,我们的知觉官能把感觉印象作为分离成群的东西呈现给我们;进而,虽然这种分离对于实际目的是最有用的,但是它"在界限上"并未被十分精密地和明确地定义(边码 p.80)。我们如何在思想中、在概念中把这种分离再现为由我们的知觉模式引起的群呢? 答案是:我们构想感觉印象群是以用**直线**或**曲线**限定的**面**为界的。于是,我们对概念空间的考虑立即导致我们讨论面和线,事实上就是研究**几何学**。

几个重要的问题同时呈现出来需要研究。首先,这些面和线在知觉世界中实在地存在吗? 或者,它们是我们藉以分析我们知觉现象的方式的理想模式吗? 其次,如果它们只能是概念的理想,那么它们被达到的历史过程是什么呢? 它们在知觉中的最终根源是什么呢?

现在,在这个注意中心,已作出了一个重要的评论,即**不可知**

觉的东西并非因此就是不可构想的东西。这个评论完全是更为必要的,因为它似乎与休谟的健全的怀疑论针锋相对。[①] 可是,除非它为真,否则精密科学的整个建筑物便倒坍到地面,无论几何学概念还是力学概念都不会有什么用处;例如,假如圆和点的运动因它们不可知觉而实际上不可构想的话,那么它们就会是荒谬的了。我们的概念的基础无疑在于知觉,但是我们在想象中能够把知觉过程进行到其本身不是知觉的极限;我们能够进而结合存储感觉印象群,形成与在我们的知觉经验中的事物并不对应的观念。

无论如何,在这里谨慎一词是十分必要的。因为我们构想事物,所以我们不必辩解它像知觉一样是可能的或概然的。实际上,我们藉以达到我们的概念的过程或结合本身可能足以显示出它的知觉不可能性或非概然性。诉诸经验只能够决定,概念是否像知觉一样是可能的。例如,经验向我表明,存在着可视的和可触的感觉极限;因此,作为概念而有效的点永远不能像知觉一样具有实在的存在。通过在我的想象中把不能在知觉中如此推进的过程推进到极限,我达到点这个概念。我的无限距离或无限数的概念严格地具有相同的特征;它们是可以在知觉中**开始**的,但是只有在想象中才能推进到极限的过程之概念的极限。知觉的非概然性(improbability)在某种程度上不同于知觉的不可能性(impossibility)。我能够构想维多利亚女王陛下在摄政街散步消食,但是用我对王族过去行动的经验来检验,这种概念的结合几乎不是知觉的概然

---

① 尤其参见《人性论》(*Treatise of Human Nature*),part ii,“空间和时间观念”,Green and Grose 的 *Hume's Works*,vol,i,pp.334-371。

性。这些例子可以充分地指明,在知觉中非概然的或不可能的东西在概念中可能是有效的。但是,我们必须永远仔细地记住,概念的**实在**、它在思想之外的存在,只能通过诉诸知觉经验才能证明。几何学家甚至断定他的点、线和面的现象不可能性;物理学家绝不假定原子和分子作为可能的知觉之存在。科学目前满足于把这些概念仅仅看做是在思想领域存在着,纯粹看做是人的心智的产物。在经验表明概念的极限或结合能够变成知觉的实在之前,科学不像形而上学或神学那样要求它的概念存在于感觉印象之内或超越于感觉印象。① 科学概念的有效性首先不依赖于它们的作为知觉的实在,而依赖于它们提供分类和描述知觉的手段。即使圆和矩形没有实在的存在,但是由于它们能使我分类我对形式的知觉,描述(无论多么不完善)本书书页和我的钟表的表面之间形状的差异,它们还是非常宝贵的。它们是科学借助其描述现象宇宙的符号。原子即便是纯粹的概念,它通过整理我们过去的经验,依然能使我们经济思维;它在合理的限度内保存材料,我们把我们对可能的未来经验的预言建立在这种材料的基础上。如果任何一个人告诉我们,风神对于某些心智来说是像原子一样可构想的,那么我们首先必须答复,可构想的东西并不是实在的东西;进而必须答复,任何概念理想对人的价值取决于它在它的过去的概要把未来归类的广度。风神概念作为我们对于气象学无知的显著遗迹,作为我们

────────────

① 靳维烈和亚当斯**构想出**具有确定轨道的行星,作为计算在天王星运动中察觉到的不规则性的方法。他们的概念作为一种描述这些不规则性的方式也许是有效的,即使海王星本身从未被发觉,换句话说,即使他们的概念没有变成知觉的实在。

必须"为所有的天气而准备"的有用残余,毕竟可能归终有某种
价值。

我们在这个阶段需要注意的是,心智不限于知觉结合,它能够
在概念中进行一种可以在知觉范围内开始,但不能无限地在知觉
范围内继续的过程。这样的概念不管是通过结合达到的还是作为
一种极限,它们的科学价值在每一种情形中都必须通过它们能使
我们分类、描述和预言现象的广度来评判。

§6 同一性和连续性

现在,作为对空间的几何学表象具有重大意义的、知觉过程的
概念极限,已达到了两个观念。这些观念可以用词汇**同一性**和**连
续性**来表达。就我们的知觉经验而论,两个感觉印象群可能并非
严格相同。每一个中的同一性取决于我们审查和观察的程度。对
于偶遇的观察者来说,一群羊中的所有羊好像都是相同的,但是牧
羊人却能一一列举它们。来自一个冲模中的两个硬币或一个帽楦
的两个木刻,将总是发现具有某些区别的标志。我们可以保险地
断言,绝对的同一性永远不会在我们的经验中出现。甚至"持久
的"感觉印象群或客体在两个不同的时刻也不是严格相同的。群
中的各种要素随时间、光线或观察者而稍有变化。取一块抛光的
金属,注意它表面的两个部分;它们似乎是严格相似的,但是显微
镜却揭示出它们缺乏同一性。因此,同一性从来也不是我们关于
现象的经验之实在的极限;我们审查得越仔细,同一性就越少。可
是,作为一种概念,两个感觉印象群的同一性是十分有效的观念,

201

是我们众多科学的分类的基础。在知觉领域,同一性表示出于某些实用的目的两个稍微不同的感觉印象群的等同性。然而,在概念领域,同一性表示两个群中无论哪一个的所有成员的绝对等同性;它是在知觉世界中不能达到的比较过程的极限。

在我们现在正考虑连续性一词的含义上,连续性观念包含着同一性观念。如果我拿起一个盛水的容器,那么我发现导致我把该容器的内容命名为水的某一持久的感觉印象群;如果我从容器中取出少量的水,那么我发现"相同的"群,而且如果我取出越来越少量的水,甚至只取出一滴水,那么这依然为真。我可以继续分割这滴水,但是显而易见,只要所取出的部分依旧完全是可感觉的,就存在相同的感觉印象群,我还把这滴水中的一部分叫做水。现在问题产生了:假如这种分割能够无限地进行下去,那么我们至少会达到一个极限,也就是在此处感觉印象群不仅在量上即在强度上应该变化,而且在质上也应该变化吗? 假使我们能够把归因于一滴水的无限小部分的感觉印象放大到可感觉的强度,那么它们会如此不同于原来容器中的内容的那些特征,以致我们不应该给予它们以水这一名称吗? 现在,我们不能在现象世界检验无限地继续分割的结果,因为我们不久便达到借助我们的处理手段,我们根本无法获得任何来自被分割的实物的感觉印象之阶段。我们的感觉印象放大器至少有一个有限的范围。[①] 不过,虽然在知觉领域内不存在进行分割到它的最终极限的可能性,但是我们在概念

---

① 例如显微镜、微音器、分光镜等。从分光镜中,我们也许得到了随着量的减少,在许多实物中质的变化的确实指示。

中却能够无限地重复该过程。如果在无限次数的分割之后，我们构想可以发现相同的感觉印象群，那么我们便说构想该实物是**连续的**。接着我们要问，连续性概念在多大程度上适用于我们知觉经验的实在物体。从在知觉中是可能的有限分割过程中，我们可以很容易得出结论，连续性是实在的实物的特性；有一个小小的疑问：虽然对连续性概念必要的无限分割作为知觉的等价物不起作用，但是少量的观察却有利于许多实在的实物是连续的概念。不管怎样，更进一步的观察和更广泛的洞察与这一概念相矛盾。物理学家和化学家用许多论据向我们表明，暗示连续性的有限分割过程如果进行到无限的极限，那么还会证明物体是不连续的。在最初的和不熟练的检查时，我们在知觉中发现连续性和同一性，但经过比较仔细的和比较批判性的审查，这种连续性和同一性便消失了。用这些词语传达的观念发现不是实际过程的实在的极限，而是只能在概念领域实行的过程之理想的极限。记住这一点，我们就可以转向几何学的空间概念。

§7 概念空间。几何学边界

我们已经评论了（边码 p. 197），我们构想感觉印象群受到面和线的限制。我们谈谈桌面上的事吧；这本书的衬页看来好像是用一个平坦的面与它上部的空中分离的，这个平面又以直线的一部分在它的上棱处形成边界。首先，我们要问，我们关于线和平面的几何学概念是否符合我们实际上在知觉中发现的任何东西的极限，或者它们是否是在知觉中开始，但是却不可能在知觉中进行到极限的过程之纯粹理想的极限。这个问题的答案在于**同一性**和**连续性**概念。线和平面的几何学观念包含它们所有要素中的绝对的同一性，也包含绝对的连续性。能够使直线的每一个要素在概念中与其他每一个要素一致，不管它绕它的端点如何转动，情况都是这样。能够使平面的每一个要素与其他每一个要素一致，在不考虑边的情况下情况就是如此。再者，直线或平面的每一个要素不管怎样经常分割，它在扩大时在概念上还是直线或平面的要素。

　　几何学观念符合绝对的同一性和连续性，但是我们在我们的知觉中经验到与这些观念相似的任何东西吗？这本书的衬页乍看起来似乎是以直线为边界的平坦的面，但是用放大镜稍稍加以检查则表明，该面在放大镜中坑坑洼洼和疙疙瘩瘩，这使一切几何学定义和科学处理完全落空了。似乎以其棱为界的直线在威力强大的显微镜下变得如此犬牙交错和参差不齐，以致它的凸凹与其说像直线，还不如说像锯齿。依据更为仔细的研究，同一性和连续性似乎是缺乏的。我们取一个精巧切割和磨光的玻璃立方体，它们的表面乍看起来似乎是真正的平面。但是我们发现，当立方体稍微倾斜时，放在它的一个面上的小物体不下滑。立方体的表面毕竟是**粗糙的**，在它上面有凹陷处和凸出物，它们阻挡放在上面的物体；我们的平面似乎又一次是骗人的。或者，我们取一个惠特沃思（Whitworth）的奇妙的金属平面，它是三片金属的表面经过相互摩擦得到的。在这里，威力强大的显微镜再次向我们揭示出，我们还得处理具有隆起和凹陷的曲面。

　　不管我们在制备平坦的面时多么细心，事实依然是，能够找到显微镜或其他手段以充分的放大率表明，它不是平坦的面。就直线而言,情况也一模一样;不管它乍看起来是多么准确,可是精密的研究方法恒定地表明,它大大地偏离了几何学的概念的直线。正是我们表象直线或平面的能力与我们创造仪器的能力之间的竞赛,证明几何学概念的同一性和连续性是缺乏的。绝对完善的仪器也许只有当我们已经具有真正的几何学的线或平面时,才会被建造出来,但是我们能够制作的仪器似乎恒定地赢得这场竞赛。**我们的经验没有给我们以理由去假定,我们能够用任何程度的谨慎获得知觉的直线或平面,而且它们的要素在无限定放大时会满足在几何学定义中所包含的终极同一性条件。**这样一来,我们被迫得出结论,几何学定义是可以在知觉中开始,但是永远在知觉中达不到其极限的过程之结果;它们是不与任何可能的知觉经验符合的纯粹概念;我们就直线和平面所说的也同样适用于所有在几何学上定义的曲线和曲面。几何学的基本概念只是理想的符号,它们能使我们形成近似,但在绝对的含义上却不能使我们分析我们的感觉印象。它们是科学的速记,我们借助这种速记来描述、分类和系统阐明我们命名为空间的知觉模式的特征。像所有其他概念的有效性一样,它们的有效性在于它们给我们记录过去的经验和预言未来的经验的能力。

　　我们谈谈球体或立方体,我们说它具有如此这般的容积。但是,没有一个知觉的物体永远是真正的球体或立方体,我们赋予它的体积至多是近似的体积。进一步分析我们的感觉印象,导致我们在每一种情况中发现与几何学定义和测量的不一致。可是,球和立方体的概念每每足以使我们分类和验明各种各样的物体,预

206　言与这些物体对应的感觉印象的形形色色的类型。[1] 也许无法举出比几何学更好的例子表明,科学借助不符合现象本身中的实在的概念来**描述**现象世界。我们的几何学概念能使我们在整体上如此有效地描述知觉空间,这是我们的知觉官能和推理官能实际上同等发展的一个引人注目的例证。

§8　作为边界的面

　　虽然知觉边界按照最终分析无论如何不符合诸如平面或球的任何特定的几何学定义,但是我们还是必须探询,它们是否完全适合我们的面的概念。在这种含义上的所谓面,我们不必考虑借助任何已知的几何学过程可以分析特性的某种东西,而必须考虑两个感觉印象群或物体之间的任何**连续的**边界。[2] 在这本书打开的

207　书页和它上面的空中之间有连续的边界吗?可以说在从空中到书页经过的任何不同的一步,都存在着空中的终结和书页的开始吗?在这一点,我达到科学的最重要的问题之一。我们必须认为我们

---

　　[1]　人们会发现,我们的整个测量体积的系统是以在知觉中没有现实性的几何学概念为基础的。

　　[2]　"所谓面是具有位置、长度和宽度而没有厚度的东西。"

　　"面(surface)这个词在日常语言中在两个方位上传达了广延的观念;例如,我们说地球的表面,海面,一张纸的表面。虽然在某些情况下所谈及的事物的厚度或深度之观念在说者的心目中可能出现了,但是作为一个规则却并未刻意强调深度或厚度。当我们说**几何学的面**时,我们把深度和厚度的观念完全撇在一边。"(H. M. Taylor, *Pitt Press Euclid*, i-ii, p. 3)在我看来,在日常语言中似乎存在着某种比所包含的长度和宽度更多的东西,即存在着**连续的**边界。很难说,这个观念实际上在多大程度上包含在广延一词中。帐幕可以在两个方位上有广延,但是它不满足我们的面的观念,因为它没有连续的边界。

命名为物体的感觉印象群是**连续**的还是不连续的？如果物体不是连续的，那么很清楚，边界只是心理的分离的符号，依据较深刻的分析它不符合感觉印象领域中的确切的实在。

对我们来说，一个物体的面的每一个要素不管多么小、不管我们把它放大得多么大，该要素还会是连续的边界吗？假如我取这张 1 平方英寸书页的 1‰ 而把它放大为它现在大小的万亿倍，在空中和书页之间还会有连续的边界出现吗？

考虑平静的水的边界吧。它给我们提供了连续的面的印象。另一方面，仔细地审查一堆沙子，它看来好像根本没有连续的边界。有任何理由导致我们假定，如果我们能够把这张纸页的小要素放大，它能够在我们身上产生不是连续性，而是非连续性的感觉印象吗？假定它还是可见的，它看来像是水面，还是颇像一堆沙子、一堆弹丸，或者更像清澈的夜空中的点点繁星？在知觉中无法用线或面把一个星群与另一个分离开来。我们能够**想象**经过天空划出的这样的边界，但是我们无法**知觉**它们。于是，我们要问，纸和空中之间的边界如果无限地放大，是否看来像是小路，而实际上不像几何学的线，却大体上像下面的第一个图或第二个图：

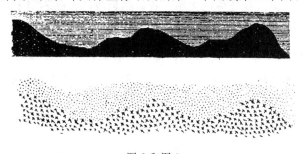

图 2 和图 3

现在,对这个问题实际上不能给出直接的答案,因为在我们达到连续性的外观可以期望消失之点以前很久,物体不再给我们留下可觉察的印象。即使我们可以把一滴水放大到地球的大小,我们也不能够预言我们的感觉印象是什么。但是,我们可以以稍微不同的方式提出问题。我们可以问:如果我们像在图 2 中那样构想物体是连续的,或者像在图 3 中那样构想物体是不连续的,它能够使我们更好地分类和描述现象吗? 物理学家迅速地回答:我只能够构想物体是不连续的。不连续性对于我用以描述和阐明我的关于现象世界的感觉印象之方法来说是必不可少的。

§9 物体的概念的不连续性。原子

在物理学家假定物体不连续性的理由中,最重要的是我们在一切物体中注意到的弹性。空气能够被置于汽缸中的活塞下压缩;木棒能够被弯曲,换句话说,它的一部分能够被压缩,另一部分能够被拉伸。甚至可以测量我们能够压缩铁或花岗石的总量。现在,很难——我认为不可能——**构想**,假如我们假定物体是连续的,我们如何改变物体的大小。我们感到我们自己不得不断言,如果物体的各部分更加密切地一起运动,那么它们就具有几分摆脱它们能够迁移的物体的自由。如果物体是连续的还是可压缩的,那么似乎就没有理由说它不会无限制地可压缩或无限制地可延伸,这两种结果都与我们的经验相矛盾。进而,如果我们构想物体的终极部分具有相对运动的能力,那么就很容易分析和描述我们对气体和固体二者中的温度的感觉印象、固体中的颜色的感觉印象、气体中的压力现象、光的吸收和发射现象；但是，假使物体的所有部分都是连续的，就没有构想这样的运动的可能性。从极高处看见的人群，好像是在每一点处于运动的骚动的流体。但是，我们从经验中知道，这种运动只所以是可能的，是因为在人群中有某种空隙。如果人群挤得严严实实，运动也就不再能够进行了。因此，正是由于物体各部分的相对运动，成为近代物理学赖之立足之处；绝对紧密地挤满即连续性，对读者来说似乎是不可能的。只是由于在概念上把我们命名为物体的复杂的感觉印象群还原为我们直接依赖不连续的系统——我们可以称其为粒状系统或星形系统——的运动之简单的要素，我们才能够用广泛起作用的物理学和化学定律概述现象。包含不连续性观念的物体终极部分的相对运动，是现代科学的基本概念之一（边码 p. 159）。我们习惯于把物体的这些终极部分说成**原子**；我们把在同一物体中一而再地明显重复它们自己的原子的群——有些像恒星宇宙中的行星体系——命名为**分子**。普遍接受的物体原子理论或分子理论本质上假定它们的不连续性。例如，遵循威廉·汤姆孙爵士以球形水滴为例，假设它像一只足球那样大，不过假使我们能够把整个水滴放大到地球的大小，那么他告诉我们，该构象比一堆小弹丸还要粗糙，但是也许比一堆足球少粗糙一些。[①]

　　现在，我打算稍后转向原子假设。我眼下仅仅将请求读者把原子和分子视为大大简化我们的现象描述的复杂性的**概念**。但是，在这个阶段有必要注意的是：原子概念在应用到我们的知觉

[①] 《科学讲演录》（*Popular Lectures and Addresses*），Vol. i，"The Size of Atoms"，p. 217.

时,是与作为物体的连续边界之面的概念相对立的。在这里,我们有一个并非在科学中稀罕出现的重要例子,即在知觉世界中不能

211 与实在符合的两个概念。或者知觉物体有连续的边界,原子论没有知觉的有效性;或者反过来,物体有原子结构,几何学的面在知觉上是不可能的。乍看起来,这个结果对读者来说好像包含几何学和物理学之间的矛盾;情况似乎是,或者物理学概念必须为假,或者几何学概念必须为假。但是,整个困难实际上在于我们形成的习惯,即认为物体是不受我们知觉官能制约的客观实在。我们越经常记住下述事实越好:对我们来说,物体或多或少是持久的,或多或少是明确确定的感觉印象群,而且感觉印象之间的相关和序列主要受知觉官能的制约。在现时,我们没有符合几何学的面或原子的感觉印象;我们可以合情合理地怀疑,我们的知觉官能具有这样的能够以任何方式呈现出符合这些概念的印象之本性。因此,不可以说,这些概念中的一些是实在的而另一些是非实在的;因为二者中的无论哪一个都没有知觉的有效性,也就是说,在实在事物的世界中不存在。作为概念,二者是同等有效的;二者同样是理想,它们未包含在感觉印象本身之内,但是推理官能却发现和发展它们作为分类不同类型的感觉印象和用简要的公式概述它们的相关和序列之手段。

　　于是,几何学真理并非以绝对的准确性应用于我们的感觉印

212 象的任何群;但是它们能使我们借助位置、大小和形状的概念分类十分广泛的现象。当感觉印象没有包含比我们感官的确凿敏锐性更多的敏锐性、比我们测量仪器的确凿精确度更高的精确度时,几何学能够使我们以绝对的确凿性预言感觉印象之间的各种各样的

关系。几何学概念所要求的绝对同一性和连续性并非作为**极限**，而仅仅作为近似或平均存在于知觉经验的世界中。[①] 原子理论以严格相同的方式论及理想的概念；它能使我们分类另外的和不同的范围的感觉印象，并再次在我们感官的敏锐性或我们科学仪器的精确性的某种程度上详细阐明它们的相互关系。即使原子除作为概念之外还变成知觉，这也不会使几何学的有用性失效。不过十分可能，即使我们能够把足球放大到地球的大小，以致知觉的原子——假如它存在的话——的大小会处在小弹丸和足球的大小之间，我们却会发现，构想区分和概述原子的感觉印象本身在新的条件下消失了。[②] 换句话说，我们的科学概念对于像我们认识的这个世界来说是有效的，但是我们至少不能预言它们会与在目前超越知觉的世界有关系。

§10 概念的连续性。以太

213

读者现在将准备评价科学概念：如果它们与现象世界的实在符合，那么它们便会相互矛盾。在借助原子观念消除物体的连续性时，乍看起来仿佛我们的概念空间根本不同于知觉空间。正如我们看到的，后者是我们区分感觉印象群的模式，在没有区分的东西之处，也就没有空间。可以说，知觉官能比自然更"厌恶真空"。

---

① 几何学几乎可以被称为静力学的一个分支，圆的定义与克特勒特的人为方法的定义有许多相同的特征。

② 物体的可见性和可触性也许可以用原子运动描述，但是我们不能预言单个原子或是可见的，或是可触的，更不必说"以面为边界"了。

另一方面,在借助原子假设消除物体的连续性时,我们乍看起来似乎在概念空间中假定了虚空。但是在这里,物理学家迫使我们引入新的连续性。这种新的连续性是**以太**的连续性,物理学家构想以太是充满物体之间和物体的原子之间的空隙的一种介质。借助以太这一概念(我们将在以后转向它),我们便能够分类和概述其他广泛的感觉印象群。至于以太的知觉存在,一些物理学家基于与原子的立足点颇为不同的立足点断言,它现在是成立的。所谓任何事物的**实在的**存在,我们意指(边码 p.85)它形成了或多或少的持久的感觉印象群。现在,就以太几乎不能这样断言;我们宁可把它想象为我们藉以诠释感觉印象的运动管道。神经对我们来说似乎是相似类型的管道,不过此时神经除了它们的传导功能外,在我们看来好像也是持久的感觉印象群。不存在我们归类和命名以太的感觉印象,为此缘故,似乎最好依然认为以太是概念而不是知觉。对于某些心智来说为真的是,以太似乎像空气一样是实在的知觉,也许这个问题主要是一个定义问题。例如,在我看来,赫兹的实验[①]似乎还没有在逻辑上证明以太的知觉存在,但是通过表明借助以太比借助迄今实验已证明的东西可以描述更广泛的知觉经验,从而大大增加了以太这一科学概念的有效性。进而,我们与以太结合在一起的许多性质,并不像我们过去的经验向我们表明的那样可以变成直接的感官印象的素材。因此,我将站在与几何

[①] 《物理学年鉴》(*Annalen der Physik*),1887—1889。也可参见《自然》(*Nature*)Vol. xxxix, pp. 402, 450, 547。von Tunzelmann 写的关于赫兹研究的有趣叙述可在 1888 年的《电学家》(*The Electrician*) Vol. xxi, pp. 587, 625, 663, 696, 725, 757, 788 和 vol, xxii, pp. 16, 41 中找到。

面和原子相同的立足点上继续说,以太是科学概念。

§11 论科学概念的一般性质

我们对于这些特定概念的讨论,将会更好地使读者一般地评价科学概念的性质。几何面、原子、以太只存在于人的心智中,它们是区分、分类和概述感觉印象的状态的"速记"方法。它们不存在于感觉印象的此岸或彼岸,而是我们推理官能的纯粹产物。不可以设想,宇宙是漂浮在以太中的原子的实在的复合,而原子和以太二者对我们来说都是在我们身上产生或强加给我们感觉印象世界的、不可知的"物自体"。对科学而言,这的确会重复形而上学家的教条、目光短浅的物质论的最愚钝的悖论。相反地,科学家没有假定超越感觉世界的事物;在他看来,原子和以太像几何面一样,都是他借以概述感觉的世界的模式。他把感觉背后的幽灵似的"物自体"世界作为运动场留给形而上学家和物质论者。有这样一些免除空间和时间的阴郁奴役的体育家,他们能够用不可知的东西玩弄形形色色的骗局,能够向了解他们的少数人说明,宇宙如何由意志或由原子和以太"创造出来",超越知觉、超越可知的事物的知识如何可以被受到宠爱的寥寥数人获得。科学家勇敢地断言,要知道感觉印象彼岸存在什么是不可能的,即使确实能够"存在"某种事物;[①]因此,在他未知觉原子和以太之前,他拒绝把他的原

215

---

① 我们的"存在"(being)概念本质是与空间和时间结合在一起的,完全可以质问:除了与这些知觉模式结合以外,使用该词是否是可理解的。

子和以太概念投射到实在的知觉世界。对他来说,只要它们继续使他的思维经济,它们依旧是有效的理想。

216 　　使思维大大经济的几何学和物理概念是一个强有力的能力的例子,我在本书(边码 p.125)曾提到这一能力,即推理官能具有用概念和简明的公式概述它在知觉官能向它呈现的材料中发现的相关和序列的能力。由于我们知识的增长,由于我们的感官在进化的作用下和科学的指导下变得更敏锐,以致我们不得不扩大我们的概念,或者增添附加的概念。这个过程作为一种准则并不意味着原有的概念是无效的,而仅仅表示它们形成一个基础,该基础对于分类和描述感觉印象的某些状态、现象的某些方面只是充分的而已。由于我们日益认识到其他状态和方面,我们不得不采纳新概念,修正和扩展旧概念。我们可以最终达到欧几里得几何学无法描述的空间的知觉,尽管如此这种几何学作为它现在适用的广大的知觉范围的分析和分类将依然是完全有效的。如果读者记住在这里就科学的概念表达的观点,那么他将永远不会认为,科学由于断言原子,或以太,或力的实在性是感觉印象的基础而把宇宙还原为"死的机械论"。正像我如此经常重申的,科学把知觉的宇宙作为它所发现的宇宙,并力求简要地描述它。科学并未主张用它自己的速记代替知觉实在。

　　我们在离开在几何学家的眼中用连续的边界分离的、在物理学家的心智中充满原子和以太的这种概念空间之前,再说一句话。如果几何面、如果原子和以太不具有知觉的实在,那么人的心智在

217 历史上是如何达到它们的? 我相信是通过把在知觉中不具有这样的极限的过程在概念中推进到极限而达到的。比较中的初始阶段

显示出明显的同一性和连续性,而在这里精密的和最后的阶段表明没有这样的极限;由此产生了连续边界的概念。原子再次是知觉的运动物体的概念之极限;而以太则具有我们从未在我们知觉经验的弹性物体遇到的弹性,不过这种弹性却是我们直接了解的弹性实物的类型之概念的极限。这些概念本身是想象的产物,但是我们在现象世界中知觉的东西却暗示它们,几乎是不知不觉地暗示它们。

§12　作为知觉模式的时间

我用较长的篇幅处理了空间,而对必须处理的**时间**则着笔不多,这是因为在前者的例子中就知觉和概念所说的许多话将直接适用于后者。空间和时间在特征上如此类似,以至于假如把空间称为知觉领域的宽度,则可以把时间称为知觉领域的长度。像空间是知觉官能区分客体的一种模式一样,时间则是第二种模式。正像空间标志知觉在时间纪元中的共存(我们测量我们知觉领域的宽度)一样,时间则标志知觉在空间位置中的进展(我们测量我们知觉领域的长度)。两种模式的组合或者位置随时间变化而变化就是**运动**,即现象在概念中呈现给我们的基本方式。

假如我们仅仅具有知觉共存事物的能力,那么我们的知觉也许是广阔的,但它却可能严重缺乏现实性。借助接续或序列而"分开知觉事物"的能力是有意识的生命的本质特征,即使不是存在的本质特征。没有这种知觉的时间模式,可能的科学只能是用数、位置和测量来处理共存事物的秩序或相关的科学,换句话说,只能是算术、代数和几何的科学。物体可以具有大小、形状和定域性,但科学却不能处理颜色、温暖、重量、硬度等,我们设想这一切感觉印象依赖于我们对序列的评估。简而言之,物理科学、生物科学和历史科学由于它们的基本论题在知觉中具有变化或序列,因而都会成为不可能的。

我讲了在没有知觉的时间模式的情况下,某些科学分支是可能的或不可能的。我应该更确切地说,这些科学的**材料**能够或不能够设想在没有时间的情况下存在。因为实际上所有科学知识在没有时间的情况下都是不可能的,所以思维无疑地包含着即时的和**存储**的感觉印象的结合(边码 p.55);每一个几何学的及物理学的概念最终都建立在知觉经验的基础上,正是经验一词内涵着知觉事物的时间模式。作为我们知觉共存事物、区分即时的感觉印象群的方法之空间,与我们投射到我们自己**之外**的实际的现象的世界结合在一起(边码 p.73)。为此理由,它被命名为**外部**的知觉模式。另一方面,时间是存储的感觉印象中的序列的知觉——过去的知觉和即时的知觉的相关。因此,时间就其本质而言包含记忆和思维,换句话说,包含**意识**。[①] 事实上,可以把意识定义为通过**接续**分开知觉事物的能力。也许可以设想意识在没有知觉的空间模式下存在,但是我们却不能设想意识在没有时间模式的情况下存在。为此缘故,时间被称为**内部**的知觉模式。然而,稍加考虑

219

---

① 对于新生儿来说,不能说时间存在着——它无意识地存在(边码 p.53)。只是由于即时的感觉印象引起的存储的感官印记产生记忆官能,从而知觉的时间模式得以发展。其余的是反射动作,即遗传的和无意识的结合的产物。

就向我们表明,这种区分不是十分有效的区分,因为实际上基于**外部的**和**内部的**这些词之上的区分不能永远存在下去(边码 p. 80)。空间中的知觉作为一个事实问题像时间中的知觉一样,大量地依赖于即时的和存储的感觉印象的结合。正如我们看到的,每一个客体对我们来说主要是一个构象(边码 p. 50),我们能够分开知觉的共存客体确实是十分有限的。我借助空间模式把我桌子上的纸张、书籍、墨水台、烛台作为分离的客体加以区分;但是在任何的**时间的瞬间**,是**即时的**感觉印象只是这个感觉印象复合中的十分微小的要素,其余的都是存储的感觉印象——它们在下一个瞬间能够变为即时的感觉印象,但现实并非如此。于是,在时间和空间二者的实例中,"分开知觉"是在感觉印象的十分微小的要素和存储感官印记的十分庞大范围之间存在的秩序的知觉。因此,我并未因为把空间和时间命名为外部的和内部的知觉模式而有所获得。两种知觉模式是如此习惯而又如此难以分析,是如此平凡而又如此神秘,以至于我们尽管承认二者之间的区别,但是我们往往几乎无法确定,我们正在用时间还是用空间区分事物。我们**为什么**要在这些模式下知觉事物,科学家满足于把这个问题以及其他一切**为什么**归类为徒劳的和不合理的问题;但是,随着生理心理学的成长,随着对低级形式的生命和幼童辨别知觉的方式的观察的不断增加,关于这些知觉模式**如何**的比较清楚的观点无疑将会出现。

　　像空间一样,我们不能断言时间的实在的存在;时间不是事物本身,而是我们知觉事物的模式。由于我们不能假定感觉印象彼岸的任何东西,因此我们不能把时间直接地或间接地归因于超感觉的东西。像空间一样,时间在我们看来好像也是人的知觉官能这个巨大的分拣机在其上排列它的材料的平面之一。通过知觉的入口,通过人的感官,在我们处于清醒状态时,感觉印象堆积在感觉印象上;声音和味道、颜色和温暖、坚硬和重量,所有无限多样性的现象的各种要素,所有对我们来说形成实在的东西,都通过敞开的门口蜂拥而入。经过漫长世纪自然选择而变得敏锐的知觉官能[①],分拣和筛选所有这一大堆感觉印象,把处所和瞬时赋予每一个感觉印象。因此,空间和时间的数量不取决于独立我们自己的外部世界,而取决于我们的即时的和存储的感觉印象的复合。空间的无限性和时间的永恒性在知觉领域没有意义,因为我们知觉的相关和序列尽管二者无疑是广阔的,但是并不需要这些庞大的框架来展示它们。在感官没有知觉客体的地方,在那里没有空间,因为在那里没有要去区分的感觉印象群。在我不再能回想起现象序列的地方,在那里不再有时间,对我来说,因为我不再需要它区分事件的秩序。让读者努力了解空洞的时间或没有事件序列的时间吧,他不久将会乐于承认,时间是他自己的知觉的模式,并受到他的经验的内容的局限。[②] 因此,专注于为时间的永恒而惊奇的时刻与沉思空间的无垠而耗费的时刻一样,都是拙劣的浪费(边码 p. 188)。这些时刻像在审视一幅油画的框架而不是它的内容,赞

① 除了或多或少类似于我们自己的知觉官能外,我们不能推断时间和空间知觉模式。现象在空间和时间二者中的秩序本质上受意识的强度和质的制约(边码 p. 101)。

② 完全可以质问,属于人类经验之外的任何事物是否能够被说成在**知觉的**时间中存在。这样的时间本质上是我们借以把**即时的**感觉印象与存储的感官印记的接续区别开的模式(边码 p. 49)。该世界存在了 60,000,000 年是一个**概念**,该时期涉及的是一个概念的时期而不是知觉的时期。该**未来**也是一个隶属于概念时间,而不是隶属于知觉时间的观念。无论如何,在这个阶段还不能开始充分讨论这些要点。

美艺术家画布的结构而不是他的天才时所使用的时刻一样。该框架正好宽大和牢固得足以支撑油画，该画布正好开阔和结实得足以承受艺术家的颜料。但是，框架和画布只不过是艺术家用以使我们认识他的观念的模式，我们的惊奇不应该针对它们，而应该针对油画的内容和它的作者。对时间和空间而言情况也是如此：这些东西无非是框架和画布，知觉官能借助它们展示我们的经验。我们的赞美不归功于它们，而归功于复杂的知觉内容、人类知觉官能的异乎寻常的辨别能力。自然的复杂性受我们知觉官能的制约；自然定律的综合特征归因于人的心智的独创性。自然及其定律的神秘和宏伟在于人的知觉和理性的能力。无论是诗人还是物质论者，都对作为人的统治者的自然虔敬效忠，这些人过分经常地忘记，他们赞美的秩序和复杂性至少像他们自己的记忆和思想一样，都是人的知觉官能和推理官能的产物。

§13　概念的时间及其测量

我们看到，作为知觉模式的时间被局限在能够回忆起储存的感官印记的范围；它标志着是我们的意识的历史的知觉秩序。由此看来十分清楚，被知觉的时间没有未来，而且在过去没有永恒性。未来的意识像它在过去一样地将继续下去，这是概念而不是知觉。我们知觉过去，但我们只是构想未来。此时，我们可以询问，我们如何从知觉的时间过渡到概念的时间，从我们实际的感觉印象序列过渡到描述和测量它们的科学模式？显然，通过详细计算我们感觉印象的变化来测量时间可能是极其麻烦的。想象一下把描述早餐和晚餐之间的所有意识阶段的劳动作为决定两顿饭之间逝去的时辰的手段吧！可是，这种考虑时间的方法清楚地阐明了，时间如何是感觉印象的相对秩序，如何不存在像**绝对**时间这样的东西。感觉印象的每一个阶段本身都标志着时间的纪元（epoch），可以形成个人量度时间的基础。儿童说："我瞌睡了，正是上床的时间。"原始人说："我饿了，正是吃东西的时间。"二者都没有想到时钟和太阳。对我们来说幸运的是，我们未被迫用描述意识阶段的序列量度时间。存在着这样一些感觉印象：经验向我们表明重复它们，它们平均来说符合相同的意识惯例。在人类的自然史上，很早就观察到黑夜和白天的重现划分出近似相同的感觉印象序列；白天和黑夜变成了某些意识间隔的量度。正常人无论如何能够使相同数量的意识近似地进入**每一个**白天和黑夜，这与其说是一个证明问题，还不如说是一个经验问题；它不能被证明，它只能被感觉。

对于比较小的时间间隔来说，同样的结论更加适用。当我们说自早餐起过了四小时，我首先意味着，我们的时钟或表的长针绕钟表面转了四圈——如果我们乐意的话，我们可以观察到重复的感觉印象。但是，我们将如何决定，这四小时中的每一小时代表相等的意识总量、今天与昨天相同的总量呢？情况可能是，把我们的时计与也许从来自格林尼治天文台校准的标准钟比较。但是，什么东西校准格林尼治时钟呢？简而言之，在不牵涉细节的情况下，它最终是由地球绕地轴的运动和地球绕太阳的运动校准的。无论如何，作为天文学经验的结果，由于假定时间间隔日和年具有恒定的关系，我们能够重新使我们时钟的校准依靠地球绕地轴的运动。

我们可以通过使日对应于地球绕地轴转一整圈的"天文时"，来规定什么是所谓的日用时钟的"平均太阳时"。现在，如果观察者注视所谓的拱极星，即整个昼夜依旧在地平线之上的恒星，那么它看来总是像他的天文时钟针的末端那样描绘一个圆；该恒星在观察者看来应该在他的时钟指示的相等时间内，或时针的末端在它的圆周描绘出相等部分的一段时间内描绘出恒星的圆周的相等部分。以这种方式，用恒星校准的格林尼治天文钟的小时，以及所有日用钟表的小时，将对应于地球绕地轴通过相等的角度。于是，我们重新使我们的时间测量依靠作为时计的地球；我们假定地球在地轴上的相等转动对应于意识的相等的时间间隔。但是，由于所有时钟都是由地球拨准的，我们将如何确定地球本身是规则的时计呢？如果地球在它的轴上逐渐转得越来越慢，我们将如何知道失去的时间，如何测量这个数量呢？可以回答说，我们将发现，在其中一年没有几天；此时，我们如何能够决定逐渐变长的是日，逐渐变短的不是年呢？再者，可能有人反对，我们知道用日表示的、与行星运动有关的、大量的天文学周期，我们能够通过与这些周期比较作出分辨。对此，我们必须回答，用日以及用每一个其他术语表示的这些周期的关系现在看来确实是不变的；但是，如果在一千年或五千年之后发现所有这些关系稍有变化，情况会怎样呢？我们将说哪一些天体正在均匀运动，哪一些天体加速或减速了呢？或者，如果它们**全都**减速了或加速了，而它的周期比依旧相同，情况又会如何呢？对于这样的可能的看法，我们将如何断言，今天的小时与它在一千年前或也许最好说在一百万年前具有"相同的"时间时隔呢？现在，关于潮汐摩擦作用的某些研究使得下述看法极

225

为可能：地球不是完善的时计，我们不能在我们知觉经验中假定任何天体运动的规则性——我们只能以此达到绝对时间。

天文学家说，这不在我身上，我们从物理学也无法得到更确定的回答。设想一个观察者测量光在一秒钟通过的距离；对于所有时间来说，这能够是一秒钟的长度的持久记录吗？另一个观察者在一千年后再次测量他的一秒钟的距离，发现它不同于旧的决定。他将推断什么呢？光速实际上是可变的呢，行星体系达到了以太的比较稠密的部分呢，秒改变了它的值呢，还是这个或那个观察者有错误呢？与天文学家一样，物理学家也不能向我们提供**绝对的**时间量度。只要我们领会了这一点，我们好像就失去了我们对时间的控制。当我们一旦怀疑地球的规则性时，我能够用以测量数百万年的唯一时钟即地球便会使我们失望。现在的一年为什么应该与它在几百万年前所作的那样表示相同的意识总量呢？我们只能借助绝对匀速的运动达到绝对的时间测量，而绝对匀速的运动却使我们在知觉经验中落空了。它像几何面一样，是在概念中达到的，并且只有在概念中才能达到，通过推进到一个极限，才存在我们在某些知觉运动中观察到的近似的同一性和一致性。绝对的时间间隔是我们用以描述我们的感觉印象序列的概念工具，是我们使相继的序列阶段符合的框架，但是它们在感觉印象世界本身中并不存在。

牛顿在定义我们在这里所命名的概念时间时告诉我们：

"绝对的、真正的和数学的时间被想象为以恒定的比率流逝着，不受物质事物的运动的快慢的影响。"

显然，这样的时间是纯粹的理想；因为如果在我们确信以恒定

的比率流动的知觉范围内什么也不存在，那么我们如何能够测量 227
它呢？"均匀的流逝"像任何其他科学概念一样，是在想象中引出
的极限，在这个例子中是从实际的"物质事物的运动的快慢"中引
出的极限。可是，像其他科学概念一样，它作为一种描述的速记方
法是极其宝贵的。知觉时间是我们的感觉印象接续中的纯粹秩
序，它不包含绝对时间间隔的观念。概念时间像是一张画了相等
距离的平行线的白纸，我们可以在上面标记我们的知觉序列：过去
的已知的序列和未来的预言的序列。我们在所画的线上标记某种
标准的感觉印象的重现（因为天体每天通过格林尼治的子午线），
不必把这一事实看做是意指意识的状态相互一致地接续着，或者
意指意识的"均匀的流逝"以某种方式是绝对时间的量度。它只不
过表示这一点：从正午到正午普通人几乎经历着相同的感觉印象
序列，从而对于他们的标记在我们的概念时间记录上可以约定地
规定相同的间隔。尤其是，它不必导致我们把绝对的概念时间投
射到知觉实在；在我们概念时间记录的顶部和底部的空白区域，并
不是赞同过去或未来时间永恒性的狂想的正当理由，也不是赞同
下述狂想的正当理由：通过把概念和知觉混为一谈，而要求这些永
恒性在现象世界中、在感觉印象领域内具有实在的意义。

§14　关于空间和时间的最后评论 228

　　读者已在知觉空间和时间中辨认出我们用以区分感觉印象群
的模式，领悟了无限性和永恒性是概念的产物而不是实在的现象
世界的现实性，这样的读者将准备承认从这些关于实际生活和心

理生活的观点中涌现出的重要结论。如果个人随身具有作为他的感知模式的空间和时间,那么我们看到,奇迹的领域从外部的机械的现象世界转移到个人的知觉官能。这种知识本身对于清除我们的与像唯灵论和通神论这样的迷信的复发有关的观念而言,是不小的收获。假如空间和时间被消灭了,那也不能彻底消灭,那必定是对每一个个人的知觉官能而言被消灭的。例如,当通神论者告诉我们,在抛开空间和时间的束缚后,他们能够在伦敦的客厅与中亚的同行通信,他们实际上正在说的是,**他们自己的**知觉官能能够用作为正常知觉官能特征的空间和时间模式之外的东西区分感觉印象群。他们并未取消**我们的**空间和时间,而只是废除他们自己的空间和时间。他们只不过是正在宣称,他们的知觉模式不同于我们的知觉模式。如果我们从长期的经验中发现,在人身上存在着正常的知觉官能,这种官能在空间和时间中以相同的一致方式协调感觉印象,那么我们有正当理由把遭受反常的知觉模式的无穷小的少数人归入出神入迷和精神错乱者之列。由于疾病他们丧失或由于返祖现象他们没有发展健康人的正常知觉官能——健康身体中的健全头脑。

把不能成为知觉材料的任何事物说成是存在于空间之中或发生在时间之内是徒劳的,这一结论具有不小的价值。就其本性而言处在感觉印象彼岸、知觉领域彼岸的无论什么东西,既不能存在于空间之中,也不能发生在时间之内。因此,不能假定科学中的因果性概念、一致的前件的概念有任何意义,我们从稍微不同的立场已经达到这一结果(边码 pp. 152,186)。实际上,在我看来情况似乎是,由于把空间和时间作为知觉模式清楚地评估,大多数迷信和暧昧状态烟消云散了,而知识范畴适用的领域看来被一清二楚地确定了。

摘　　要

1. 空间和时间不是现象世界的实在,而是我们在其下分开知觉事物的模式。它们不是无限大的,也不是无限可分的,而是本质上受到我们的知觉内容限定的。

2. 作为一个准则,科学概念是在概念形成时引进下述过程的极限:该过程能在知觉中开始,但却不能在知觉中结束。于是,能够追溯几何学和物理学概念的历史起源。像几何面、原子和以太这样的概念,不能用科学断言它们实在地存在于现象之内或现象背后,但是它们作为描述现象的相关和序列的速记方法是有效的。从这种立场来看,能够顺利地评估概念空间和时间,从而避免把它们的无限性和永恒性的理想投射到实在的知觉世界这一危险。

文　　献

230

Hume, David-*Treatise on Human Nature* (1793), Book i, Part ii; Of the Ideas of Space and Time, Green and Grose: *Works of Hume*, vol. i, pp. 334-371.

Kant, Immanuel-*Kritik der reinen Vernunft* (1781). Elementar-lehre, I. Theil. Sämmtliche Werke, Ausgabe V. Hartenstein, Bd. iii, S. 58-80.

对康德观点的可靠叙述可在 Kuno Fischer's *Geschichte der Philosophie*,Bd. ii,S. 312-349 找到。一个简要的描述在 pp. 218-220 of Schwegler's *Handbook of the History of Philosophy*, translated by J. H. Stirling,Edinburgh,1879.

迄今还没有一位几何学和物理学教科书的作者冒险去讨论,处于他们的研究基础的概念空间和时间与知觉经验如何关联。不过,读者将发现许多有价值的东西在 Clifford's *Philosophy of the Prue Sciences* (1873),Lectures and Essays,Vol. i,pp. 254-340, and in his Of Boundaries in General,Seeing and Thinking(1880), pp. 127-156.

对休谟观点的批评将在 pp,230-254 of Green's "General Intro-duction"to *Hume's Works*,Vol. i 中找到,而康德的学说则受到 Tren-delenburg and Ueberweg 二人的攻击。参考资料在后一作者的 *History of Philosophy*,London,1874,vol. ii,pp. 158,330 & 525 中给出。

还可以从亚里士多德的物理学中得到许多东西,它们不仅对于空间和时间有启发意义,而且对于位置和运动也有启发意义。尤其是参见 E. Zeller,*Die Philosophie der Griechen*,ii,Theil,2, Abth. ,S. 384-408,and Ueberweg loc,cit,vol,i,pp,163-166. 读者不必为在下述文献中所表达的对亚里士多德的空间和运动观念的轻视而感到沮丧:George Henry Lewes's *Aristotle:A Chapter from the History of Science*,London,1864(p. 128 et seq).

第六章　运动的几何学

§1　作为知觉的混合模式的运动

我们在前一章看到,存在着知觉官能在知觉群之间辨别的两种模式,即空间和时间的模式。我们赋予这两种模式的组合以形形色色的名称:变化、运动、生长、进化,可以说这种组合是所有知觉在其下发生的混合模式。① 因此,如果我们除去训练我们在其下知觉和思维的模式的科学特殊分支,那么科学本质上是知觉内容的描述,是变化或改变的描述。为了获取宇宙的心理图像,用广阔的纲要描绘它的特征,科学引入了几何学形式的概念;为了描述知觉序列,形成一种宇宙的历史图集,科学引入了随绝对时间而变化的几何学形式的概念。对这一概念的分析是我们所谓的**运动的** **几何学**。因此,运动的几何学是我们用以分类和描述知觉变化的概念模式。它的有效性不依赖于它绝对地符合实在世界的任何事

---

①　特伦德伦堡在实在的或构造的运动中看到所有知觉和概念的基础。他力图表明,运动概念不需要空间和时间概念,他断言空间和时间概念来自运动概念本身。我不认为他在这一点上是成功的,但是他的尝试是富有启发性的,因为他表明知觉和概念本质上如何包含运动。[参见他的《逻辑研究》(*Logische Untersuchungen*),2nd edition, Bd. i,chaps. v-viii,Leipzig,1862.]

物——符合立即受到几何学形式的理想特性的抗拒,而是依赖于
它给予我们以简要概述知觉事实或使思维经济的能力。[①] 运动的
几何学专门被命名为**运动学**(kinematics),该词源于意指**运动**
(movement)的希腊词 κίνημα。它教导我们,如何抽象地表象和量
度运动,而不涉及运动的特殊类型,尽管一系列实验和众多的对现
象世界的精心观察向我们表明,运动的特殊类型最适合展示知觉
233 领域中的特殊变化。当我们把我们在运动的几何学中获悉的东西
应用到运动的特殊类型——我们可以方便地称其为**自然**类型——
并研究它们如何相关时,那么我们便被导向所谓的**运动定律**以及
我们对宇宙的物理描述所依赖的**质量和力**[②]的概念。这些将形成
后继各章的论题,不过为了清楚地看到我们通向在目前阻碍进入
物理学的形而上学迷宫的道路,我们必须花一些篇幅致力于讨论
运动学的基本概念。

---

① 我认为,**思维经济**术语本来归功于布拉格的教授马赫,该术语本身包容着一系
列十分重要的观念。如果我们回忆起思维如何依赖于存储的感官印记,以及难以拒绝
把物理的或动力的方面给予这些感官印记及其连结——联想(边码 p.51),它的价值就
至关重要了。于是,思维经济变得与精力(能量)经济密切相关。知觉的范围是如此广
阔,它们的序列是如此多变和复杂,以致要是没有科学概念所提供的速记描述,单凭大
脑是不能保持最小的群的明晰图像的。华莱士博士在他的《达尔文主义》中宣称,他依
据自然选择假设找不到纯粹科学家,尤其是数学家的起源。我认为,即使我们把理论科
学的伟大能力与日益增长的大脑活力的其他发展相关这一事实撇开,我们还可以像华
莱士先生本人说明工蜂的存在那样,去说明纯粹科学家的存在。他们的功能也许使
他们在生存斗争中不适于个体地幸存,但是他们对产生他们的社会来说却是力量和
效率的源泉。我以为,华莱士先生的困难的解决在于科学作为理智精力的经济之社
会利益。
② 不是作为运动的**原因**的力,而是作为运动的量度的力。

§2 知觉运动案例的概念分析。点运动

我认为,为了获得清晰的运动观念,最好是审查有关位置的物理变化的一些熟悉的案例,并努力把它分解为我们可以容易地借助几何学观念讨论的简单类型。例如,让我们以登楼梯的人为例,该楼梯可能有几个平台和转角。在这个人登楼时,我们的感觉印象的变化具有极其复杂的特征,我们立即看到,要描述我们知觉到的一切,即便并非不可能,也是多么困难。不仅这个人在楼梯的位置变化着,而且他的手和腿正在持续地改变它们相对于他的躯干的位置,而他的躯干本身也转动和摆动、弯曲和变更它的形状。为了加以简化,让我们首先把我们的注意力集中在他的身体的某一小要素;例如,让我们用眼睛追踪他的马甲的上纽扣。现在,我们所作的第一个观察是,这个纽扣从登楼开始到结束占据了完全是连续的一系列位置。在遍及整个楼梯范围的任何地方,这一系列位置都没有中断;因为假使有任何中断的话,那么用准确的语言讲,该纽扣就不再是持久的感觉印象群,不再把它们在空间模式下与其他群区分开来。用日常用语讲,它必须"离开我们的空间并再次返回我们的空间"——与正常人的知觉官能的经验截然相反的现象。即使我们把这个纽扣从马甲上剪下来,我们还能够构想,它以与这个人留着它时的严格相同的方式向楼梯上部运动——让我们设想不可见的精神之手携带着它。显而易见的将是,纽扣的这一运动如果充分地为我们所知,那么它会告诉我们大量的有关这个人的运动情况。当然,它不会描述他如

何使他的腿和臂活动,但是它会十分清楚地指明,这个人从一个平台走到另一个平台要花多长时间,它何时走得快,何时走得慢。但是,我们必须如何描述纽扣的运动,以便能够借助我们的描述构想它的被重复的运动,还是远非明了的。纽扣像人一样有许多要素,我们必须如何描述它们全体的运动的问题再次出现了。

让我们现在把我们的想象向远延伸一点;让我们设想把楼梯嵌入在一大块柔软的蜂蜡里,并设想纽扣在精神之手的引导下向楼梯上部运动,恰如它在人的马甲上一样,不过现在是挤着穿过蜂蜡的。现在,纽扣的通路会在我们的蜂蜡块中形成一个很长的管状洞,从楼梯底部延伸到顶部。这个管子必定不会是处处相等的孔洞,因为由于人的运动,纽扣可能偶尔或多或少地向旁侧运动。还有,纽扣越小,通过蜂蜡挖成的管子的孔洞也会越小。我们现在将设想一长截拉紧的金属线通过管子,并牢固地固定在管子的两端。蜂蜡甚至楼梯目前都可以除去,然后如果把一个小念珠串在金属线上,使它像纽扣在管子中向上运动一样的方式在线上向上运动,那么我们将能够由念珠的运动描述大量的纽扣运动。此时,我们在概念上可以假定金属线越来越细,念珠愈来愈小,直到在概念上金属线最终成为几何直线或曲线,念珠最终成为几何点。理想点沿理想线的运动将以很大的精确度代表极小的纽扣通过极小孔洞的蜂蜡向管子上部运动。读者可能倾向于询问,我们为什么不在开始时就说:"请考虑人的点吧;它的运动必定给出从楼梯顶到底的曲线。"对此的回答是:我们不能**知觉**点。我们通过把选取人的越来越小的要素之知觉过程推进到极限而在概念上达到点,我们从人到纽扣、念珠和几何点所指示的阶段标明,知觉运动的某些要素是如何省略的,直到我们在概念上达到作为极限的、能够相当容易描述的理想运动。

点沿着曲线的运动是我们能够讨论的最简单的理想运动。无论如何,它显然能使我们以显著的精确性描述我们关于人的运动的若干知觉。把纽扣套在点上,把人套在纽扣上;于是,如果点携带纽扣和人与它一起沿它的路线运动,那么我们将拥有描述大量的人的真实运动的手段。他何时开始,他何时停止,他何时走得快,他何时走得慢,他从一个平台到另一个平台花费的时间将能够从点的运动推导出来。不用说,这种点运动不能使我们**充分地**描述人的运动。例如,不能构想他在走向楼上时翻几个筋斗。对于人的运动的这样的怪僻,点的运动根本不可能告诉我们什么。即使人不能使他的臂、腿、头等运动——即使他是一个**刚体**,点运动也不能充分地描述他的运动。作为刚体的人可以绕一点转动和转向而不改变他的运动。他上楼向后还是向前,头最高还是脚最高,或者部分地以这些模式中的一种,部分地以另一种? 显然,点的运动不能告诉我们这一切。点的运动不能告诉我们,人作为一个刚体如何可能绕该点转动;我们想要知道在运动的每一瞬时,这个人面向哪一条道路,他的**方向**是什么,他进而如何改变他的方向或绕该点旋转。理想的点运动的描述必须用旋转或转动的描述加以补充,即使人被设想是刚体。相应于位置变化的第一种类型的运动被命名为**平动运动**;相应于刚体的方向变化的第二种类型的运动被命名为**转动运动**。

§3　作为几何学理想的刚体

　　正像平动运动被沿曲线运动的点的纯粹理想的概念描述一样,也可以使转动运动依赖于几何学的运动,即刚体绕通过**一点**的**直线**转动的运动。首先,关于使用**刚体**一词,我们意指什么呢? 实在的人正在使他的肢体运动,弯曲他的身子,并一般地在运动的每一时刻改变他的形态。现在,读者可能觉得倾向于说:用木桌或木椅代替人,我们将有刚体。但是,这只不过是通俗语言,我们正在寻求的是准确的或科学的刚性的定义。这样的定义通常用下面的词语给出:

　　当一个物体的所有各对点之间的距离在整个运动期间依然不改变时,就说该物体依然是刚体。

　　但是,我们立即从这个定义中看到,我们用具有"点"的理想的几何学的物体代替实在的物体,即代替形成我们知觉官能建构的图像的一部分的感觉印象群,而且我们正在定义的东西恰恰是这个物体的特性——只存在于概念划分知觉的理想图上。刚体的几何学的理想比人的灵活身体的几何学的理想更好地描述了木椅,这是完全确实的;可是,椅子上的点是什么呢,一对点之间的距离是什么呢? 再者,我们如何准确地断定,这样的距离在运动时依然不变呢? 当明晰地鉴定距离观念时,正是这个观念包含点的几何学概念,而不符合我们知觉经验中的任何事物。① 因此,刚性被视为概念的极限,它通过把注意力集中在特定的知觉群而形成有价值的分类方法。

对于描述某些类型的运动来说,虽然用我们概念图中的理想的刚性物体代替木椅是有用的,但是物理学家还是告诉我们,为了分类其他的感觉印象状态,他不得不考虑椅子**不**是刚性的,他在知觉上能够度量它的部分的相对位置的变化。他不假定椅子是弹性的就不能描述椅子不同部分之间的力学作用,这种弹性包含它的各部分的形态的变化。例如,当椅子各部分之间的作用靠它的背部而不是它的腿支撑时,其作用就发生变化,从而椅子在这两个位置改变它的形态。即使椅子仅仅转动,同样的形态变化也将发生。这种形态的改变并非仅仅起因于椅子是木制的——如果椅子是铁制的或用其他任何材料做成的,情况同样会为真。形态的变化在许多实例中从知觉上可以鉴别出来,在大多数实例中我们能够决定它的概念值。因此,迄今从刚体是在知觉上可以达到的极限来看,我们的整个知觉经验似乎表明,刚性概念不符合实在的现象世界中的任何事物。我们知觉到大多数物体改变它们的形态,在我们知觉不到它的地方物理学迫使我们构想它。于是,刚性十分类似几何学的球面。

① 例如,我们说从伦敦到剑桥的"距离"是 55 英里,这是描述从一地到另一地的旅程的感觉印象,并把该旅程与 56 或 57 英里的旅程区别开来的实际方法。但是,我们严格地意指什么呢? 从斯特普尼教堂到圣玛丽教堂吗? 若如此,是从一个教堂的哪一部分到另一个教堂的哪一部分呢? 或者,再如此,它是从斯特普尼教堂门口附近的界碑到圣玛丽教堂旁边的最后一个里程碑吗? 若如此,是从一个界碑的哪一侧到另一个里程碑的哪一侧? 最终,我们发现我们自己被驱赶到两个里程碑中的任一个之上的点的概念,而**知觉**印记并未克服**哪里**到哪里的困难。我们不得不得出结论:距离的观念是一个概念,该概念对于分类我们的经验是无比宝贵的,但它并不准确地符合知觉的实在。

后者并不准确地符合我们知觉经验中的任何东西,我们甚至不能构想连续的曲面作为在知觉中达到的极限。不管怎样,二者同样是有价值的分类的基础。通过用理想的刚体代替实在的物体,我们尽管忽略了它们的形态变化,可是却能够分类和描述我们关于运动的知觉的广大范围。不过,为了分类其他知觉,我们构想同样的物体不是刚体,而在形态上是可变的;我们实际测量的正是形状的变化,而我们在概观物理宇宙的另外的分支中则故意忽略了这些变化。

§4 论方位的变化或转动

即使在假定物体刚性的情况下,当我们把我们的运动物体从知觉领域移向概念领域时,我们还将发现方位和旋转的概念进一步包含着几何学的概念。让我们考虑我们的刚体能够绕一点转动,于是问题产生了:我们如何能够把一个方向与另一个方位区别开来?很清楚,方向的概念包含着线的方向,但是在**一条**线上的方向的变化将不能充分地描述方位的变化。例如,如果 C(图 4)表示物体绕其转动的固定点,A 是物体的另一个确定的点,那么线 CA 可以占据一个新位置 CA';但是,CA 到 CA' 的位置变化并未充分决定物体的方位,因为当物体运动到位置 CA' 时,没有什么东西确定物体绕线 CA 旋转了多少。因此,我们不得不取第二点 B 和第二个方向 CB;此时,如果我们说 CB 所取的新位置 CB' 以及 CA 的新位置 CA',那么我们将绝对地决定物体方位的变化。读者将很容易使自己确信,在给定刚体的两个确定点 A 和 B 的新位置时,我们绝对地确定了它的位置。容易证明,两条线 CA 和 CB 向新位

240

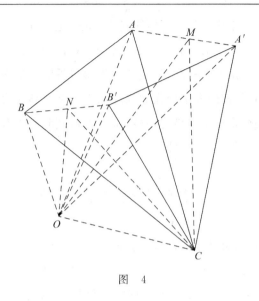

图 4

置 CA' 和 CB' 的这一旋转也可以描述为物体绕方向 CO 的一条确定的线旋转通过某一角度。① 因此,我们构想方位变化被描述和

① 这可以借助初等几何以如下的方式证明:

设三角形 CBA 被平移到位置 $CB'A'$。把点 A,A' 和 B,B' 连结起来,并设 AA' 和 BB' 的中点分别是 M 和 N。通过 C 和 M 作一个平面垂直于 AA',通过 C 和 N 作一个平面垂直于 BB'。由于 C 对这两个面是公共的,所以二者在通过 C 的线上相交。设 O 是这条线上的任一点,把它与 M 和 N 连结起来,于是 OM 和 ON 分别垂直于 AA' 和 BB'。在三角形 $AOM,A'OM$ 中,AM 和 $A'M$ 是相等的,OM 是公共的,在 M 处的角是直角,因此由**欧几里得** i.4 可得,第三边 OA 和 OA' 是相等的。正好出于类似的理由可得,OB 和 OB' 是相等的。因此,O 距三角形 ABC 的角的三个距离分别等于它距三角形 $A'B'C$ 的三个角的距离。于是,在 O 处具有顶点和分别具有底 ABC 和 $A'B'C$ 的两个四面体在每一个方位相等,因为它们的所有棱相互相等。从而,它们之一可以被看做是处在改变了的位置中的另一个。因此,一个四面体可以使它绕棱 OC 转动通过某一角度而运动到另一个的位置上。这就是说,三角形 CBA 可以使它绕线 OC 转动通过某一角度——平面 BOC 和 $B'OC$ 之间的夹角——而旋转到位置 $CB'A'$。

241 被测量的方式本质上是几何学的或理想的。它取决于固定在物体
242 中和固定在空间中的、物体绕其旋转的直线的概念。它进而包含
物体转过某一角度的概念,但是欧几里得告诉我们的角是两线的
斜角。从而,我们的方位变化的描述取决于在刚体中存在的线的
概念。它完全是概念的描述,它再次用做辨别和分类我们的知觉
运动的经验之强有力的手段。

§5 论形态的变化或胁变

迄今,我们通过考虑我们登楼梯人的理想的点的运动,接着通
过把他作为绕这个点旋转或改变它的方位的刚体看待,已经分析
了人的运动。对我们来说,唯一依然要考虑的是,当该点处于任何
给定的位置以及该人具有任何给定的方位时,我们如何可能消除
刚性的条件,并且描述他如何运动他的肢体、改变他的形态或变更
他的各部分的相对距离。这种形态的变化被专门命名为**胁变**,它
的描述和测量形成物体的概念运动的第三个大部门。现在,我们
在本书中不能专门讨论胁变在科学上如何描述和测量,但是就我
们目前的意图而言,我们必须查明,胁变理论是否像点的平动理论
和刚体的转动理论一样处理概念的理想。

我们大多数人有意识或无意识地承认,胁变有两个基本的方
面。这两个方面是大小变化而形状不变,以及形状变化而大小不
243 变。取一个薄而中空的橡皮球,向它内部吹入许多空气。这将增
加它的大小,必定没有改变它的形状。它在形状上是球形的并且
依旧在形状上是球形的,它只是变大了。我们设想橡皮球用球面

表示,大小的变化将依赖于直径的变化。直径的伸长与原来的长度之比率可以看做是胁变测量的恰当基础。这样的比率被命名为**伸长**,它可以表明,对于大小的一个小增量,体积的增加与原来体积的比率几乎是直径伸长的三倍。[①] 这个比率被命名为膨胀,它是大小变化的恰当量度。现在很清楚,为了测量这一大小变化,我们需要测量物体在两种情形中的直径。不过,虽然在概念的物体中把直径充分地定义为被两点终止的直线,但是在该词的准确含义上,当我们处理知觉的物体时,直径却是无意义的术语。如果物体没有连续的边界,按照物理学家的观点不过是遍布我们谁也不能单个地感觉到,而且其相互距离我们也无法测量的分立的原子(图 5),那么很清楚,我们能够谈论的唯一直径就是我们用以代替知觉橡皮球的概念球面的直径。

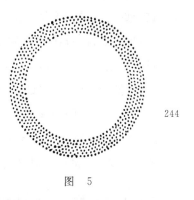

244

图　5

正如就大小变化所说的一样,就形状变化而言情况也是如此:

---

① 类似形状的物体的体积如同相应长度的立方体。因此,若 V 和 V' 是旧体积和新体积,d 和 d' 是旧长度和新长度,则 $V'/V=d'^3/d^3$;可是若 s 是伸长,则 $(d'-d)/d=s$,或 $d'=d(1+s)$。初等代数给我们以膨胀 δ:

$$\delta=\frac{V'-V}{V}=\frac{d'^3-d^3}{d^3}=(1+s)^3-1=3s+3s^2+s^3\doteq 3s$$

正如在大多数实际例子中,如果 s 十分小的话。例如,在金属中,$s=\dfrac{1}{1000}$ 也许是相当大的值;但是,取 $\delta=3s$,我们只能略去 δ 的值的大约 $\dfrac{1}{1000}$。

我们实际上正在把我们的测量系统建立在概念的基础上,而概念能使我们描述和分类知觉,但它们不是实在的知觉的极限。没有大小变化的形状变化能够以下述方式实现:取一块丝织品或其他稍有弹性的材料,在其上平行于经线和纬线切下边长为几英寸的矩形。然后,如果把这样的矩形在顶端和底端牢固地托夹在两对平行木片之间,甚或托夹在两个食指和它们各自的食指之间,那么托夹者相互平行的**滑动**将产生没有大小变化的形态变化。现在,这样的胁变的程度将取决于经线和纬线改变它们的相互倾斜的总量,也就是说,取决于在胁变后它们之间的夹角与直角之差的总量。不过,只有当我们假定经线和纬线是直线时,角度的这种变化才变得有意义。换句话说,为了获得胁变的量度,我们用几何学的网络代替知觉的经线和纬线。这样的胁变类型被命名为**滑动**胁变或**切**胁变,所有的没有大小变化的形状变化都能够在概念上被分解为滑动。① 进而可以证明,所有的形态变化无论是什么,都能够

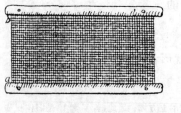

图 6

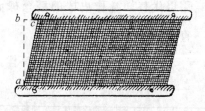

图 7

---

① 在技术上,滑动不是用角度的变化或图 7 中的角 *bac* 量度的,而是用这个角的三角正切或用长度 *bc* 与长度 *ba* 之比量度的,换句话说,是用所滑动的纬线的总量与经线的长度之比量度的。

分解为伸长和滑动①，或者分解为长度变化和角度变化。但是，在滑动和伸长两种情况中，当我们开始考虑它们的测量时，我们重新依靠几何学概念；在两种情况中，我们用由点、线和角建立起来的概念物体代替知觉物体。于是，整个胁变理论涉及区分和描述知觉的概念手段，而不涉及在知觉本身中绝对固有的某种东西。

§6　概念运动的因素

246

我们从登楼梯的人开始，我们通过分析看到，他的运动的概念描述需要我们讨论：(a)点的运动，(b)刚体绕一个固定点的运动，(c)身体各部分的相对运动或它的胁变。这些是运动学或运动的几何学的三大部门。可是，在所有这些部门的情况中，我们发现我们重新依靠理想的几何学概念；我们测量不是我们知觉经验的真实极限的点之间之距离和线之间的夹角。于是，我们的运动观念看来好像是理想的模式，我们借助该模式描述和分类我们感觉印象的序列：它们纯粹是我们藉以概述和索引我们知觉官能呈现给我们的图像所经历的各种各样的连续变化。读者越充分和越清楚地把握这个事实，他就将更乐意承认，科学是我们知觉的概念的**描述**和分类，是使思维经济的符号理论。它不是任何事物的最终说明。它不是处于现象本身之中的**平面**。科学可以被描述为感觉印

① 胁变的基本讨论将在克利福德的《动力学基础》(*Elements of Dynamic*)part. i，pp. 158-190 找到；或者将在麦格雷戈(Margregor)的《运动学和动力学》(*Kinematics and Dynamics*)pp. 166-184 找到。读者也可以查阅本书作者为克利福德的《精密科学的常识》(*Comman Sense of the Exact Science*)第三章所写的§§8 和 13。

象的相继书页的分类索引,但是它绝不说明生命这部奇书的特殊结构。①

247　　　在刚刚引起读者注意的运动的三种类型中,第一种或点运动对我们目前的意图来说是最重要的。因此,本章其余部分将致力于讨论它。我相信,读者将会原谅它在某种程度上专门的特征,因为没有这种点运动的研究,也许不可能分析**物质**和**力**的基本概念,或者也许不可能正确诠释运动定律。

§7　点运动。位置和运动的相对特征

运动被看做是位置的变化,可是如果我们力图表示点的位置,那么我们必须**就某种其他东西**这样作。倘若空间是区分事物的模式,那么在我们能够谈论空间中的位置之前,我们至少必须有两个要区分的事物。因此,点的位置是相对的,是相对于某种其他事物的,就我们目前的意图而言,我们假定它是第二个点。空间中的绝

---

① 来自行星理论的简单基础的极其复杂的结果,往往被看做是在宇宙中"设计"的证据。宇宙被非常混乱地说成是无限精神的**概念**。但是,行星理论的**概念**基础在于几何学的概念,而不是能够在知觉世界中发现的终极证据。因此,尽管行星理论适合我们的**描述**意图,但是它从来也不能够是宇宙据以被"设计"的**概念**,因为在任何地方都没有发现该概念可以在知觉上实现。木匠从他的具有所有特殊性质的材料**开始**,按照我们的几何学描述为我们制作箱子,但是该箱子实际上并非最终是几何学的。他只是从在知觉中认识概念的〔绝对〕能力开始,他也许会从我们的几何学的计划中生产出几何学的箱子。几何学的概念〔作为极限〕能够来自物质的宇宙,但是物质的宇宙不能够来自几何学的概念。〔实体的感觉必须肯定地先于几何学概念,或者无论如何,行星理论并不是宇宙据以从无被创造出来的概念。〕——译者注:〔〕内的词语译自第二版。

对位置正如绝对空间本身(边码 p.186)一样,是无意义的。设字母 P(图 8)表示一个点,字母 O 表示我们由此测量 P 的相对位置的点。现在,从 O 到 P 的距离向我们指明了 P 相对于 O 的位置; 248 但是在我们的概念空间中,除了我们希望与 P 区分的 O 之外,我们一般地还有各种各样的其他点和几何学物体;为了这样做,我们必须给出什么被称为距离 OP 的方向,可以说我们必须决定,它向北和南、西北和东南,还是向上和向下。① 但是,甚至这样也是不够的。我们还必须告诉这个方向的**指向**,例如它是 OP 还是 OP',或者说,它是从西南到东北还是从东北到西南。于是,如果我们想要在空间中测定对于点 O 的位置,我们必须在给定的方向并就给定的指向测量距 O 的距离来做这件事。为了充分决定点 P,我们 249

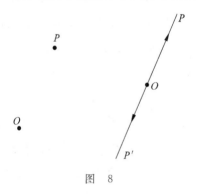

图　8

---

① 在与知觉空间——所谓的三维空间——最密切符合的概念空间中,为了标明所有可能物体的相对位置,我们需要从**三个**标准点开始(这不必在同一直线上),以便固定方向。贯穿本章,我们将理解所谓的点 P 相对于另一点 O 的位置,**指向**步阶 OP,以及所谓的 P 相对于 O 在这个指向步阶上变化的运动。较充分的**位置**叙述将在作者为克利福德的《精密科学的常识》撰写的以**位置**为标题的那章中找到。

必须知道从 O 起的距离和**向位**①。要在几何学上表示 P 对于 O 的位置,我们必须画一条直线(OP),该线具有与从 O 到 P 的距离的实有单位同样多的我们刻度尺上的长度的单位,该线还具有与这个距离相同的方向并在其上具有标明指向的箭头。这样的标明 P 相对于 O 的位置的大小、方向和指向的线被命名为步阶。这样的步阶告诉我们如何从 O 到 P 移动我们的位置。以如此如此的向位走这么多步,我们将从 O 行进到 P。

如果 P 处于运动且我们知道在运动的每一时刻从 O 到 P 步阶是什么,那么我们将有位置的序列、P 相对于 O 运动的完备图像。读者必须仔细注意运动的相对性;绝对运动像绝对位置一样是不可思议的:点 P 被设想为描述了相对于某种其他事物的路线。因此,人的马甲上的纽扣相对于楼梯运动,但楼梯也许正在以每小时 1,000 英里绕地轴疾驰,而地球本身可能正在以每小时大约 66,000 英里绕太阳快速行进。太阳本身正在以每小时大约 20,000 英里向天琴座运动,而天琴座本身无疑相对于其他恒星处于急速运动中,这些恒星迄今由于是"固定的",因而很可能正以每小时数千英里相互行进。显然,要告诉我们不得不设想我们中的每一个人每小时以多少千英里通过空间迅速前进,这不仅是不可能的,而且该表达本身是无意义的。我们只能够说,一个事物相对于另一个事物正在多么快地运动,因为所有的事物无论是什么,都处于运动之中,没有一个事物能够被看做是确定地处于"静止"的标准事物。

---

① 就这些词在这里使用的正确意义来说,线具有**方向**(direction)而不具有**向位**(bearing)。在我们形成向位观念之前,我们必须把**指向**(sense)概念添加到方向上。

是说地球实际上绕太阳转动正确,还是说太阳绕地球转动正确? 二者中的任何一个都正确,或者都不正确;二者都是描述我们知觉状态的概念。太阳相对于地球绕处于焦点上的地球近似地描绘了一个椭圆,地球相对于太阳绕处于焦点的太阳近似地描绘了一个椭圆。相对于木星,两个陈述中的无论哪一个都是不正确的。不过,我们为什么说,假定地球绕太阳转动更科学呢? 只是出于这样的理由:太阳作为行星体系的中心比地球作为中心能使我们在概念上更为清楚、更为简洁地描述我们知觉的惯例。这两个体系中的无论哪一个都不是在现象世界中实际发生的绝对运动的描述。一旦认识到运动的相对性和行星体系的对称性被视为主要依赖于我们知觉它的立足点,那么就能够顺利地辨认出,行星理论是太阳系居民的独特的描述模式。

§8 位置。路程图

于是,相对于 O,我们的点 P 描绘了一个连续的曲线或路程,它在运动的任何时刻的位置由步阶 OP 给出。为了读者可以对我们正在考虑的东西有一个明晰的概念,我们将假定运动发生在一个地方,并使某些日常的知觉概念化。我们将假定 O 是被视为查林十字的概念极限的点,P 是标志列车在梅特罗波利坦铁路上平动的概念运动,图 9 中的曲线是约 1 弗隆* 比 $\frac{1}{20}$ 英寸比例尺的同一

251

---

* 弗隆是英国长度单位,1 弗隆=1/8 英里=201.167 米。——译者注

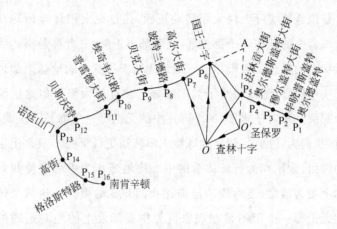

图　9

铁路的概念图。点 $P_1, P_2, P_3, \cdots, P_{16}$ 标明在奥尔德盖特和南肯辛顿之间相继的车站。像 OP_6 这样的任何步阶将准确地决定列车相对于查林十字的某一位置。读者必须注意关于这些步阶的重要结果。假定我们决定 P_6 相对于 O'——比如说圣保罗——而不是 O 的位置。我们立即看到,存在着描述 P_6 相对 O' 的位置的两种方式。我们或者可以说沿指向的步阶 $O'P_6$ 进行,或者可以说首先从 O' 行进到 O,然后从 O 行进到 P_6。这后两个步阶导致与前一个步阶严格相同的最终位置。现在,科学不仅是思维经济,而且也是语言经济,二者几乎是同一回事。因此,我们需要一种速记模式表达两个行进操作最终结果的等价。这可如下表示:

$$O'O + OP_6 = O'P_6,$$

把它翻译为语词可读作:从 O' 沿指向步阶 $O'O$ 行进,然后取道指向步阶 OP_6,最后达到的地点将与从 O' 出发取道指引步阶 $O'P_6$

相同。读者必须谨慎小心，不要把这种几何加法与通常的算术加法混为一谈。例如，如果 OO' 是 8 弗隆，$O'P_6$ 是 10 弗隆，OP_6 是 12 弗隆，那么我们乍看起来好像有：

$$8+12=10,$$

这被认为是荒谬的。但是，它只是对算术学家来说是荒谬的。对于几何学家而言，8,12 和 10 都可以是**指向**步阶的长度；他知道，如果他沿 8 弗隆的指向步阶前进，紧接着又前进 12 弗隆的指向步阶，那么他可能实际上距他原来的位置只有 10 弗隆。可是，算术学家是如何受局限的呢？噢，我们显然必须假定他不能在空间的所有方向上走出，我们必须把他束缚到沿同一条直线的运动中。在这种情况下，8 步阶之后紧接着的 12 步阶将总是成为 20 步阶，因为算术告诉我们应该这样做。简言之，几何学家的自由度在于他的**拐弯**能力。

让我们现在稍微回顾一下，注意步阶的几何加法 $O'O+OP_6=O'P_6$ 可以用稍微不同的方式来表示。让我们画一条平行于 OP_6 的线 $O'A$ 和平行于 OO' 的线 P_6A，此时我们便在 $O'O$ 和 OP_6 上完成了平行四边形，连结两个对角的线 $O'P_6$ 被称为对角线，我们有如下的法则：在两个步长上作平行四边形，它的对角线将度量一个与其他两个步阶等价的步阶。这个法则就是所谓的**平行四边形定律**的加法，我们看到，我们用以量度相对位置或位移的步阶服从这一定律。它本身与几何加法是一回事。它的重要性在于这样的事实：运动、位移、速度、旋转和加速度的所有几何学概念都可以表示为步阶，并且能够证明它们服从平行四边形定律，也就是说，我们能够把速度、旋转或加速度几何地而不是算术地加在一起。虽然我们的篇幅不容许我们证明这个结果对于所有运动学概念都成立[①]，但是读者将牢记它，因为它是我们会有机会提及的一个重要原理。

§9 时间图

迄今，我们考虑了如何可能决定在每一时刻点 P 相对于 O 的位置。不过，我们还想知道，位置如何变化，这种变化如何被描述和度量。为了做到这一点，我们必须考虑，例如位移 OP_6 如何变成位移 OP_7。用我们的速记：$OP_7 = OP_6 + P_6P_7$，步阶 P_6P_7 度量位置的变化。因此，我们需要确定这种变化随时间变更的方式的合适办法。为了使读者更好地设想我们的意图，我们将力图把与在图 9 中标明的车站对应的**布雷德肖**[*]列，或者更确切地，把梅特罗波利坦铁路的一部分时间表转变为几何学。图 10 的左下侧安置的是车站的名字，它们在图 9 中用点 $P_1, P_2, P_3, P_4, \cdots, P_{16}$ 表示。这些点像在**布雷德肖**中那样紧靠竖直线，但是我们将在某种程度上改进他的排列。他把车站以相等的距离相互放在下面，而未就它们之中每一对之间的距离作出暗示。现在，我们将以这样的距离沿着竖直线相互离开安置它们，使得 $\dfrac{1}{20}$ 英寸表示 1 弗隆，或

---

① 关于证明请参见克利福德的《动力学基础》中的"速度"，边码 p.59，"旋转"，边码 pp.123-124。

* 布雷德肖(H. Bradshaw)是剑桥大学图书馆馆员，它对青年皮尔逊帮助很大。这里的布雷德肖列(Column of Bradshaw)命名显然是表达了皮尔逊的感激和纪念之意。——译者注

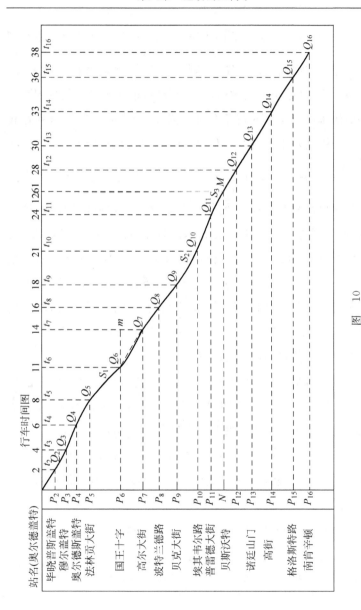

图 10

$\frac{2}{5}$ 英寸表示 1 英里,从而适用于竖直线的 1 英尺的尺度应该在理论上决定任何两站之间的廉价车费[*]。其次,我们将在通过 P_1 的水平线上安置(或正如它被命名的**划分**)列车从奥尔德盖特到每一个其他的车站所花费的若干分钟。因此,竖直的**布雷德肖**列在我们的例子中被水平地排列。但是,我们将以这样的距离安置这些时间:$\frac{1}{8}$ 英寸将表示 1 分钟,或任何一对车站之间的分钟数立即可借助英寸尺度读出。为了把每一个车站与它对应的时间联系起来,我们将通过车站画水平线 PQ,通过相应的时间画竖直线 tQ。这些线在点 Q 相交,我们在我们的示意图上得到相应于十六个车站的一系列点 $Q_1, Q_2, \cdots, Q_{16}$。现在,乍看起来,当每一列车占据一整页时,它似乎是相当不方便的布雷德肖表格。[①] 不过,在我们发现我们的纸页是否比布雷德肖的单一列不可能传达更多的列车运动的信息之前,读者还必须等待一下。

现在很清楚,我们针对车站所做的事情可以针对该线上的每一个信号箱 S_1, S_2, S_3 等等来做,不仅针对每一个信号箱,而且也可以针对在整个线上我们选取观察列车通过的时间的每一个位置来做。于是,我们获得了一系列的点 $Q_1, Q_2, Q_3, Q_4, Q_5, S_1, Q_6,$ Q_7, Q_8, Q_9, S_2 等,随着我们增加它们的数目,这被看做是得到越来

---

[*]　parliamentary fare 原指每英里客运价格不超过一便士的列车的车费。——译者注

[①]　不管怎样,几家法国铁路的客运经理都使用这样的一页上有许多列车的曲线的几何布雷德肖。我有一本巴黎-里昂路程的布雷德肖的摹真本,其中包括 30 到 40 个列车曲线,标明通过的地方、相应列车的停止和速度。

越多的曲线表。我们将用连续的线把这一系列点连接起来，为简化问题，我们将假定我们的列车不停留地从奥尔德盖特行驶到南肯辛顿，否则我们的曲线在每一个车站就会有一小段直的水平线。必须把这个曲线与图 9 中的路程图细心区别开来；它没有告诉我们列车在给定的时间正在运动的**方向**，也就是说，它没有告诉我们列车在给定的时间向北还是向南或是其他什么。但是，借助于图 9，它不仅告诉我们列车到达每一个车站，而且到达两个端点之间无论哪一个位置所花费的精确时间；或者另一方面，它告诉我们在离开奥尔德盖特后直到 38 分钟的每一时刻的精确位置。例如，在 26 分钟列车行驶了多远？为了回答这个问题，我们必须沿水平线或**时间轴**用比例尺量 26 个 $1\frac{1}{8}$ 英寸；然后，我们必须画一条竖直线，它在点 M 碰到我们的曲线；通过 M 的水平线在普雷德街和贝斯沃特之间的点 N 碰着车站的竖直线或**距离轴**，应用于 $P_{11}N$ 的划分为 1 英尺的 $\frac{2}{3}$ 的比例尺告诉我们列车超过普雷德街多少弗隆。相反的过程将向我们指明在距离轴上任何选定的位置的时间。因此，我们的几何学的时间表或**时间图**——我们这样称呼它——给我们以比布雷德肖更为大量的信息，它与路程图相结合，充分地描述了最复杂的点运动。因此，在这样的运动中的基本问题就是确定路程图和时间图。[①]

257

---

① 人们普遍认为，时间图归功于伽利略；我不知道依据什么权威。**速度图**出现在他的《对话集》中，但是我不认为其中有任何东西能够称之为时间图。

§10 陡度和斜率

如果我们审查一下时间图,我们看到在它的不同点的陡度方面存在着显著的差别,其他运动会给我们在这方面具有更大变化的曲线。我们观察到,如果我们减少两车站(比如说 P_{10} 和 P_{11})之间的时间,那么我们就必须使线 $Q_{11} t_{11}$ 向 $Q_{10} t_{10}$ 移动,其结果该曲线在 Q_{10} 和 Q_{11} 之间变得更陡。另一方面,如果我们减小在给定的时间经过的空间,曲线陡度变小了;如果列车停在车站,曲线完全变得水平了。因此,**时间图曲线的陡度以某种方式与列车的速率一致**。于是,我们达到两个需要定义和量度的概念,即**陡度和速率**的概念。在图 11 中,我们有水平直线 AB 和斜线 AC。显然,角 BAC 越大,AC 将越陡,就水平距离 AB 而

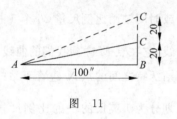

图　11

言我们攀登的高度将越大。如果 AB 是 100 英尺,通过 B 的竖直线 CB 是 20 英尺,那么对于水平线 100 英尺,我们将登高 20 英尺;或者由于 AC 的陡度在所有点是相同的,我们将在 10 英尺处登高 2 米,或在 1000 英尺处登高 200 米,或在 1 英尺处登高 $\frac{1}{5}$ 英尺。[①]

现在,按照基本的算术比率 $20:100$,$2:10$、$200:1000$ 和 $\frac{1}{5}:1$

---

① 这一陈述取决于相似三角形的对应边的比例(参见《欧几里得》(*Euclid*),vi.4)。

全都是相等的,并且可用分数 $\frac{1}{5}$ 来表达。这被命名为直线 AC 的

斜率,它是它的陡度的合适量度。斜率显然是对于水平距离的 1 个单位而言我们竖直地上升的单位数或一个单位的分数。如果斜率是直线陡度的合适量度,那么我 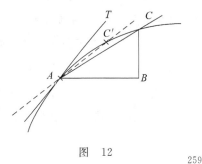 们接着要探讨,我们如何能够测量曲线的陡度。让图 12 中的 A 和 B 是曲线上的两点,该曲线在点 A 没有显示出方向的突然变化。[①] 现在,画线或所谓的弦 AC;然后, 我们或者沿曲线从 A 上行到 C,或

图 12

者沿斜率从 A 上行到 C,我们对于相对的水平距离 AB,都将登高相同的竖直段 CB。于是,弦 AC 的斜率被命名为曲线的 AC 部分的**平均**斜率,因为不管从 A 到 C 的陡度可以怎样变化,都能够通过 AC 一致的平均斜率得到 AB 上的最后结果 CB。

但是,平均斜率的观念并不能解决曲线比如说在点 A 的实际陡度。现在,让读者想象,曲线 AC 是金属线的弯曲段,弦 AC 是金属线的直线段;他进而必须假定小环置于金属线的 A 和 C 二处的周围。在概念上,我们将假定金属线无限细,以致它们像我们乐意的那样密切地趋近于曲线和线的几何学理想。然后,把环 A 牢固地固定在弯曲的金属线上的 A 处,让环 C 沿着弯曲的金属线向

---

① 正如牛顿所表达的,必须做的事情在"连续曲率的中间"。这个条件是重要的,但是为了充分讨论曲线的陡度,我必须向读者提及克利福德的《动力学基础》(*Elements of Dynamic*)第一编的边码 pp.44—47。

A 运动。当它运动时,直的金属线首先滑向位置 AC',最终当环 C 到达 A 时,直的金属线占据位置 AT。在这个位置,直线被命名为曲线在点 A 的**切线**。正如 AC 或 AC' 的斜率度量曲线从 A 到 C 或从 A 到 C' 的平均陡度一样,弦在它的接触线的极限位置的斜率也度量曲线在 A 周围的无限小部分的平均陡度。于是,切线的斜率被认为是量度了曲线**在** A 的陡度。很清楚,在这种使曲线的微小长度趋于零的测量平均值的概念中,我们正在涉及作为一种描述方法的极其宝贵的概念。无论如何,它像曲线或线一样表示不能够在知觉经验中得到的极限。

§11 作为斜率的速率。速度

现在,在达到了我们藉以——即通过切线在那点的斜率——能够度量曲线在任何点的陡度的概念之后,我们可以返回我们的时间图曲线,并问我们如何理解它的斜率。回到图 10,我们观察到,相应于从国王十字运行到高尔街的曲线部分 Q_6Q_7 的平均斜率是 Q_6m 上的 Q_7m,或者由于 Q_7m 等于 P_6P_7,Q_6m 等于 t_6t_7,因此它是 t_6t_7 上的 P_6P_7。但是,P_6P_7 按照某一比例尺是两个车站之间的英里数,而 t_6t_7 按照另一比例尺是两个车站之间的分钟数。因此,对一种解释来说是某一水平长度上的某一上升的斜率,对另一种解释而言则是在若干分钟时的若干英里数。现在,在若干分钟时的若干英里数恰恰是我们所理解的列车在国王十字和高尔街之间的所谓平均速率;列车到这么多的英里、在这么多的分钟内增加了它距奥尔德盖特的距离。因此,在任何有限的时间内距离变化正在发生的方式是由对应的时间图的弦的斜率决定的。从而，距离变化的平均比率，或任何给定时间间隔的**平均速率**是由这些弦的斜率标明的。 261

不管怎样，很清楚，通过弦 Q_6Q_7 变化的长度，例如通过使 Q_7 更接近 Q_6，我们将得到在通过国王十字后不同的旅程长度的不同的平均速率。我们花费的时间越短，在这种情况中弦就变得越陡，平均速率就变得越大。于是，便形成了这一平均速率的极限的概念；也就是说，形成了在离开国王十字后使小时段趋于零的平均速率，这种平均速率被定义为通过国王十字的**实际速率**。我们立即看到，实际速率将由时间图在 Q_6 的切线的斜率度量，因为按照我们的定义，这个切线是弦的极限。因此，在运动的每一时刻的实际速度由时间图的对应点的陡度决定，它用切线在该点的斜率以每分英里度量。我们从而发现，我们的时间图不仅像布雷德肖时间表，而且也像列车在它的整个行程中的变化速率图。

关于速率还有一两个方面，读者将发现记住它是有用的。首先，速率是数值量，它等于斜率，而斜率的单位是在一个水平单位内的或**每**一个水平单位的一个竖直单位；因此，速率单位是一个时间单位内的或每一个时间单位的一个空间单位，例如每分钟 1 英里。其次，除非时间图对它的曲线而言具有直线，否则速率必然从路程的一点到另一点连续地改变它的大小。如果时间图的曲线是 262 直线，那么就说速率是**匀速的**，否则就称为**变速的**。最后，回顾一下路程图（图 9，边码 p.251），我们看到，运动以及速率的**向位**随路程的点的不同而变化。回忆一下我们的切线定义，我们看到，运动在 P 处的方向是沿着在 P 处的切线，进而它具有**指向**，例如运动

是从 P_6 到 P_7，而不是从 P_7 到 P_6。现在，我们发现，运动的变化具有两种类型：数量的变化或速率的变化，向位的变化。为了更为明确地追踪这一变化，我们形成新的概念即具有某一向位的速率的概念，我们把速率和向位的这一结合命名为速度。因此，要充分描述速度，比如说在位置 P_6 的速度，我们必须把速率和向位结合起来；速率是切线在 Q_6 处的斜率（图 10，边码 p. 255），而且在时间和空间单位选定时，它只是一个数；向位是路程在 P_6 处的切线的方向（图 9）以及指向，即从 P_6 到 P_7。像位移一样，速度也能够相应地用步阶表示，步阶的大小度量速率，步阶的方向表明运动的方向，箭头给出运动的指向。

§12   速度图或速矢端迹。加速度

现在，因为要决定速度而重返两个不同的图形——路程图和时间图——是棘手的，所以我们以下述方式另构造一个新图形，从任何一点 I，我们画一系列射线 $IV_1, IV_2, IV_3, IV_4, \cdots, IV_{16}$ 平行于在相继点 $P_1, P_2, P_3, \cdots, P_{16}$ 的切线，沿着这些射线在运动的指向上度量与运动在这些点的速率单位一样多的长度的单位。这些射线中的每一个就在先的射线而言都是表示在路程相应点的速度的步阶。如果对于十分大数目的位置这样作了，那么点 V_1, V_2, V_3 等将是一个越来越接近曲线的系列。这个曲线被命名为**速矢端迹**（hodograph），它来自意指"路程的描述"的两个希腊词。这个在某种程度上不幸被选中作为曲线的名称并不是"路程的描述"，而是"在路程中的运动的描述"，与其称其为 hodograph，不如称其为

kinesigraph(**运动图**)。假定图 13 表示在我们的图 9 和图 10 所涉

及的运动的速矢端迹。[①]　因此,尽管路程图(图 9,边码 p. 251)的射 264

线给出 P 相对于 O 的位置,可是速矢端迹的射线则给出 P 相对于

O 的速度。只要我们拥有时间图和路程图,我们就能够构造这种

速度图。当构造出来时,它形成了运动如何在大小和方向两方面

正在变化的准确图像。

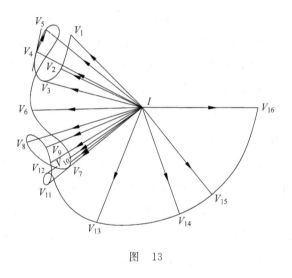

图　　13

　　现在,让我们稍微仔细地审查一下这个速矢端迹。它由点或

极 I 和从这个极到曲线 $V_1 V_2 V_3 \cdots V_{16}$ 所画的射线 IV 组成。在那

个图形中,我们有从极 O 和从这个极到曲线 $P_1 P_2 P_3 \cdots P_{16}$ 所画的

---

　　① 　为了完全准确地决定其形状,真实的速矢端迹需要大量的像 V 这样的点。铁
路方向的不断变化(参见图 9,边码 p. 251)使速矢端迹向后和向前弯曲,而速率的稍微
变化则产生曲线的切线。

射线 OP。在运动的过程中，P 沿着这条曲线的整个长度通过，我们可以以相同的方式把 V 看做是沿整个速矢端迹曲线的运动。射线 IV 在每一位置都是 V 相对于 I 的位移。现在问题出现了：V 在它的曲线的各处运动对 P 在路程中的运动有任何意义吗？假定我们现在把速矢端迹作为新运动图来看待，并且先构造时间图，然后构造这个运动的速矢端迹，这第二速矢端迹会表示什么呢？现在，一种逻辑的比例运算法则将给我们这个问题的答案。正如第一速矢端迹的射线是针对路程图的一样，第二速矢端迹的射线是针对 V 的运动图的。但是，我们看到，第一速矢端迹度量 P 在它的路程的速度，这些速度是射线 OP 或 P 相对于 O 的位置如何变化的合适量度。因此可得，第二速矢端迹应量度 V 在第一速矢端迹中的速度，这些速度是射线 IV 或 P 相对于 O 的速度正在如何变化的量度。于是，V 沿速矢端迹的速度是 P 相对于 O 的速度正在如何变化的量度。V 的这种速度或 P 的速度的变化被命名为**加速度**，我们看到加速度图可以通过画速度图的速矢端迹得到，它本身被仿佛当做独立运动的图来看待。因此，加速度与速度所处的关系恰恰与速度与位置步阶所处的关系相同。正像位置的变化用作为速度图的射线或第一速矢端迹所画的步阶表示一样，速度的变化也是用作为加速度图的射线或第二速矢端迹所画的步阶表示的。[①] 即使词汇位置步阶和速度被速度和加速度分别代替了，

---

① 我们可以继续以相同的方式通过画第三速矢端迹量度加速度的变化。所幸的是，这第三速矢端迹即使永远需要，也是罕见地需要。实际上足以描述我们关于变化的知觉经验的概念是位置、速度和加速度。

被位置步阶和速度可以证明的无论什么东西还将有效。

§13 作为突发和分路的加速度

我们现在必须在某种程度上较为周密地研究一下作为速度变化的比较合适的量度的加速度概念。在某一时间间隔,点 P 的速度(图 9,边码 p.251)从用 IV_4 中的线性单位数表示的每分英里数变化到用 IV_5 中的线性单位表示的每分英里数,速度在这个实例(参见图 13)中加快了,或者存在我们所谓的速度的**突发**(spurt)。而且,运动的向位变化了;点 P 不是在方向 IV_4 上运动,它现在在方向 IV_5 上运动,也就是说,运动的方向受到**分路**(shunt)。因此,当 P 从 P_4 运动到 P_5 时,P 的速度的总变化由突发和分路组成。当列车把它的速度从每小时 60 英里加快到每小时 40 英里,并且不再向北而向东北行驶时,我们可以把它的运动描述为突发的和分路的;我们用专门术语说,它的速度被**加速**。加速度从而有两个基本的因素——突发和分路。[①] 如果我们考虑一下我们周围的知觉世界,那么很清楚,运动的突发和分路像运动本身的速度和方向概念一样,对于描述我们的日常经验来说是重要的概念。

我们看到,速度在某一时间从长度 IV_4 变化为长度 IV_5,这是用我们时间图(图 10)中的长度 t_4t_5 表示的。每单位时间速度的增加(或 IV_5 和 IV_4 的差与 t_4t_5 之比)被命名为 P_4 和 P_5 之间的**平均速率加速度**或**平均突发**。此外,射线 IV 从 IV_4 转向 IV_5,或者在

边码 266

---

① 科学语言中的突发包括作为负突发的速度的减速或变慢。

时间 t_4t_5 内通过角 V_4IV_5。每单位时间角度的这一增加（或角 V_4IV_5 与 t_4t_5 之比）被命名为在位置 P_4 和 P_5 之间的**平均分路**或
267 **平均方向旋转**。结合起来的二者或突发和分路的平均比率，形成了我们所谓的在给定的位置变化期间或对于给定的时间（t_4t_5）的**平均加速率**。因此，我们用加速度测量的东西是突发和分路发生的比率。回到图 13，读者必定注意到，存在着我们能够藉以构想速度 IV_4 转变为 IV_5 的两个过程。在第一个过程中，我们遵循刚才讨论的方法：我们使 IV_4 伸长，直到它像 IV_5 那样长，也就是说，我们把速度从它在位置 P_4 的值增加到它在位置 P_5 的值；然后，我们绕 I 转动这个伸长的长度，直到它占据位置 IV_5。这就是加速度的突发和分路概念。在第二个过程中，我们把步阶 V_4V_5 加到步阶 IV_4 上，我们将达到步阶 IV_5（边码 pp. 252-253），也就是说，我们能够认为新速度 IV_5 是由旧速度 IV_4 借助平行四边形定律加上步阶或速度 V_4V_5 得到的。在这个例子中，平均加速率是用在给定时间间隔 t_4t_5 添加的步阶 V_4V_5 表达的。但是，如果我们把作为 P 和 V 运动的图即图 9 和图 13 加以比较，我们将会看到，在时间 t_4t_5 中加上 V_4V_5 对应于在时间 t_4t_5 加上 P_4P_5。不管怎样，后一种操作借助时间图把我们从平均速度或 OP 的平均变化的观念导致实际速度或 OP 在 P_4 处的瞬时变化；OP_4 的瞬时变化在 P_4 处的切线方向上，并被时间图在 Q_4 处的斜率量度（参见图 10）。恰恰以同一方式，IV_4 的瞬时变化将沿 V_4 处的切线，将用**对 V 的**
268 **运动而言的**时间图在相应点的斜率来度量。因此，正如我们在首次讨论该问题时那样，实际的加速度看来好像是 V 沿速矢端迹的速度。现在，不管 V_5 多么接近 V_4，不管我们给出伸长和旋转还是加

上小步阶 V_4V_5，两个过程的最后结果将是相同的。因此，我们能够把实际加速度或者视为 V 沿速矢端迹的速度，或者视为 IV 实际伸长和旋转的组合模式。[①] 伸长加速度的无论哪一种方法都导致相同的结果，二者对于描述各种各样的运动状态都具有特殊的好处。

在第一种情况中，实际的加速度用步阶表示；这个步阶的向位指明 V 运动的方向和指向，或者 IV 变化的速度；这个步阶中的若干长度单位指明 V 运动的速率的若干单位，或者实际上把在给定方向上的每单位时间添加到 P 的速度 IV 上的若干速率单位。所谓"在给定的方向上添加"，我们必须理解为，速度的增加必须是几何加法或用平行四边形定律相加（例如 $IV_5 = IV_4 + V_4V_5$，不管 V_4V_5 在概念上是多么小的概念）。

§14 曲率

另一方面，在有关加速度的突发和分路方法中，实际加速度将由两个因素详细说明：(i)速度突发或 IV 伸长的比率；(ii)速度分路或 IV 绕 I 旋转的比率（图 13，边码 p.263）。因为在第一种情况中实际加速度在 V_4 的方向是 V_4T 的方向或在 V_4 处的切线，所以作为一个法则很清楚，加速度将不在速度的方向[②]，而将部分地在

269

---

① 我们在这里就加速所陈述的东西正好同样多地适用于位置变化。回到图 9，我们可以把 OP 位置的变化视为用 P 沿它的路程的速度或 OP 实际上伸长和旋转的方式来量度。

② 例如，在 V_3 处，IV_3 恰好与在 V_3 处的切线的方向重合。在这种情形中，加速度的整个结果瞬时地伴随突发而无分路。

速度的方向、部分地在它的直角处表现出来。这个结果是如此重要,我希望读者将原谅我从稍微不同的立场考虑它。让我们设想加速度总是这样,以致它从不伸长 IV,让我们力图较为仔细一点分析这个实例。显然,如果 IV 从未伸长,如果速率从不突发,那么点 V 只能描绘一个圆,因为 IV 在长度上始终是相同的。不过,均匀的速率能够被认为与在无论什么曲线路程上运动的点相联系。设图 14 表示这个路程,设图 15 是圆的速矢端迹,用相同下标数字标明的两个曲线的对应点附属于字母 P 和 V。

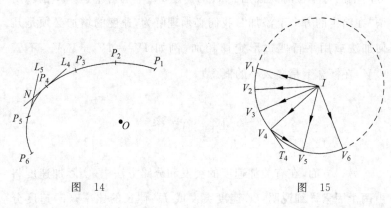

图 14　　　　　　　　　　　　　　图 15

270　　　现在,由于在这个例子中所有的加速度都依赖于运动方向的变化或路程切线的方向的变化,因而我们必须停留一会儿,考虑方向的这一变化或路程的**弯曲**可以在科学上如何描述和度量。例如,如果我们现在从点 P_4 在路程上行进到 P_5,P_4L_4,P_5L_5 分别是在 P_4,P_5 的切线(边码 p. 259),那么当我们越过曲线的长度 P_4P_5 时,曲线的方向连续地从 P_4L_4 变为 P_4L_5。这些方向之间的夹角是 L_4NL_5,显而易见,对于给定的曲线长度 P_4P_5 来说,这个角越大,弯曲的数量将越大。[①] 切线在给定的曲线长度内转过的角度的数量,是在该长度弯曲的总量的合适量度。因此,我们把曲线的线元 P_4P_5 的平均弯曲或**平均曲率**定义为在 L_4NL_5 的角度单位数与在曲线元 P_4P_5 处的长度单位数之比。于是,曲线任何部分的平均曲率是该曲线每单位长度的切线的平均转向。从平均曲率,我们能够达到当弧 P_4P_5 的线元是十分小时作为极限的**实际曲率**的概念,其方式与我们从平均速度达到实际速度的概念正好相同。这种在知觉中实际不能得到的、在概念中达到极限的过程是如此重要,以致我们将针对这个特例再次重复它,为的是读者今后自己 271 在发现和讨论这样的极限时不会有困难。因此,让我们假定,像在图 10(边码 p.255)的时间图中那样,点 $P_1,P_2,P_3,\cdots,P_6$ 之间的距离标绘出(图 16)向下的竖直线。沿着水平线 P_1M_6,不假定表示时间单位的长度单位,让它们表示角度单位[②]并设从 P_1 得来的单位数相继表示图 14(边码 p.269)中的切线 P_2L_2,P_3L_3,P_3L_3 等和曲线在 P_1 处的切线之间的角度单位数。例如,设 P_1M_4 表示在 272

---

① 我们在这里正在假定,在 P_4 和 P_5 之间弯曲的方向没有变化,曲线不像这样的:∽。我们总是能够保证,通过取充分小的弧长,没有这样的变化发生。

② 按照《欧几里得》iii,29 和 vi,33,位于相等弧上的圆心角本身也相等;如果我们使弧是原来的两倍或三倍,那么我们必然使角是原来的两倍或三倍;因此,弧似乎是角的合适量度。而且(克利福德的《精密科学的常识》,边码 pp.123-125),很容易证明,在它们各自的圆心对着相等角的不同圆的弧与它们的半径成比例。因此,如果我们把其半径是长度单位的圆看做是我们测量角度的标准圆的话,那么对于任何给定的角度,它的弧 c 与对着相同角度的半径为 r 的圆的弧 a 之比是 1 对 r,或用比例的形式 $c:a::1:r$,由此可得 $c=a/r$,或者任何角的**弧度法** c 是这个在任何圆的圆心角所对的弧 a 与这个圆的半径 r 之比。因此,弧度法中角的单位将是 a 等于 r 的单位,或对着与半径相等的弧的单位。这个单位被命名为**弧度**,它普遍地用于理论研究中。

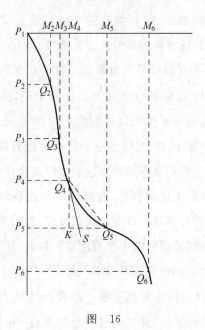

图　16

P_1 和 P_4 处的切线之间的角；设 P_1M_5 表示在 P_1 和 P_5 处的切线之间的角，如此等等。现在，在图 16 中通过点 M_2，M_3 等画竖直线，通过点 P_2，P_3 等画水平线，假设这些线一对一对地在点 Q_2，Q_3 等相交。于是，我们有一系列的点 Q，这些点像我们在图 14 中增加点 P 那样在数目上增加，在概念上最终给我们以在图 16 中用连续的线标明的曲线。这样得到的图是图 14 中的弯曲图或曲率图。例如，在长度 P_4P_5 中的平均曲率是图 14 中的角 L_4NL_5 与长度 P_4P_5 之比，或者同样也是在图 16 中的 M_4M_5 的单位数与 P_4P_5 的单位数之比。但是，如果把 Q_4K 画得平行于 M_5Q_5 从而在 K 处与 P_5Q_5 相交，那么这个比率就是 KQ_5 比 Q_4K，或者是弦 Q_4Q_5 对

垂直线 P_1P_6 的**斜率**。于是,曲率图的任何弦对垂直线的斜率,度量在图 14 中曲线对应部分的平均曲率。当我们通过使 Q_5 向 Q_4 运动而让弦 Q_4Q_5 变得越来越小时,平均曲率变得越来越接近在 P_4 处和 P_4 周围的平均曲率;但是正像在边码 p.259 上那样,弦变得越来越接近在 Q_4 处的切线。因为我们把实际曲率定义为在越过 P_4 处的曲线的小长度趋于零时的平均曲率,所以我们看到,在 P_4 处的实际曲率是在曲率图的对应点 Q_4 处切线 Q_4S 对垂直线的斜率。因此,这个曲率,从而实际曲率,在任何曲线的每一点都是可度量的量。[①]

273

§15　曲率和法向加速度之间的关系

再次回到图 14 和图 15,我们注意到,长度 P_4P_5 上的平均曲率是在 L_4NL_5 处的角度单位数与曲线 P_4P_5 的线元的长度单位数之比。现在,长度 P_4P_5 中的速率是常数并且等于 IV_4;因此,如果

---

① 圆心 O 的任何弧 ab 上的平均曲率是在它的端点处切线之间的夹角的比率,同样也是圆心角 aOb 对弧 ab 的比率,由于切线垂直于半径 Oa 和 Ob。但是我们在边码 p.271 脚注中看到,这个角用**弧度**度量是弧 ab 与半径之比。由此可得,圆的平均曲率等于半径的倒数(或用半径除 1)。因为这一平均曲率与弧的长度无关,所以由此可得,每一点的曲率必定是相同的,并且等于半径的倒数。由于圆的半径能够取从零到无限大的每一个值,因而总是能够找到在给定点与曲线具有相同的弯曲量的圆,从而该圆在给定点比任何其他半径的圆更密切地符合曲线。这个圆的半径被命名为该曲线在给定点的**曲率半径**。因此,曲线的曲率是它的曲率半径的倒数。

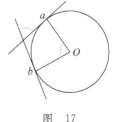

图　17

274 点 P 在若干分钟(我们将用字母 t 表示)越过这一长度,那么由于速率是每分长度单位数,所以长度 P_4P_5 等于 IV_4 和 t 的积(或用符号表示为 $P_4P_5=IV_4\times t$)。进而,由于角 L_4NL_5 也在时间 t 经由切线而转向,从而角 L_4NL_5 与 t 之比是切线在时间 t 转动的平均比率,或是切线的**平均旋转**(或者,如果用字母 S 表示平均旋转,我们用符号可写出 $L_4NL_5=S\times t$)。从这些结果立即可得,等于 L_4NL_5 与 P_4P_5 之比的平均曲率必定同样是平均旋转 S 与平均速率 IV_4 的比率。因此,我们可以直接把运动与曲率联系起来。

在概念上进行到极限,我们就有重要的运动学的结果:**如果一点沿曲线运动,那么该点的切线的旋转与该点的速率之比是该点在每一种状况中的实际曲率。**

留下来的是把这一结果与加速度联系起来。在该例子中我们处理的加速度是 V 沿它的圆的速度(图 15)。例如,在 V_4 处的这个加速度是沿图的切线 V_4T_4,或与 P 的速度的 IV_4 方向成直角(图 14);正如我们看到的,它从而具有纯粹的突发结果而无分路结果。现在,由于 IV_4 和 IV_5 被画得分别平行于在 P_4 和 P_5 处的运动 L_4P_4,L_5P_5 的方向,由此可得,两对平行线之间的夹角 L_4NL_5 和 V_4IV_5 必然相等。因而,切线从 P_4 到 P_5 的平均旋转必

275 定是角 V_4IV_5 与 P 从 P_4 到 P_5,也就是 V 从 V_4 到 V_5 的时间 t 之比率。但是,角 V_4IV_5 的大小是(参见边码 p.271 脚注)是弧 V_4V_5 与半径 IV_4 之比。进而,弧 V_4V_5 与时间 t 之比是 V 从 V_4 到 V_5 的平均速率(边码 p.260)。由此可得,切线的平均旋转(图 14)是 V 的平均速率与半径 IV_4 之比。使 P_5 越来越接近 P_4,从而 V_5 也越来越接近 V_4,平均值变成在 P_4 和 V_4 处的实际值;因此,我们得

出结论,切线在 P_4 的实际旋转是 V 在 V_4 的实际速率与 IV_4 之比,或者换句话说,与 P 的速率之比。于是,切线的旋转是 V 的速率与 P 的速率之比。但是,V 的速率在这个例子中是全为分路的加速度的大小。我们因而得出结论,在 P 处的分路的比率恰恰是用切线的旋转和 P 的速率之积量度的(或者用符号写为:分路加速度 $S \times U,U$ 是 P 的速率)。可是,我们在上面看到,曲率是切线的旋转与 P 的速率之比(或用符号表示:曲率 $=S/U$)。因此,把两个结果结合起来,我们发现,在这个例子中分路加速度正好是用曲率和速度的平方之积量度的。[①] 这个加速度是在方向 $V_4 T_4$ 上发生的,或者垂直于运动在 P 处的方向。

　　稍加考虑将向读者表明,我们就垂直于运动的加速度推导出 276 的表达式不会改变,尽管在 P_4 和 P_5 之间的速率变化。因为再回到图 13 时,我们注意到 IV_4 变成 IV_5。这能够认为是以下述两个阶段完成的(边码 p.267):(i)绕 I 转动 IV_4 而不把它的长度变为位置 IV_5;(ii)在新位置把 IV_4 伸长为 IV_5。第一阶段对应于我们刚才处理的运动类型,或没有突发的分路加速度;第二阶段对应于没有分路的突发加速度的情况。在 IV_5 无限地趋近 IV_4 时的极限处,第一阶段给我们以**垂直于**运动方向的加速度分量,第二阶段给我们以在运动方向上的加速度的分量。依据上面的推理,前者被看做是用速率的平方和曲率之积量度的。

---

　　① 若 r 是曲率半径(参见边码 p.273 脚注),则 $1/r$ 将是曲率;如果我们把加速度的这一分量命名为**法向加速度**,那么根据上面的结果,我们就有三个相等的值:法向加速度 $= \dfrac{U^2}{r} = S \times U = rS^2$。

§16   运动的几何学中的基本命题

在重述我们的结果之后，我们现在能够引出一两个重要的结论：

加速度具有突发组分和分路组分。

突发加速度发生在运动的方向上，是用速率增加（或者也可以说减少）的比率量度的。

分路加速度发生在垂直于运动的方向上，它是用曲率和速率平方之积量度的。

这两种加速度类型通常被说成是**速率加速度**和**法向加速度**。

从这些结果我们可以得出结论：

1. 如果一点未被加速，那么它将以均匀的速率描绘一条直线。由于将不存在突发，因此速率是均匀的；由于将不存在分路，因此路程必须具有零曲率，没有弯曲的路程只能是直线。**只有既非均匀速率亦非零曲率才表示没有加速度。**

2. 当一点被强制在给定的路程上运动时，在每一位置法向加速度可由速率和路程的形式即它的曲率或弯曲来决定。在这种情形中，问题是从速率加速度中发现速率。

3. 当一点在给定的平面自由运动时，如果我们知道它在任何一个位置的速度和它对所有位置的加速度，那么它的运动能够在理论上被确定。因为从法向加速度和速率，我们能够计算路程弯曲的初量；从而可知路程的初始形式。对于这个初始形式上的密切邻接的位置，我们能够由速率加速度决定因这种位置变化而引起的速率变化。因此,我们得到在新位置的速率。从新位置的速率和在这个位置的法向加速度,可以推导出下一个小路程元的弯曲。这个过程可以像我们乐意的那样经常重复,直到建构出运动的整个路程。可以把位置的相继视为如此密切地在一起,以致我们可以得到任何所需要的精确度的路程的形式。在知道它在每一点的路程和速率后,我们能够构造像图 10(边码 p.255)那样的时间图。因为我们从速率知道 Q 曲线每一点的斜率。因此,我们以在初始速率给定的斜率上画一个小线元开始,比如说画 P_1Q_2;这个线元借助水平线 Q_2P_2 并通过它的端点 Q_2 给出从初始位置起的距离上的新位置;这个新位置的速率决定了曲线下一个小线元 Q_2Q_3 的斜率;Q_3 借助水平线 Q_3P_3 给出具有每三个速度的第三个位置,从而给出第三个线元的斜率,这个过程能够继续下去,直到我们用相继的小线元构造出时间图。由于所取的这些线元足够小,我们使结果的折线与时间图的真实曲线的差别像我们乐意的那么小。现在,我们看到,当路程图和时间图已知时,运动便被充分描述了。于是我们得出结论:**给出一点在任何位置的速度和该点在所有位置的加速度,点的运动便被充分地决定了。**①

这个命题是我们对宇宙的力学描述之整体的基础。正确地解释,它包含我们能够就自然的"机械决定论"所断言的一切;错误地诠释,它是粗糙的物质论的基础,这种物质论把宇宙描绘成客观的

---

① 我们证明,在所有位置的初始速度和位置以及加速度决定路程图和时间图,证明的方法只不过是理论的构造法。构造这些曲线的实际方法包括最高超的数学分析。在这里,我们的目标仅仅是证明,运动在理论上是由上面各种量的知识决定的。

物质物体的集合,这些物质物体永久地把某些运动相互强加,把对这些运动的知觉强加给我们。该命题准确地告诉我们的是:或者通过给出路程和该路程每一位置的时间,或者通过给出任何一个位置的速度和所有位置的加速度,就能够充分地决定即描述一个运动。我们乐意地对待两种不同的**描述**运动的模式,两者之中无论哪一个都能够从另一个推导出来,但是,两者之中无论哪一个都不**说明**运动为什么发生,或者都不能说明在物质论者的含义上"决定"它。

§17　运动的相对性。它的来自简单组分的综合

还留下一个观点,需要引起读者的注意。我们的点 P 的整个运动(图 9,边码 p. 251)被认为是相对于点 O 的。我们从相对于 O 的位置开始,从而得到,我们正在讨论的速度和加速度也描述运动相对于 O 的变化。因此,**绝对**速度和**绝对**加速度像绝对位置一样,都被看做是无意义的。如果点 O 和 P **二者**具有它们的以相同方式加速的运动,那么相对路程不会变化,就像以我们乐意的任何方式移动印有图表(图 9)的书页而不会改变图表一样。但是,所有运动是相对的事实立即把我们引向十分自然的问题:我们如何从相对于一个极 O 的点的运动行进到相对于第二个极 O' 的运动呢?我们必须在某种程度上密切地注视这个点,因为它包含某些重要的结果。

让我们假定 P 相对于 O 的运动是已知的,O' 相对于 O 的运动

是已知的,我们要求找出 P 相对于 O' 的运动。设 P_1, P_2(图 18)是 P 相对于 O 的两个相继的位置,O_1', O_2' 是 O' 的相应的位置。这样一来,$O_1'P$ 是测量 P 相对于 O' 的第一个步阶,$O_2'P$ 是第二个步阶。从 O_1' 画 $O_1'P_2'$ 平行并相等于 $O_2'P_2$,那么 $O_1'P_1$ 和 $O_1'P_2'$ 给出 P 关于 O_1 的相对运动,在给定时间间隔的相

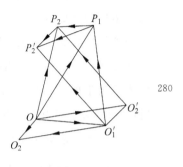

图 18

对位移是 P_1P_2'。现在,画 $O_1'O_2$ 平行并等于 $O_2'O$,于是 $O_1'O$ 和 $O_2'O$ 或 $O_1'O_2$ 给出 O 关于 O' 的相对位置。但是,由于平行四边形的对边相等,从而 OO_2 等于 $O_2'O_1'$,等于 P_2P_2'。因此,P_2P_2' 等于 O 相对于 O' 的位移。但是,在步阶的几何学(边码 p.252)中:

$$P_1P_2' = P_1P_2 + P_2P_2',$$

或换言之:P 相对于 O' 的位移等于 P 相对于 O 的位移**几何**加 O 相对于 O' 的位移。现在,不管这些位移可能多么大或多么小,这个结果都为真,这些位移用对它们全体都是相同的时间间隔的单位数去除,表示这个时间间隔内的平均速度。因此,我们得出结论:P 相对于 O' 的平均速度等于 P 相对于 O 的平均速度**几何**加 O 相对于 O' 的平均速度。如果我们把时间间隔,从而把位移取得越来越小,那么平均速度在极限上变成实际速度。这些实际速度总是具有位移 P_1P_2',P_1P_2 和 OO_2 的方向,这些位移最终从弦变成相应的路程的切线;进而,由于时间间隔对于所有位移是相同的,这些速度的大小或速率总是与三角形 $P_1P_2'P_2$ 的边 P_1P_2',P_1P_2 和 P_2P_2'(或 OO_2)成比例。因此,平均速度以及最终实际速度总是形

成三角形的三边,这些边平行和比例于三角形 $P_1P_2'P_2$ 的边,不管后一个三角形变得多么小情况均如此。于是,P 相对于 O' 的实际速度形成三角形的一个边,P 相对于 O 和 O 相对于 O' 的实际速度形成三角形的其他两个边。换句话说,P 相对于 O' 的实际速度,可由 P 相对于 O 和 O 相对于 O' 的实际速度通过它们的几何相加或通过**平行四边形定律**而得到。正像 P 相对于 O' 的位置是通过把平行四边形定律用于步阶 $O'O$ 和 OP(边码 p. 253)找到一样,我们也可通过把同一定律用于 P 相对于 O 和 O 相对于 O' 的速度而得到 P' 相对于 O' 的速度。十分类似的证明向我们表明,P 相对于 O' 的加速度可以用相同的方式从 P 相对于 O 和 O 相对于 O' 的加速度得到。因此,对于从 P 相对于 O 的运动行进到 P 相对于 O' 的运动,我们得到一个方便的法则——平行四边形定律。

　　可以从多少有点不同的立场来看待整个这一讨论。我们可以假定,P 对于 O 的运动所发生的纸面总是作为一个整体运动,以致点 O' 依然是静止的。为了做到这一点,我们必须不断移动纸,使 O_2' 退到 O_1',$O_2'O_1'$ 将度量纸的合适移动。这显然把 P_2 向前带到 P_2',把 O 向前带到 O_2。从而,P 相对于 O' 的运动可以看做是 P 的运动归因于两个来源——P 对于 O 的和包含 P 与 O 的平面的运动;这后一运动是 O 对于 O' 的运动,或者是与 O' 对于 O 的完全任意的运动相等的和相反的。因此,我们得出结论,如果 P 点具有两个独立的速度(对应于位移 P_1P_2 和 P_2P_2' 的极限),那么 P 的实际速度将通过这些速度的几何相加而得到。这个陈述通常被命名为**速度的平行四边形**。严格类似的陈述对于独立的加速度也成立(边码 p. 253),它被命名为**加速度的平行四边形**。关于这些重要的

282

结果,我们将有机会再次提及。因此,我们用普遍的陈述得出结论:运动点的独立的位移、独立的速度和独立的加速度,像我们作步阶加法那样分别地几何相加,或用所谓的平行四边形定律分别地相加。

这个组合法则的价值在于,他给予我们以从简单的实例造成复杂的实例的能力。作为经验的结果,如果我们发现,一个加速度的知觉前件①可以叠加在第二个加速度的知觉前件上,而且这些加速度在我们测量它们的精细程度上不改变它们的值,那么加速度的平行四边形作为**综合**的模式,或作为从简单的东西构造复杂的东西的模式,将是十分宝贵的。应用于行星运动的引力定律,就是这样的综合的价值的一个显著例子。

在这一章,我们看到,点的相对的位置、速度和加速度可以被定义、描述和测量。我们在整个几何学观念的概念领域中搜集着。我们然后询问,可以如何应用这些概念描述我们在现象世界中变化的知觉经验。在我们把物理宇宙还原的微粒的理想舞动中,在我们借用来描述和概述我们感觉印象的原子的疾驰中,这三种因素即位置、速度和加速度是如何相互关联的呢?我们如何构想这些微粒的相对位置的变化呢?它们的运动速率和方向是如何变化呢?经验告诉我们相对位置产生确定的速率或确定的突发和分路吗?这些问题的答案在于所谓的物质的性质和运动定律,这将是

① 所谓"知觉前件",我们必须在科学的含义上理解为**原因**,但是该词未用于上面的段落,因为读者可能设想加速度的原因是形而上学的(和不可知觉的)实存即**力**,而它实际上存在于**可知觉的**相对位置之中(边码 p.345)。

我们下述两章的论题。

284

摘　　要

1. 我们借以描述和测量变化的所有运动都是几何学的极限,从而不是实在的知觉极限。它们是在混合的运动模式下区分和分类我们知觉经验的内容。这些形式首要的是点运动、刚体的旋转和胁变。运动是相对的,从来也不是绝对的;例如,在没有点运动被认为与之相关的参照系的情况下,谈论点运动是无意义的。

2. 点运动的分析把我们导致速度和加速度的概念,第一个概念是位置瞬时变化的方式的恰当量度,第二个概念是速度本身如何变化的恰当量度。人们发现,当在任何一个位置的速度和所有位置的加速度被给定时,运动就被充分地决定,或可以在理论上推导出它的路程和在每一时刻的位置的完备描述。

3. 作为把运动组合起来的普遍法则的平行四边形定律,是由简单运动构造复杂运动的综合的基础。

文　　献

Clerk-Maxwell, J. -*Matter and Motion*, chaps. i and ii, London, 1876.

Clifford, W. K. -*The Common Sense of the Exact Sciences*, Chap. iv "Position," and Chap. v "Motion"; London, 1885. Also for a more advanced treatment the same writer's *Elements of*

Dynamic ,Part i,Book i,Chaps,i and ii;Book ii Chaps. i and ii;Book iii Chap. i;London,1878.

Macgregor,J. G.-*An Elementary Treatise on Kinematics and Dynamics*, Part i, "Kinemeatics," Chaps. i-iii, v and vii, London,1887.

第七章 物质

§1 "万物皆运动"——但只是在概念中运动

生活在大约公元前五百年的一位古希腊哲学家,把短语"**万物皆流**"选做概括他的学说的格言。在很长时间之后,人们并不理解赫拉克利特意味着什么——他是否理解他自己,也是值得怀疑的——故戏称他为"朦胧的赫拉克利特"。但是,在今天我们发现,当近代科学说:"万物皆运动"时,它几乎重复着赫拉克利特的格言。像简明概述广泛真理的所有格言一样,如果要使它不被误解,那就需要阐述和说明近代科学的这一格言。所谓"万物皆运动"一语,我们必须逐步地理解,科学发现它有可能用相对运动的类型描述我们的知觉变化的经验:这种运动是理想点、理想刚体或理想的可胁变的介质的运动,这些理想的东西对我们来说是作为实在的感觉印象世界的记号或符号而有效的。通过讨论理想的几何学世界——它对我们来说作为知觉世界的概念表象而有效——的相对的位置、速度、加速度、转动、旋转和胁变,我们诠释、描述和概括这个实在的感觉印象世界的结果。在第五章,我们看到,空间和时间本身并不符合实际的知觉,而是我们在其下知觉和借助其辨别感觉印象群的**模式**。这样一来,运动作为空间与时间的组合本质上是知觉的模式，它本身并不是知觉（边码 p. 231）。对这一点认识得越清楚，读者将能更明确地鉴赏，"物体的运动"不是知觉的实在，而是我们用以表示这种知觉模式和藉以描述感觉印象群的变化的概念方式；知觉实在是挤进大脑电话局的复杂而多样的感觉印象。来自几何学运动的概念世界的结果与我们对于外部现象世界的知觉经验如此密切地一致，这是知觉官能和推理官能之间一致的一个侧面，我们在本书的早先部分已强调了这一点（边码 p. 124）。

　　从赫拉克利特到现代科学家的进展在何处呢？一些人并非不公正地称该格言是朦胧的，而另一些人则宣布——并正确地宣布——在他的格言的发展中发现了我们关于物理宇宙的知识的基础，这是为什么呢？差异在于此：赫拉克利特听任他的流未描述和未度量，而近代科学则把它的最大精力投入每一个和每一种运动类型的研究和分析，这些运动类型能够用来作为描述和概括感觉印象的任何结果的工具。物理科学的整个目标是发现理想的基本运动，这将能使我们用最简单的语言描述最广泛的现象；它在于借助几何学形式群的几何学运动使物理宇宙符号化。要做到这一点就是要机械地构造世界①；但是，必须注意，这种机械论是概念的产物，而不在于我们的知觉本身（边码 p. 139）。对读者来说，在初次陈述时，这好像是令人惊讶的，但是无论如何为真的是，心智要明确地认清任何事物的运动既不是几何学的点，也不是连续曲面所约束的物体，则是徒劳的斗争；心智绝对反对任何事物运动的概

287

---

　　① 这个词在这里是在基尔霍夫的科学含义上使用的，而不是在格拉德斯通（Gladstone）先生的流行意义上使用的；参见边码 pp. 137, 139。

念,但是正如我们看到的,心智并不反对这些是在知觉领域不可实现的极限的概念创造。如果现象世界像科学藉以使之符号化的概念世界那样是运动物体的世界——物质论者想使我们相信如此,如果我们必须断言原子和以太的知觉存在的话,那么在这两种情况下,我们都不能认为运动着的终极要素是除几何学理想的知觉外观以外的任何东西。可是,就我们的可感觉的经验而论,这些几何学理想不具有现象的存在!因此,我们显然没有权利推断,我们整个经验直到现在向我们表明仅在概念领域存在的事物是知觉的基础。通过把与邻近的知觉层面截然不同的一大堆概念投射到其中,而填充我们知觉经验的空隙,是绝对不合逻辑的。乔治·亨利·刘易斯说:"断言我们无论何时都能够形成不自相矛盾的明晰观念,这些观念必然地表达了自然的真理",这是"一个深刻的心理学的错误"。① 我们觉得可以肯定,读者将发现,要构想除几何学理想以外的任何东西作为现象基础上的运动要素,是不可能的。不管怎样,构想某种其他东西的尝试是值得的,因为它不可避免地导致我们得出结论,术语"运动的物体"当用于知觉经验时就不是科学的了。在外部知觉中(边码 p. 219),我们有感觉印象和或多或少持久的感觉印象群。这些感觉印象群改变、分解、形成新群,即它们**变化**着。关于这些在大脑电话局接受到的音信,或者关于它们的群,我们不能说它们运动——它们出现、消失和再出现。变化而非运动是应用于它们的正确术语。正是仅仅在概念领域,我

_____

① 尤其是参见他的《亚里士多德:来自科学史的重要篇章》(*Aristotle: a Chapter from the History of Science*, London, 1864)的§§69,69a 和 108。

们才能够恰当地谈论物体的运动;正是在那里而且只有在那里,几何学形式变化它们在绝对时间中的位置即**运动**。在知觉领域,运动无非是描述我们用以辨别和区分感觉印象群的混合模式的流行表达。

§2　三个问题

我们谈到物体的运动是知觉经验的事实,这主要是由于与即时的感觉印象结合在一起的构造性的要素(边码 p.49)。[①] 这些构造性的要素是从我们关于变化的概念引出的,而变化概念则十分自然地来自受限制的知觉;为了证明它们的纯粹理想的特征,需要比较深刻的知觉经验(边码 p.203)。但是,读者也许在没有进行比较周密分析的情况下几乎不准备接受这样的结论:变化是知觉的,运动是概念的。这种分析可以概括为三个问题:**运动的东西是什么? 它为什么运动? 它如何运动?**

首先,我们必须确定,我们正在询问的这些问题是属于概念领域,还是属于知觉领域? 如果它是前者即科学借助其描述感觉印象序列的符号运动的世界,那么这些问题就容易回答。运动的事物是点、刚体和胁变的介质,个个都是几何学的概念。询问它们为什么运动就是询问我们究竟为什么要形成概念,最终就是询问科

289

① 作者并不反对诸如"太阳运动"、"列车运动"这样的表达的流行用法。二者运动——在概念中运动;在知觉中存在感觉印象的变化。只要空间被看做是知觉的模式,它本身并不是现象,那么这个结论是不可避免的。

学为什么存在。最后,它们运动的方式是能使我们最有效地描述我们知觉经验结果的方式。

如果我们转向知觉领域并询问运动的东西是什么以及它为什么运动,那么我们便不得不供认我们自己绝对不能找到无论什么答案。一些科学家说,我们这些无知的人将总是无知的。我们实际上是无知的将是本章的主题,但是我相信,这种无知不是由于我们的知觉官能或推理官能的局限产生的。确切地讲,它是由于我们询问不能回答的问题。我们可以合理地询问,为什么感觉印象的复合变化,但是按照上面表达的观点,运动不是知觉的实在,因此就知觉领域而言,询问什么运动和它为什么运动是徒劳的。随着对运动的概念性质的更精确洞察的增长,我相信这些问题将像有关女巫的蓝牛奶和星宿的影响的古老问题一样烟消云散(边码 p.27)。无论如何,随着它们的消散,物理科学将永远地解除关于从经院哲学传统继承下来的物质和力的形而上学困难。因此,对头两个问题的真正回答似乎不是不知道;它可以是对感觉印象变化问题的真正回答(参见边码 pp. 129,288)。第三个问题——事物如何运动——要具有任何真实的价值,也需要重新叙述,但是当重述时,它便并入就概念领域询问的同一问题中去了。我们必须询问,什么是最适宜于描述我们知觉经验状态的运动的概念类型。对这个问题的回答形成了我们下一章的论题。

我的一些读者也许觉得倾向于认为,我们在讨论中完全舍弃了常识的水准。什么运动?噢,他们将说,自然物体运动是常识的回答。但是,常识往往是理智冷漠的名字。由于我们是爱打破砂锅问到底的人,因而自然要问这些物体是什么,我们将有可能被告知它们是**物质**的量吗。我们对我们的问题是执著的,我们还要问,那么物质是什么呢? 情况不许我们以这样的答复搪塞:物质是运动着的东西。于是,我们所能做的一切是给运动的事物一个名称,但是在这样做时,我们却无法成功地定义或描述它。读者也许设想,对物质本性的洞察将会通过请教所接受的科学教科书而获得。因此,让我们审查一两个陈述吧。

291

§3　物理学家如何定义物质

第一个作家说:"**物质是人的心智的原始概念**",不止一本基础教科书向我们提供实际相同的定义。现在,这一陈述的朦胧和违背逻辑只有形而上学家的刚愎自用才能担当。[①] 我们被告知,物质是在现象世界中运动着的东西,而且,如果断言物质是人的心智的原始**知觉**,那么我们恐怕不怎么明智,不过无论如何该陈述不会是无意义的。但是,也许这句话不能在文字上看做意指原始概念实际上在知觉中运动,而仅仅意指我们能够直觉地形成什么在知觉中运动的概念——知觉的东西实际上符合概念的东西。在这种

---

① 黑格尔说:"物质只不过是对他物的抽象的或不确定的反思,或者同时作为确定的是对本身的反思;因此,它是在此时和此处现存之物——事物的实体或根据。用这种办法,事物在物质中找到它对本身的反思;它不存在于它自己本身之中,而存在于物质之内;它只是它们之间的表面结合,或者是它们之上的外部联结。"(《黑格尔的逻辑学》(*The Logic of Hegel*),W. Wallace 译,Oxford,1874,p. 202)我们可以嘲笑这样的朦胧,但是 19 世纪最后十年在我们的大学中却应该教它们,对于未成熟的心智来说,主要由于浪费公共开支,这与其说是一项娱乐事业,不如说是一项悲哀的事业。大肆滥用的经院哲学家从来也比不上黑格尔的泥潭,即使在它们被转移到英国国土之前也是这样。

292 情况下,我们再次重新依靠这样的事实:概念运动是几何学理想的
运动,这些在不精确的含义上符合我们的知觉。的确,如果物质完
全是像圆概念一样的概念,那么它应该是一个明晰而确定的观念,
而诚实地问自己他对物质**抱有**什么**想法**的读者会发现,答案是不可
能的,或者他在尝试回答时,却越来越深地陷入形而上学的泥潭。

　　向前行进,我们自然地转向当代最伟大的英国物理学家之一
克拉克-麦克斯韦的小册子《物质和运动》。这是他就物质写下的
东西:

　　**"只有当某种东西可以具有从其他物质传达给它以能量,并且
反过来它把能量传达给其他物质,我们才能认识物质。"**

　　现在,这看来好像是某种确定的东西;我们能够理解物质的唯
一道路是通过它传输的能量。那么,能量是什么呢? 在这里,克拉
克-麦克斯韦回答:

　　**"另一方面,只有当在所有的自然现象中某种东西不断地从物
质的一部分传播到另一部分,我们才知道能量。"**

　　我们所有的希望都破碎了! 理解能量的唯一道路是通过物
质。物质借助能量来定义,而能量又借助物质来定义。现在,克拉
克-麦克斯韦的陈述作为简明地表达某些概念过程的性质是极其
有价值的,我们正是借助这些过程描述我们知觉经验的某些状态,
但是作为定义物质,它们与物质是运动着的东西的陈述相比,并未
使我们更进一步。

293　　　我们现在转向威廉·汤姆孙爵士和泰特教授的《论自然哲
学》——关于它本身的物理科学分支的标准英语著作。这些作家
在 §207 告诉我们:

"当然，我们不能给**物质**下一个将使形而上学家满意的定义，但是博物学家可能满足于认为**物质是能够被感官知觉的东西**，或者是**能够被力作用或能够施加力的东西**。这些定义的后者，事实上前者也包含着**力**的观念，谈到事实，力是感官的、可能是我们所有感官的，而且肯定是'肌肉的感官'的直接对象。为了进一步讨论**物质是什么**的问题，我们必须提及我们的论'物质的性质'一章。"

博物学家今日必然不满意形而上学家，就像他必然不满意神学家一样，同情本书的读者马上将承认这一点。但是，博物学家必定以科学精神探索和质疑每一个陈述，不管据以提出它的权威多么高；他进而必须探询关于物理事实的陈述是否也与他的心理经验一致。科学不能被分割为没有相互关系、没有相互依赖、没有相互交流的分隔空间。科学及其方法形成一个整体，如果物理学的定义不在心理学上为真，那么它在物理学上则不为真。现在，我们看到，知觉的内容是感觉印象和存储的感官印记，能够被感官知觉的是这些且仅仅是这些。我们的作者打算把所有的感觉印象定义为物质吗？他们愿意称颜色、硬度和疼痛是物质吗？我认为这几 294
乎不可能；他们也许想告诉我们，某些感觉印象群的**源泉**是他们所谓的物质；但是，这不是他们所说的东西。即使他们说的是它，他们自己必须清楚地认识到，他们超越了感觉印象的幔幕，并假定了现象世界背后的"物自体"(边码 p. 87)。于是，他们会看到，他们无意识地努力使形而上学家满意，而他们曾经如此正确地否认了形而上学家的权威。这种使"形而上学家满意他们自己"的无意识的尝试，被重新使物质依靠**力**的第二个陈述进一步证明了。但是，对这些作者来说，**力**是运动的原因（§217），这不是在先行的或伴随的感觉印象的输入上——例如相对位置就是这样——而是在运动动因的形而上学意义上。确实，他们没有把这种运动动因放在感觉印象之后；他们甚至把它描绘成"感官的直接对象"，但是从心理学的立场来看，力或者必须是感觉印象，或者必须是感觉印象群，因为它作为感觉印象的源泉和对象也许是纯粹形而上学的。但是，力作为我们身上的感觉印象群，不能是在客观世界中**引起**运动的东西。至于我们对力的肌肉的鉴别，我们以后将会找到机会重返这个方面。不管怎样，我们不应当对这些作者关于物质的评论大加强调，因为他们明确地告诉我们，物质将在他们的著作的另一章进一步讨论。不幸的是，他们大作的这部分从未出版，尽管他们在二十多年前就写了上面的评论。或许，假如他们重返这个课题，他们会认识到，如果物质一词在他的正文中没有在他们的索引中出现得那么频繁，那么他们的著作对物理学家来说**丝毫**不会失去其无可估量的价值。

不过，《论自然哲学》的两位作者之一出版了一部独立的著作，题为《物质的性质》。在这本著作的第 12-13 页，我们发现有不少于九个物质的定义或描述，在第 287-291 页，有不少于 25 个，可是所有这些关于物质的陈述距离使物质变得可理解还相差如此之远，以致泰特教授本人写道：

"我不知道而且也许不能够发现物质是什么。"又说："发现物质的终极本性恐怕超越了人的理智的范围。"

现在，这些陈述标志着在《论自然哲学》的立场上的显著进展。它们至少将启发读者，对物质在科学专论中**处处**出现的权利提出质疑,并不仅仅是我这一方的狂想。当一位作者告诉我们它是人的心智的原始概念,而另一位作者告诉我们它也许超越了人的理智的范围时,我们对在某个角落讥笑的形而上学家有一种不自在的感觉。如果我们的第一流的科学家或者无法告诉我们物质是什么,或者甚至走得更远,以至于断言我们也许不可能知道物质是什么,那么质疑形而上学家的偶像是否需要保存在科学的圣殿里,的确是时候了。

§4 物质占据空间吗?

重新回到泰特教授那里。他称他的书为《物质的性质》,读者将说,这意味着实有物,而且是十分确定的实有物。现在,为了分类我们的感觉印象,把具有某些突出特征的特定感觉印象群命名为"物质的感觉印象"无疑是有用的,这些物质的感觉印象就是泰特教授在物质的性质之下处理的东西。正是泰特教授这位无意识的形而上学家,把这类感觉印象群聚在一起,并假定它们作为性质来自某种超越知觉范围的东西即物质。① 作为物质的工作定义,泰特教授认为我们可以说:"**物质是能够占据空间的无论什么东西。**"现在,这个定义将导致我们若干观念,把这些观念追究到底是

---

① 泰特教授的无意识的形而上学几乎在他关于物理科学的基本概念的专著的每一页中都出现了。因此,他断言"物质的客观性",尽管我们被告知力不是客观的而是主观的。虽说这样断言,但是"物质仿佛是力的玩物"。这种无,这种"我们肌肉感觉的纯粹的幽灵似的暗示",这种力,如何成为客观的玩物呢,形而上学家要说明它真是步履维艰。

有启发性的。首先,该定义所适用的是知觉空间还是概念空间?如果是后者,那么物质就必须是几何学形式,我认为我们的作者并非意指这一结果。我们认为很可能,泰特教授把空间本身视为客观的,虽然他避免就这个实际上重要的争论点(边码 p. 47)作任何确定的陈述。不管怎样,从我们本书的立场来看,空间是我们区分共存的感觉印象群的模式,因此,只有感觉印象群才能被说成"占据"空间。这个定义因而会导致我们把物质与感觉印象群等同起来,在实际的日常生活中,我们命名为物质的事物肯定是或多或少持久的感觉印象群,而不是超越感觉印象的不可知的"物自体"。现在,对于我们把某些或多或少持久的感觉印象群分类在一起并把它们命名为物质,不能存在科学的反对理由,这样做实际上导致我们十分接近约翰·斯图亚特·穆勒的作为"感觉的持久可能性"的物质定义①,但是这个物质定义却完全导致我们离开了作为运动的事物的物质。几乎不能够说,重量、硬度和不可入性**运动**;这些是大脑电话局的感觉印象;它们的群聚,它们的改变和相继可以导致我们达到运动的**概念**,但是感觉印象本身不能被说成是运动;它在大脑电话局的末端,或者不在那里。为了把运动引进感觉印象的领域,我们不得不把颜色、硬度、重量等与几何学形式结合起来,在进行这样的构造(边码 p. 49)时,我们从知觉的层面行进到概念的层面。我使我的手运动;我完成这一运动的能力取决于我

①　《逻辑的体系》(*System of Logic*),bk. i,chap. iii. 感觉印象以或多或少持久的状态复现,这是在我们的生活中的每时每刻中我们所具有的经验。存在着"感觉印象的持久的可能性"。我们并未被迫就寓居于**超感觉的**实体物质断言任何东西。

构想我的手以连续的曲面为边界。如果物理学家告诉我,我的手是分立的分子的聚合,那么我关于手的运动的观念便重新依靠一大群分子的运动。但是,对于单个分子也出现同样的困难。我可以通过假定分子本身是原子的组合越过困难,但是除非原子的运动以连续的曲面为界或者是一个点,否则我不能构想它。摆脱困难的其他道路只有构造更小的原子的原子(气体元素的光谱分析呈现出某些现象,完全可能诱使我们相信,不能设想原子是"物质的"终极的或"原初的要素"),但是这些更小的原子怎么样,它们是几何学的理想,或者它们是由更微小的原子构成的,若如此则我们必须在何处停止? 这个过程使我们想起斯威夫特的诗句:

　　"博物学家这样看到,

　　跳蚤还有捕食它的更小的跳蚤;

　　这些跳蚤还有小得多的跳蚤叮咬它们,

　　如此一直继续到无穷。"

我不能证实斯威夫特关于跳蚤的陈述,但是我觉得完全可以保证,断言我们在科学用以描述现象的所有概念——分子、原子、原初原子——在现象世界中的实在存在,即使它是无限的,也无法使我们避免最终认为运动的事物是几何学的理想以及假定与我们知觉经验相反的现象的存在。这一点十分清楚地显示出,今日的作家坚持的东西是科学方法的基本准则:**不管概念作为描述知觉惯例的工具可能多么宝贵,但是在它的知觉等价物被实际揭示出来之前,也不应该把现象的存在归因于它。**

　　无论何时我们忽视这个准则,例如,当我们断言我们藉以描述我们的物理经验的机械论之实在性时,那么我们很可能会得出**自**

相矛盾的结论,或与法则冲突。因为这样的机械论是主要基于概念极限的,这在知觉领域无法达到的。当我们认为空间是客观的以及物质是占据空间的时候,我们正在形成主要基于几何学符号的构象,我们借助这些符号在概念上分析运动。我们把概念的形式和内容投射到知觉,我们在构象时达到这种概念的要素是如此习以为常,以至于我们把它与知觉本身的实在性混同起来。当我们在概念的现象化中前进一个阶梯并假定原子的实在性时,自相矛盾就变得显而易见了。如果物体是由一大群原子构成的,它们怎么能有实在的内容或形式呢?一大群蜜蜂或一大团尘埃的内容或形式是什么呢?显然,只有在概念上把它们封闭在理想的几何学曲面内,我们才能够给它们以形状和大小。正如在一大群蜜蜂或一大团尘埃中,接近这个想象曲面的团体中的不固定成员不断地进进出出,同样地(如果我们使概念现象化的话)我们必须断言,在水面或铁的表面,不固定的分子或原子不停地离开或者也可以重新进入该群团。凝结和蒸发在水面继续进行着,而铁具有金属的气味。现在,如果该群团在表面处于这样的连续流动状态,我们只能说它**理想地**具有内容或形式,或者说它是在概念上把一个感觉印象群与另一个感觉印象群区分开来的模式(边码 p. 197)。正是概念的内容或形式占据空间,正是这种内容而不是感觉印象才是我们设想运动的东西。如果我们使占据空间重新依靠该群团的单个成员,那么我们认为是物体的内容或形式的东西,肯定不是个体的内容或形式,因为我们把后者看做是不可知觉的,而把前者看做是可知觉的。进而,我们必须接着推断,未知的东西最终不同于已知的东西,几何学的理想只能在不可知觉的东西中实现。不过,这明显地违反了逻辑推理的准则(边码 p.72)。

迄今,我们对物理学家的物质定义的分析不可抗拒地迫使我们得出下述结论:作为感觉印象的不可知的原因之物质是形而上学的实体[1],对科学来说它像在感觉印象彼岸的其他因果性假定一样是无意义的;它像任何其他**物自体**,像任何其他投射到超感觉的东西一样是无用的,不管它是物质论者的力,还是哲学家的无限精神。另一方面,作为物质群的某些感觉印象群的类别在科学上是有价值的;不过,它并未使作为在知觉上运动的物质明白地显示出来。

从概念上讲,所有运动都是几何学理想物的运动,最好选择它们来描述我们用日常语言称呼为知觉运动的那些感觉印象的变化。

301

§5 作为不可入的和坚硬的物质的"常识"观点

现在,读者依据他的日常经验,可能觉得倾向于断定,上面提及的物理学家和作者双方实际上都用语词诡辩,我们能够通过说物质是**不可入的**和**坚硬的**来充分地描述它。于是,这些术语描述了感觉印象的重要类别,不可入性和坚硬性的感觉印象十分经常地是我们所谓的物质的感觉印象群的因素。但是,十分可疑的是,我们是否能够认为它们不变地与这些物质的群结合在一起。无论

---

① 科学的读者现在至少必须充分确信,作者并不认为**质量**废除了物质偶像。

如何,如果我们这样认为,那么我们将发现我们自己再次被卷入自相矛盾之中,当我们不小心进入知觉领域并从此领域进入概念领域时,结果便产生自相矛盾。当我们说一个事物是不可入的时,我们只能够意味着,某种其他事物不可能通过它,或者存在两个感觉印象群,我们总是能够在我们的知觉经验中把二者在空间模式之下区分开来。因此,不可入性只能是一个相对的术语;一个事物对第二个事物来说是不可入的。当我们说物质是不可入的时,我们不能意味无论什么事物也不能通过它。鸟不能飞过一大块平板玻璃,可是光线却十分容易地穿过它。光线不能够通过砖墙,可是电振动波却能够。为了描述这些光波和电波的运动,物理学家构想出以太,以太能穿透所有物体,并像介质那样容许能量通过它们来传播。因此,物质不能被看做是**绝对**不可入的事物。

或者,在断言物质是不可入的事物时,我们未领会所意味的观点吗?我们必须假设原子的实在存在和假定群团的单个成员是不可入的吗?在这里再次出现了困难。有许多倾向使物理学家相信,原子不能被构想为物质群的概念分析的最简单的要素。正如铃在被撞击时使空气运动并发出音调一样,我们如此构想原子也能够被撞击,不是使空气而是使以太运动,并使以太发出音调(我们也许可以这样表达它)。这些声音在我们身上产生某些光学的感觉印象,例如产生稀薄气体的明亮的谱线。正如在没有看见两个铃的情况下,我们可以而且事实上经常借助它们的音调[1]区分

---

① 房子的占有者一般能够区分后门铃和前门铃的声音,虽然很可能在 100 例中有 99 例他也许从未看见他的房子的门铃。

它们一样,物理学家用他设想从氢原子和氧原子发出的不同光音调把二者区别开来。但是,正如发出音调的铃必须认为振动着——改变它的形状或经受胁变——一样,物理学家实际上发觉他自己不得不设想原子也经受胁变或改变它的形状。这一概念迫使我们假定,原子是由正在改变它们的相对位置的性质截然不同的部分构成的。原子的这些终极部分——我们借助其相对位置描述我们关于明亮的谱线的感觉印象——是什么呢? 以太或其他任何东西能在原子的这些终极部分之间穿过吗? 我们无法言说。在我们目前的知识状况下,把原子设想为可入的或不可入的是否就能够简化事物,还是不可能断定的。因此,即使我们迄今给原子概念以现象的存在,它还是不能帮助我们理解,所谓的物质是不可入的断言意指什么。

303

§6　个体性并不表示根基的同一性

不管怎样,我们将是更为教条的吗,从而在否定以太是物质时断言物质**相对于**物质是不可入的吗? 为了对这个问题给出任何确定的答案,我们必须再次从可知觉的物质群进入它的假定的根本基础即原子,并询问我们是否有任何理由把原子构想成不能够相互穿透的。首先,物理学家虽然从未捕获原子,可是他设想它是不可能消失的某种事物——**它继续存在着**。其次,如果我们设想它参与和第二个原子结合,尽管我们没有理由断言两个原子不相互穿透,但是为了借助原子描述我们的知觉经验,我们还是不得不设想,在结合的范围之外,两个分离的原子能够再次获得与二者原本

具有的相同的个体的特征。当原子——即使它是实在的——对我

304 们来说还是绝对不可知觉的,当我们绝对不能观察它们的相互作
用时,我们有权利假设关于原子的这些规律吗?像我们不得不制
定无论什么科学定律一样,我们具有完全相同的逻辑权利。也就
是说,我们发现,这些关于单个原子行为的规律在用于大的原子群
时,能使我们以十分高的精确性描述在现象的物体中发生的东西,
而我们正是借助原子群在科学上使这些现象的物体符号化的;它
们能使我们在不可知觉经验矛盾的情况下构造我们称之为化学反
应的那些感觉印象的惯例。

　　个体原子是不可破坏的和不可入的假设,足以阐明我们由原
子构成的物体的某些物理性质和化学性质。但是,原子在物理变
化以及它们的个体性在化学结合的分解上再现的情况下之连续存
在,可以从除个体原子的不可破坏性和不可入性假设以外的其他
假设中推导出来。这不是逻辑必然性的结果,因为我们在不同的
时间和不同的地点甚或连续地经历相同的感觉印象群,必定在这
些感觉印象的基础上存在相同的事物。一个例子将向读者清楚地
表明,我们意谓并同时证明的东西是,不管原子的不可破坏性和不
可入性作为假设可能多么有用,但它们还不是绝对必然的概念;以
至于即使我们把原子投射到现象世界的不可知觉的东西,还是不
能由此得出,在所有时间和所有位置,必然存在某种不可改变的个

305 体事物作为持久的感觉印象群的基本要素。现象的物体的持久性
和同一性可能在于个体的感觉印象的群聚,而不在于从概念投射
到现象的不可知觉的某种事物的同一性。

　　我们将要举的例子是海面上的波浪。对我们来说,波浪形成

感觉印象群,我们注视它并谈论它,仿佛它是个体的事物。但是,我们不得不设想,波在离开50英尺时与在它到达我们足下时,是由完全不同的运动事物构成的——波的根基变化了。投进一个软木塞;它随波浪通过而浮上落下,但并没有被波浪带走。波浪可能保持它的形式,在我们看来它在不同的位置和不同的时间是严格相同的感觉印象群,可是它的根基可能连续地变化着。我们甚至可以更进一步阐明;我们可以沿着平静的水面在相反的方向上(a)发送具有不同的个体形状的两个波浪(图19),或者若追赶的波浪具有较大的速率则在同一方向发送。这些波浪之一会遇到或超过另一个(b);它们会合并或结合起来(c),从而在一段时间(这完全取决于它们的相对速率)在我们身上产生截然不同于两个单个群中的任何一个的新感觉印象群;但是,它们最终会相互通过(d),与旧感觉印象群相同的群以明显不同的个体性出现(e)。遍及整个这一序列,两个个体波浪的根基变化了,在结合的时间内它们的根基是等同的,可是就波浪在结合后的重现而言,它们能够维持它们的个体特征。① 因此,在结合之前和之后的感觉印象的同一性从一个知觉的例子来看,并不必然地包含根基的同一性。

现在,我们出于两个理由引用了这个波浪的例子。第一,它向我们表明,可以设想原子可能用原子穿透,它们的根基是随时间不同而改变的,同时又不否认它们在化学反应后的物理持久性和个

①　如果对于在结合之前、之中和之后的总重量的同一性不得不寻找类比的话,那么它可以在海平面上产生的流体在合并之前、之中和之后的体积的同一性中找到。因此,重量的同一性在概念上并不必然地包含在根基的同一性中。

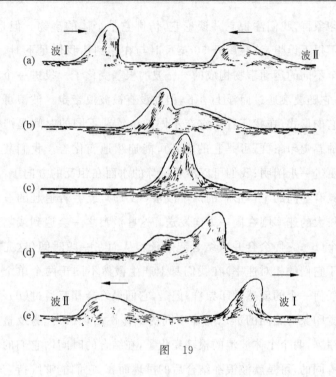

图　19

体的重现的可能性。认为原子总是由相同的根基组成的,并且用
其他原子不可入,这可以帮助我们方便地描述某些物理现象和化
学现象;不过,完全可以想象,其他假设可以同样完好地阐明这些
现象,情况若是如此,我们显然首先没有权利把特殊的概念投射到
实在的现象世界,其次没有权利凭借这一点断言本身可入的物质
在它的终极要素原子中却是不可入的。显而易见,不可入性无论
在知觉上还是在概念上都不是物质的感觉印象群的必要因素。进
而,这样的群的持久性和同一性就该群而言并不必然地包含持久
的和相同的根基的概念。

我引用这个波浪例子的第二个理由在于,它阐明了包含在下面陈述中的可能性:"**物质是运动着的东西**。"波浪是由在该时刻构成波浪的根基中的运动的特定形式组成的。这种运动形式本身沿着水面运动。因此,我们看到,除了该根基以外,某种其他东西也能够被设想为运动着,即设想为**运动的形式**。归根到底,如果作为运动着的事物的物质在概念上能够用运动形式运动着来表达,情况又将如何呢;倘若是这样,根基是否依然是相同的呢?我们以后将重新回到这个联想,因为它在其结果中是一个极其富有成果的联想。

§7　坚硬性不是物质的特征

现在,对我们来说,依然要处理另一个一般归因于物质的特征,即坚硬性。有一些人在联想到人们对物质本性的无知时心满意足地评论说,为了有效地证明物质的存在和本性,人们只要把头碰碰石墙就行了。于是,如果这一陈述具有某种价值的话,那么它只能意味着,坚硬性的感觉印象按照这些人的观点是物质在场的必不可少的检验。但是,我们之中没有一个人怀疑,坚硬性感觉印象的存在是与某些持久的群中的其他感觉印象结合在一起的;我们从儿童时代起就意识到它,现在不需要用实验证明它的存在。正是我们将要看到的那些肌肉的感觉印象之一,科学设想可以借助我们身体的某些部分和外部物体的相对加速度来描述。但是,难以领会的是,坚硬性的感觉印象如何能够比软弱性的感觉印象可以设想的那样告诉我们更多的物质本性。显而易见,有许多事物一般称为物质,却肯定不是坚硬的。进而,有些事物满足作为运动着的东西或充满空间的东西的物质定义,可是事实上却绝不产生任何坚硬性或柔软性的感觉印象;即使我们说物质是沉重的东西,而沉重性肯定是比坚硬性更广泛的物质的感觉印象群的因素,它们甚至还不会满足我们的定义。在太阳和行星之间,在物体的原子之间,物理学家设想以太存在着,以太这种介质构成电磁能量和光能量藉以从一个物体传播到另一个物体的渠道。首先,以太是纯粹的概念,我们用这一概念把各种各样的运动在概念空间相互关联起来。这些运动是符号,我们用这些符号简洁地描述我们在各种现象群之间知觉到的序列和关系。因此,以太是概述我们知觉经验的模式;但是,像许多我们没有直接知觉的其他健全的概念一样,物理学家把它投射到现象世界,并断言它的实在的存在。像在感觉印象群的背后存在着实在的根基即物质的假定一样,在这个断言中也恰恰同样地是合乎逻辑的或不合逻辑的;二者目前都是形而上学的陈述。现在,没有唾手可得的证据表明,以太必须被设想为坚硬的或沉重的①,可是它能够被胁变或它的部分能够作相对运动。进而,从泰特教授的立场来看,它占据空间。因此,那些把物质与坚硬性和重量结合起来的人,必定准备否认以太是物质,或者满足于称它是非物质。与此同时,值得注意的是,当形而上学家——不论他们断言空间和感觉印象的持久本源二者是现

①　我冒险认为,威廉·汤姆孙爵士称量以太的尝试是一种倒退的步骤(参见他的《关于分子动力学的讲演》(*Lectures on Molecular Dynamics*),pp. 206-208,Baltimore,1884)。如果以太是足够广泛包容的概念,那么引力应该起因于它,当威廉爵士提出旋涡原子时,这肯定是他的观点。

象存在的物质论者,还是要求我们用头碰石墙的"常识"哲学家——说物质是运动着的东西,物质占据空间,以及物质是有重的 310 和坚硬的东西时,他们毫无希望地达到歧异的观点。

§8　作为处于运动中的非物质的物质

不管怎样,对"常识"哲学家来说,在储存品中还有一个较大的二难推理。关于以太、我们的哲学家的非物质是什么,我们还没有达到一个明晰的概念。事实上,乍看起来,存在两条完全歧异的道路:以太作为我们知觉经验的概念极限被达到(参见边码 p. 217),可是今日科学的巨大希望是,将表明"坚硬的和沉重的物质"是处于运动中的以太。换句话说,完全有可能,在紧接着的二十五年,科学将发现,如果我们把概念以太的运动类型视为我们的物质的感觉印象群的符号基础,用另外的富有表达力的、即使较少精确性的语言来讲,如果我们把我们的朋友的物质视为他们的处于运动的非物质,我们对于现象宇宙的符号描述将被大大简化。于是,我们将发现,我们关于坚硬、重量、颜色、温度、内聚性和化学构成的感觉印象都可以借助单一的介质来描述,这一介质本身被设想为没有硬度、重量、颜色、温度,事实上也没有通常知觉类型的弹性。这也许意味着我们科学描述能力的不可估量的巨大进展。可是,即使在此时,如果物理学家坚持把概念的东西投射到感觉印象的领域,并坚持断言以太的现象存在,那么我们对于运动的东西是什 311 么,以太物质实际上可能是什么还会是一无所知。

因此,我们对物理学家和常识哲学家所作出的各种陈述的分析向我们表明,他们人人都是**形而上学的**,也就是说,他们试图描述某种超越于感觉印象、超越于知觉的东西,因而看来充其量像是教条,在最坏的情况下像是自相矛盾。如果我们把我们自己局限于逻辑推理的领域,那么我们在现象宇宙中看到的不是处于运动的物质,而是感觉印象和感觉印象的变化、共存和序列、相关和惯例。科学通过无限广延的介质在概念中把这个感觉印象的世界符号化,该介质的各种运动类型对应于不同的感觉印象群,并使我们能够描述这些群的相关和序列。这种介质的运动要素能够在思想上被想象为像点或连续曲面那样的几何学的理想。为了使我们的符号图或图像更好地与知觉经验一致,我们发现有必要赋予这些几何学理想以确凿的相对位置、速度和加速度,它们的相关可以用某些简单的定律即所谓的运动定律来表达(参见下一章)。如果我们愿意把运动的概念图的事物命名为**物质**,那么对该术语就不能有反对意见,倘若我们仔细地把这种概念的物质与任何形而上学的物质观念——诸如在知觉上运动的东西,充满空间的东西,或能够被定义为有重的、坚硬的和不可入的东西——区别开来的话。

312 因此,概念的物质仅仅是我们赋予其以某些相关运动的几何学理想的名字,我们借助这些几何学理想来描述我们外部知觉的惯例。正是在这个意义上,我们针对这一工作的剩余部分使用术语物质,除非我们特地提及形而上学家的物质。"有重"物质将是我们用来表示我们命名为物质的感觉印象群的东西之概念符号的名字,而以太物质将是我们用来描述其他感觉印象状态,尤其是属于各种不同物质的群的感觉印象在空间和时间中的相关之符号的名字。除非为了批判流行的物理学概念而可能达到必要的程度,我们将不把我们的概念投射到知觉世界中的不可知觉的东西。① 我们将处处尝试并维护这样的立场:科学是借助于概念的速记描述知觉经验,这种速记的符号是知觉过程的普遍理想的极限,它们本身不具有严格的知觉等价物。

把"物质还原为处于运动的非物质",把有重物质还原为处于运动的以太物质,像可能简化我们对现象的科学分析一样重要,以致我们必须用几页篇幅专门讨论它。我们将把有重物质的基本要素,即化学原子本身被设想也许就是由其构成的要素,命名为**原始原子**。然后,我们要询问,以太中的什么运动类型被暗示是原始原子的可能形式呢。这里有两个暗示可以提及,二者都依赖于我们关于以太的相同构成的假定。我们必须在此处简短地讲点题外话,以便对以太的这种构成做一些说明。

§9 作为"理想流体"和"理想果子冻"的以太

读者肯定了解两种类型的知觉物体,可以粗略地把它们描述为流体和弹性体。作为这两种类型的样本,我们将举出水和果子冻。水和果子冻作为实物一方面具有显著的一致,另一方面具有显著的差异。如果我们把水或果子冻倒进底部密封的气缸中,尝

① 读者也许期望语词"未被知觉的事物"而不是"不可知觉的东西"。但是,由于每一个外部知觉都是感觉印象群,由于我们的感官是有限的,因而原子即便是实在的现象,它似乎只能在颜色、坚硬、温度等等方面是可感觉的,人们设想它描述的正是感觉印象。因此,假如原子必定**不是**这些事物,而是它们的源泉,那么它确实可以被命名为**不可知觉的东西**。

试借助负重的活塞压缩它们,那么我们将发现,压缩是不可觉察的,或事实只有很小的量。用精制的仪器细心地实验表明,这些实物是不可压缩的,尽管压缩的量是可测量的,但是比如说与用同一重物压缩空气的量相比,却是极其微小的。为了表达这个结果,我们说水和果子冻对一种形式的胁变即大小的变化呈现出巨大的阻力(边码 p.243)。但是,这种阻力是相对的,相对于像气体之类的其他实物,相对于我们处置中的压缩机械。就我们的知觉经验而论,不存在绝对阻碍一切大小变化的实物,或不存在大小变化是不可能的实物。因此,不可压缩的实物纯粹是概念的极限,该极限在现象世界没有它的等价物,但是它可以通过无限地继续从知觉开始的过程(或可压缩物体的分类)而达到。

从水和果子冻之间的这种一致转向差异,我们觉察到,如果把木片甚或刀片在果子冻上向下压,那就需要相当的力量才能把果子冻切成或分为两部分;另一方面,在没有任何可感觉的阻力的情况下就可以用木片把水分开。现在,我们在这个例子中涉及的形状变化具有滑动的性质(边码 p.245),我们说水对滑动胁变没有呈现出显著的阻力而果子冻却呈现出。在这里,阻力的数量问题再次是相对的。就我们的知觉经验而论,一切流体对于它们各部分的相互滑动都呈现出某种阻力,不管这种阻力多么小。对压缩呈现绝对的阻力而对它的各部分的滑动根本不呈现阻力——或其各部分相互滑动而没有任何摩擦作用的性质——的流体,只不过是概念的极限。这样的流体被命名为**理想流体**。另一方面,通过在果子冻的例子中继续进行相反的极限,也就是说通过假定它绝对地阻碍滑动引起的形状变化,我们会得到无论压缩还是滑动都不能改变它的形式的物体,这样便达到那种概念的极限即**刚体**。如果我们假定对压缩有绝对阻力而对滑动有部分阻力,那么我们在概念上具有一种也许可以描述为**理想的果子冻**的介质。

现在重返我们的以太,我们注意到,物理学家想象它是不可压缩的,但是出于某种目的他们好像又把它看做是**理想流体**,出于另外的意图却视其为**理想的果子冻**。① 这乍看起来似乎是概念的矛盾或冲突,它无疑包含着物理学家目前还远远没有彻底把握的困难。如果我们认为以太是纯粹概念的,那么为了描述不同的现象状态,我们肯定有权首先认为它具有一种性质,然后认为它具有另一种性质。但是,在这样做时显而易见,我们为将同时概述两种现象状态的更广泛的概念留有余地,如果在同一研究中必须处理两种状态,那么将不会把我们引向逻辑矛盾。于是,如果作为理想流体的以太能使我们借助它的运动类型描述原子,作为理想的果子冻的以太能使我们描述光辐射,那么很清楚,当我们把原子当做光辐射的源泉处理时,由于以太同时是理想流体**和**理想的果子冻这一概念,我们便会陷入严重的混乱。我们确实不得不在这两个概念之间试图发现某种和解。如果我们转向一种建议的知觉经验,我们注意到,水是果子冻的主要组分,我们可以通过添加或多或少的凝胶物质,使水变黏稠而达到任何浓度的果子冻。用相似的方式,我们可以构想一系列的理想果子冻,按照它们对滑动的阻力的范围,形成从理想流体起、经过所有的黏滞性阶段、直到理想刚体

315

---

① 出于进一步的打算又不把它视为二者之中的任一个。

的果子冻。接着,我们可以从这一系列的果子冻中针对某一大
小的滑动胁变,选取一种明显是理想流体的果子冻,而针对像包含
316 在光辐射理论中的那样的更小的胁变,它会像理想果子冻一样起
作用。这就是乔治·G. 斯托克斯爵士在 1845 年提出的解决办
法①,可以把它命名为以太的果子冻理论。以太的果子冻理论在
简化我们关于物理现象的许多概念中无疑具有价值,但是,它在多
大程度上能够与作为原始原子的基础的任何以太运动的体系协
调,还是有待于研究。②

　　还有另一种可能性,我只能在这里简要地提及它,即以太被想
象成理想流体,但是正如这种以太的某一运动类型符合原子一样,
诸种运动类型可以用来使以太变黏稠,或赋予它以弹性的刚性。
以太可能是理想流体,但是,由于它的运动的湍流,出于某些目的
它可以像理想果子冻一样起作用。当我就可以构成原始原子的以
太运动说了几句话时,这一假设将受到更好的评价。

§10　旋涡圈原子和以太喷射原子

　　在由以太运动构造原子时,我们首先就下述问题获得了某种
观念:本身不是坚硬的或阻碍形状变化的以太却能够被构想通过

──────────

　　① 《数学和物理学论文》(*Mathematical and Physical Papers*),vol. i, pp. 125-29
和 vol. ii, pp. 12-13。不过,今日的作家认为,在黏滞的流体和弹性的介质之间在质上以
及在程度上都存在着差别。在弹性固体和黏滞流体方程之间的类型的截然不同是这一
点的充分证据。在前例中,**在某一大小之上的任何剪切都产生变形**;在后例中,**如果持
续足够长的话,无论什么剪切都产生变形**。

　　② 例如,威廉·汤姆孙的旋涡原子几乎没有可能性。

它的运动产生坚硬感和阻力，这如何是可能的。某种普遍的观念 317
能够很容易地由特定类型的运动以如下方式产生的某种阻力而得
到：取一个普通陀螺，设想我们极其小心地得以使它在它的轴上平
衡。显然，手稍微接触一下就会弄翻它；它对手的运动没有显示出
阻力。如果把陀螺用一个与桌子连接的球窝固定起来，同样的评
论也适用。但是，另一方面，如果使陀螺旋转，我们将发现情况完
全变了；它现在对弄翻它呈现出显著的阻力，如果部分地绕它的连
接的球窝转动，它将倾向于重返原来的竖直位置。相当多的这样
的陀螺会对越过桌子的手在小于它们高度的距离上呈现出大量的
阻力。这个例子也许可以使读者认识到，某种类型的运动如何足
以使物体变黏稠而又不那么僵硬。另一个使物体变黏稠的运动的
例子是烟圈，大多数香烟嗜好者都会自如地吐烟圈。两个这样的
烟圈将不结合，它们相互通过，或相互绕着扭动，以及在进入它们
路线的固体的拐角处扭动，而且很容易看出，它们的相对运动密切
地依赖于它们的相对位置。现在，我们之所以看到烟圈，是因为烟
中的潮湿的微粒使得气体混合物变成可见的，正如类似的微粒使
得蒸汽变得可见一样；但是，我们可以在空气中吹一个空气圈，它
正好会担当烟圈的角色，只是它们不可见。这样的圈被命名为旋涡
圈；如果我们不是研究这样的空气圈或水圈的行为，而是在我们概 318
念的理想流体中研究一下这样的圈的行为，那么我们将发现，它们
像原子一样保持它们自己的个体性；它们进入组合，但是不能被创
造或被消灭。这就是威廉·汤姆孙爵士的物质的旋涡圈理论的基

础,按照他的理论,原始原子是以太旋涡圈。[①] 借助旋涡运动或在液体中的液体旋转要素,我们也能够构想一种变黏稠的液体,达到对滑动胁变具有所需要程度的阻力,从而用在湍流条件下作为理想流体的以太代替作为理想果子冻的以太。[②] 于是,我们能够省却乔治·斯托克斯的微小黏滞性的假设。但是,不管这些观念对于我们据以在未来拟定我们的以太和原子概念的路线来说可能多么富有启发性,但是它们确实在目前还远未完成,在旋涡原子理论中有许多困难,引人注目的是推出引力的困难,今日作家不十分希望的这些困难将总会被克服。尽管威廉·汤姆孙的理论假定,原子的根基总是由相同的运动以太要素组成的,但是这位作者却冒险地提出一种理论:在这种理论中,以太还是被视为理想流体,而个体的原子并非总是由相同的以太要素组成的。在这种理论中,原子被设想为这样一个点:以太在该处在所有方向上流入空间;这样的点被命名为**以太喷射**。因此,以太中的以太喷射像在水下打开的喷头除了喷头的机械在喷射的情况下被省去。如果两个这样的喷射处于以太中,它们相对地相互运动,正如两个有吸引力的粒子,二者之中任一个的质量符合以太在喷射时源源输出的平均比率。由于受到喷射群的相互作用的影响,喷射率发生周期性的变化,我们能够从这些变化中推导出化学反应、内聚性、光和电磁的

---

  ① 关于这个理论的比较充分的叙述,请参见克拉克·麦克斯韦在《不列颠百科全书》(*Encyclopaedia Britannica*)中的条目"原子"或他的《科学论文》(*Scientific Papers*),vol. ii,pp. 445-484。至于旋转产生弹性阻力,也可参见威廉·汤姆爵士的《通俗讲演和演说》(*Popular Lectures and Addresses*),vol. i,pp. 142-146 和 pp. 235-252。

  ② 参见 G. F. 斐兹杰熹:"论湍流流体运动的电磁诠释",《自然》,vol. xl.,pp. 32-34。

许多现象。实际上,以太喷射似乎是能够描述十分显著的现象范围的概念机制。当然,它包含着负物质的概念或以太壑(ether-sinks);因为喷射到不可压缩的流体中的量至少必须与流出的量相等。不管怎样,由于以太喷射和以太壑必须被构想成是相互排斥的,因此无须惊奇,我们不得不认为我们的宇宙部分是由正物质建造的;负物质或以太壑也许很久以前就从以太喷射范围向外流出了。[①]

§11　进入超感觉的物质环洞

现在,读者自然要问:当以太在喷射中或在原始原子中源源涌出时,我们能够设想它来自何处? 在把以太喷射看做是原子动力学体系的模型时,为了说明它的有效性,我们不必回答这个问题,正如我们不必说明以太和原子本身为什么会存在一样。从我们的立场来看,如果它们能使我们概述我们的知觉经验,它们作为概念就得到辩护。但是,由于有许多人坚持把概念的东西投射到现象领域,因而我们将通过启发努力回答这个问题。

假定我们把两个不透明的水平平面紧密地放置在一起,在它们之间含有水,水中生活着一条扁平的鱼,比如说比目鱼。现在很

[①]　不管怎样,卡内利(Carnelley)要求负原子量的元素,负重量的实物绝不是不可想象的。如果读者对这个理论的数学叙述感兴趣,他可以参考:"以太喷射;尝试特别指明在前论文提出的理论中形成原子的以太运动之形式",《美国数学杂志》(*American Journal of Mathematics*) vol. xiii, pp. 309-362. 也可参见 Camb. Phil. Trans. vol. xiv, p. 71. ; London Math. Society, vol. xx, pp. 38, 39。

清楚,我们的鱼的知觉会被限于前后运动或左右运动,对它来说竖直上下的运动是不能知觉的,因此可能是不可想象的。现在,让我们在概念上行进到在知觉中不可实现的极限;让我们设想我们的比目鱼变得越来越扁平,水的薄层变得越来越薄,犹如两个平面被紧密地压缩在一起。就概念的效果而言,比目鱼的运动和水的运动于是可以被假定发生在一个水平面上。此时,如果我们不得不在平面之一上挖一个洞并喷入水,那么很清楚,当比目鱼进入喷射的邻近处时,他会经验新的感觉印象。事实上,水流产生的压力可能迫使比目鱼在喷射周围环游,也就是说,喷射在它看来也许是坚硬的和不可入的。这样的喷射虽然只是运动中的水,可是对我们321 的比目鱼来说却可以形成真正的**物质的**感觉印象群。无论如何,假如它被告知,物质是由喷射形成的,那么它完全能够想象喷射来自何处。喷射既不是来自前方也不是来自后方,既不是来自右方也不是来自左方,因为它在所有这些方向流入。如果我们提出水竖直地向上或向下而来,如果我们提出在空间中还有其他方向,正

如《平地》[①]的作者所巧妙表达的"在它的腹部处向上和向下",那么比目鱼会推断我们完全发疯了。假如比目鱼能够通过喷射——在**物质的方向上通过并出来**——游出它的空间,它便会达到一个新世

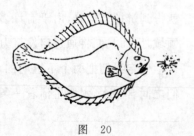

图　20

---

①　《平地:多维的传奇》(*Flatland:Romance of Many Dimensions*),A. Square 著,伦敦,1884 年。

界,它在其中便会知觉到喷射是什么,它的物质实际上是什么。通
过针眼,通过平地的物质出来,比目鱼会到达我们的三维空间的天
空,我们在三维天空中向上和向下,以及向前和向后,向右和向左。
但是,在比目鱼看来,这种"通过物质出来"即便说不上是荒谬的,
也可能依然是不可想象的;它也许是在感觉印象曲面的背后穿
过的。

　　现在,这个比目鱼的比喻是专门为这样的心智准备的:他们尽
管愿意努力,但是仍不能够完全抑制他们的形而上学倾向,**必定要**
把他们的概念投射到超越知觉的实在。这种形而上学的思辨的危
险在于,当它从感觉印象的"彼岸"行进到现象世界时,它便频频地
与我们的知觉经验相矛盾。现在,关于如何构造原始原子的幸运
概念由于适合我们所有的知觉经验(也就是说,能使我们以高度的
精确性用符号来描述它),因而它**可能**为形而上学的心智留下环
洞,以便由此进入无法使知觉的东西符号化的一些事物,进而可能
教条地设想它属于超感觉的东西。通过以太喷射从我们的空间出
来,通过物质出来,我们像比目鱼一样,在概念上便行进到另一种
维度的空间。这种空间在过去若干年成为我们一些最优秀的数学
家精心研究的课题①,它具有这样巨大的好处:当我们从针对这种
较高的空间引出的结论行进到我们知觉经验的空间时,我们没有
卷入到在从旧的形而上学到我们的物理学经验的过渡时所充满的
矛盾之中。在这里,在也许是通过物质之门进入的这个新游戏室
内,形而上学家和神学家现在超越可感觉的东西,正在像蜘蛛那样

①　黎曼,亥姆霍兹,贝尔特拉米和克利福德。

保险地吐丝结网,无论何时这些蜘蛛网塞满适合知识居住的房间,
科学的扫帚都会把它们一扫而光。为了在高维空间领域进行真正
的研究,就需要必要的数学配备,这无论如何将担当警卫员的角
色,以免轻松愉快的远征队"超越可感觉的东西"! 即使关于原始
原子结构的幸运概念被发现是**知觉的**事实这一时刻可能到来——
这也许是可疑的,可是,如果这样的概念卷入四维空间的存在[①],
那么我们的朋友将在为超感觉的东西的科学理论准备手段时提供
有效的援助——**通过物质的门口出来!**

§12　知觉的以太的困难

　　由于关注形而上学的缘故,我们幻想得足够多了。在重返
事实的牢固地基时,我们必须记住,关于由运动的以太构造原始
原子的假设今日在科学上并没有被接受;原子的动力学体系的
模型迄今并未表明具有如此广泛深入的描述我们知觉经验的能
力,以致它能离开想象领域,而变成科学速记的通用符号。理由
也不必找得太多;如果可能的话,我们想往由以太运动构造原始
原子,但是我们的以太概念目前定义得十分拙劣。我们同意必
须构想一种阻止胁变的介质,但是我们并未确定如何最佳地表

---

　　① 以太喷射不仅仅是暗示超越我们自己的空间的原子理论。克利福德设想物质
是我们空间中的皱纹,这暗示使物质向里弯曲的另外的空间观念。通过想象刚性扁平
的比目鱼和在它的运动平面内的折皱或皱纹,我们的读者也许可以认识克利福德的这
一概念。皱纹像物质一样对鱼来说是不可人的;鱼无法**适合**它;无论皱纹还是鱼都能够
从该途径出去。无论如何,这种不适合的两个类型的空间迄今还没有作为描述我们任
何基本物理经验的模型发展起来。

示在以太要素的位置上按照相对变化发生的相对运动。我们还不满意理想流体的,理想果子冻的,甚或湍流的理想流体的以太概念。

要是把以太不是作为概念而是作为现象看待,我们发现难以了解**连续的**和**相同的**介质怎么能够对它的各部分的滑动运动都呈现出某些阻力,因为连续性和同一性在任何位移之后包含着与在位移之前相同的一切东西。当我们把越来越小的要素放大得越来越大时,理想果子冻的观念好像也包含着结构上的某种变化。最后,绝对不可压缩性观念似乎排除了与转动明显不同的任何相对平动。① 当我们要求两个事物将不占据同一空间,但是在运动开始时,对向其运动的**某一事物**来说将存在未被占据的**某处**,这不是形而上学的遁辞。显而易见的事实是,虽然在概念上我们能够表示作为点的以太的运动部分,我们能够赋予这些点以这样的速度和加速度;使它们能最佳地描述我们的知觉经验,可是当我们把以太投射到现象世界时,立即就清楚地辨认出,它作为概念极限在知觉经验中是前所未有的,我们对它感到不自在。关于"有重的物质"的老问题再次出现了。运动着的以太的终极要素是什么? 它为什么运动? 用现象的以太建造概念的物质吧,我们再次把关于以太物质的性质的疑问强加于我们。它也在现在以及其他时间必须是未知的领域吗? 直到在某处达到博斯科维奇(Boscovich)假定的物质的无大小的终极要素即点的运动之前,心智再次无法安

---

① 对于绝对不可压缩的要素(而不是点)来说,绕除圆以外的任何封闭曲线的运动似乎是不可思议的。

宁。我们发现我们再次卷入因断言运动在现象领域的实在性而引起的矛盾之中。我们再次被迫得出结论,运动是纯粹的概念,该概念可以描述知觉变化,但是不能被投射到现象世界且又不使我们卷入莫名其妙的困难。

§13 物体为什么运动?

我们仅仅留下一点篇幅讨论第二个问题:物体为什么运动?但是,对这个问题的回答在弄明白先前的问题之后才是清楚的。如果我们意指:感觉印象为什么以某种方式变化?那么,我们已经看到,在考虑意识、知觉官能和知觉惯例的本性时,关于这方面的知识的可能性是什么(边码 pp. 122-129)。如果我们意指:我们用来使物质的感觉印象群概念化的几何学符号为什么以某种方式运动?那么,答案在于,在许多猜测之后,我们发现这些运动类型最能描述我们知觉的过去的惯例和预言未来的惯例。不管怎样,如果任何人坚持使我们概念的运动符号现象化,那么科学只能回答这个问题:物质为什么运动? **我们不知道。**让我们假定,地球实际地绕处于焦点的太阳在椭圆上运动,然后让我们尝试分析关于它的**为什么**。好吧,我们在概念上由太阳和地球的基本部分的某种相对运动构造这一运动。我们说,如果这些基本的部分在相互存在时具有某种相对的加速度,那么地球将绕太阳描绘椭圆。这些基本的部分可以被看做是原子或原子群,但是为了保全任何假设,让我们仅仅把它们称为物质的**粒子**。现在,两个粒子在相互存在时为什么以某种方式相互相对地运动呢?由于引力**定律**将不是回答。那只不过描述了它们如何运动。我们也不能说：由于引力的**力**。那只不过是把答案扔到感觉印象的彼岸——这是回避说我们不知道的形而上学的方法。

当我们看见两个人相互回转跳舞时，我们设想他们跳舞是因为他们希望跳舞，因为他们**愿意**跳舞。如果一个人没有托住另一个人，那就不能说他们相互强制运动。把跳舞归因于它们的共同意志是我们能够给予它的唯一说明。[①] 当我们发现物质的终极粒子相互围转跳舞时，我们却不能像叔本华那样把它归因于它们共同的跳舞意志，因为意志表明意识的存在，除非有某些类型的物质的感觉印象与之结合，否则我们不能逻辑地推断意识。因此，如果意志作为运动的原因有任何意义——我们看到它没有意义（边码p. 150）——的话，那么关于我们的物质粒子的跳舞，意义也不能帮助我们。我们在科学上能够说的一切就是，它们的运动的**原因**是它们的相对位置；但是，这不是它们处在那个位置时为什么运动的说明。诉诸力的概念也无法克服困难。我们就形而上学的力的概念说得够多了（边码 pp. 140 以及以下），我们不需要在这里重新考虑它。但是，力在某些时候被说成是感觉印象，说我们有力的“肌肉感觉”。我**愿意**用我的手推一个东西，基于变成作用的意志，所谓的施加力的“肌肉感觉”出现了。但是，这为什么是力的感觉印象，而不是运动变化的感觉印象或我的手指尖的粒子的相对加速度的感觉印象呢？除此以外，所谓的力的“肌肉感觉”与意识的存在结合在一起，或者是在他个人身上运动的某些变化的主观方面，

———————————————

① 参见附录，注释五。

而且我们看到,它绝对不能阐明物质粒子为什么运动的理由。威廉·汤姆孙爵士和泰特教授写道:"力是感官的直接**对象**。"①泰特教授写道,力"不是任何客观事物的名称"。② 面对这样的矛盾,停止假定运动原因的任何易懂的说明都能够从力的观念中抽取出来,这岂不更好一些?

但是,我们的粒子不可能像两个跳舞者那样托着手,从而一个"强制"另一个的运动吗? 我们必定不能说,这种托着手是不可能的,尽管它们分开 90000000 英里。我们想象光借助以太很容易越过 90000000 英里,我们的粒子借助以太难道不可以托着手吗? 所有科学家都希望,虽然他们还没有构想这如何能够如此,但是这可以如此,无论如何在概念上可以如此。然而,如果我们使以太现象化,且借助它能描述千百万英里距离的作用,那么我们还会留下问题:以太的两个邻近的部分的相对位置为什么影响那些部分的运动? 乍看起来,与两个明显不同的物质粒子为什么"相互运动"相比,两个邻近的以太要素为什么"相互运动"似乎更容易说明。常识哲学家立即准备好了说明:它们相互**拉**或**推**。但是,关于这些话我们意味着什么呢? 意味着当一个物体被胁变时具有恢复它原来形式的倾向;意味着它的各部分在某一相对位置上具有相对于它的各部分运动的倾向。但是,这种运动为什么在特定的位置上继续进行呢? 就相对位置现在包含小距离而非大距离来说,这又是

---

①　《论自然哲学》(*A Treatise On Natural Philosoply*),parti,p. 220,Cambridge,1879。

②　《物质的性质》(*The Properties of Matter*),Edinburgh,1885。

一个老问题。并不是要把它归因于介质的**弹性**；这只不过是给事实**命名**。事实上，我们力图在概念上描述弹性现象，但这只是用**非邻近**的粒子——我们把它们的位置变化与某些相对运动结合起来——构造弹性物体。换句话说，诉诸弹性概念仅仅是用第二个"超距作用""说明"一个"超距作用"。如果以太要素把它们的弹性归因于这样的安排，那么我们将需要另一种以太来"说明"第一种以太的运动，该进程将不得不无限地继续下去。显而易见，以太的现象化作为说明物质为什么运动的工具是绝对无用的。还有同一个问题以另外的形式留给我们：以太物质为什么运动？在这里不能给出答案。我们不能继续用机械论永远去"说明"机械论。那些坚持把机械论现象化的人最终必定说："在这里我是无知的"，或者同样地必然躲在物质和力中避难。按照保罗·杜布瓦-雷蒙的观点，超距作用的问题是第三种无知①，但是该问题等价于厄米尔·杜布瓦-雷蒙的第一个无知，即物质和力的本性。

在我看来情况似乎是，只要我们一把我们符号化的、但却不是现象世界的概念投射到现象世界，只要我们力图发现与几何学理想和其他纯粹概念的极限符合的实在，我们就是无知的并将是无知的。只要我们这样做，我们就弄错了科学不是说明、而是用概念速记描述我们知觉经验之目标。当我们一旦辨认出感觉印象的变化是实在，运动和机械论是描述的理想，那么杜布瓦-雷蒙兄弟的第一个和第三个问题和他们关于无知的呐喊就变得无意义了。即使机械论纯粹是概念描述，物质和力以及"超距作用"还是女巫和

①　参见我们在边码 p.46 引用的著作。

蓝牛奶问题(边码 p.27)。在概念中运动的东西是几何学理想,它
330 之所以运动是因为我们构想它运动。它**如何**运动变成十分重要的
问题,因为它是我们用以使我们的机械论条理化的工具,为的是描
述我们过去的经验和预言我们未来的经验。这和**如何**运动是我们
下面必须转向的方面。运动定律在最广泛的意义包容整个物理科
学——也许说整个无论什么科学也不算过分。冯·亥姆霍兹告诉
我们,所有定律最终必须以运动定律出现。海克尔主张,即使像遗
传现象这样复杂的现象,归根结底也是运动的转移。科学描述变
化**如何**发生的能力越强,她就能越健全地担当起忽略**为什么**。只
要心理学还站在它所在的地方,它就不可走得如此之远,以致充分
接受厄米尔·杜布瓦-雷蒙的第二个无知;但是,就意识是什么和
感觉印象的惯例为什么存在而言,它现在满足于说"不知道"。

摘　要

不论我们是在物理学家还是在"常识"哲学家的著作中寻找定
义,都发现物质的概念是同样朦胧的。与它有关的困难看来好像
是由断言概念符号是现象的但却非知觉的存在而引起的。感觉印
象的变化对外部知觉来说是恰当的名称,而运动对这种变化的概念
符号化来说则是恰当的名称。在知觉范围内,"什么运动"和"它
为什么运动"的问题是徒劳无益的。在概念领域,运动的物体是几
何学的理想。

关于杜布瓦-雷蒙的三个有关无知的呐喊,只有第二个在修正
的意义上有科学价值,其他的都是难以理解的,因为我们发现,物

质、力和"超距作用"都不是表达现象世界的真实问题的术语。

文　　献

Bois-Reymond，Emil Du-*Über die Grenzen des Naturerkennens*，
　　Leipzig，1876.

Clerk-Maxwell，J. -Articles"Atom"and "Ether"in *the Encyclopædia
　　Britannica*，reprinted in *the Scientific Papers*，vol，ii，pp. 445
　　and 763；也可有利地查阅论"Constitution of Bodies"的文章。

Clifford，W. K. -*Lectures and Essays*，vol. i（"Atoms"and "The
　　Unseen Universe"），London，1879.

Tait，P. G. -*Properties of Matter*（especially Chaps. i-v），
　　Edinburgh，1885.

Thomeon，Sir William-*Popular Lectures and Addresses*，Vol. i
　　（especially pp. 142-52），London，1889.

第八章　运动定律

§1　粒子及其结构

在上一章我们看到,物理学家借助大量的原子跳舞,在概念上构造宇宙。虽然原子十分可能是以太的终极要素,而我们应该作为跳舞的基本单位来谈论它,可是我还是使用**原子**一词。让我们把这后一种单位命名为**以太要素**,而不打算借用这个词断言以太必然是不连续的。[①] 两个邻近的以太要素将必定是几何学的符号,我们借助这些符号表示以太各部分的相对运动。在以太要素的基础上,让我们力图构想物理学家如何想象他所构造的宇宙的力学模型。关于我们应该构想以太要素由什么组成,或者,关于如果它能够被隔离,我们应该想象它如何行动,知觉经验没有给我们暗示。但是,我们不得不认为,以太要素在相互存在时以某些确定的方式运动,就像参加有规则的跳舞一样。在知觉上没有这样跳舞的理由,但是在概念上它能使我们描述感觉印象的世界。

很可能,虽然这个观点远非肯定地确立起来,但是以太要素中

---

① 如果我们假定以太是知觉的流体或果子冻的概念极限(边码 pp.313,328),那么我认为,为了使它的应力传送或它的弹性完全概念化,我们不得不假定它是不连续的。

的一种运动类型可以用来构造原始原子。这些原始原子、克鲁克斯的**不可分的原质**（protyle），都被看做是物质的感觉印象群的终极基础的符号，或者用通常的语言来说，都被看做是粗糙的或可感觉的"物质"的终极基础的符号。原始原子在其本身中，或者更为可能的是在群中，形成化学家的原子，即诸如氢、氧、铁、碳等所谓的简单元素的概念根基，化学家借助这些元素分类物理宇宙的所有已知的有重物质。如果物理学家的原始原子实际上是化学家的原子，那么原始原子必须被构想为或在它的结构方面，或在它符合的不同化学元素的运动类型方面有所变化。不过，有某些知觉事实暗示，我们最好通过把简单的化学元素的原子设想为是由原始原子群构成的来描述现象，而原始原子群的离解并不符合化学家迄今获得的确定的知觉结果。化学家由简单元素的原子构造**化合物**；也就是说，通过在概念上把这些原子组合在某些群中，他形成化合物的**分子**。就这样，两个氢原子和一个氧原子联合起来形成水分子。化合物本身的任何部分都被设想是由大数目的分子组成的。为了描述我们在物理学上与"一块给定的实物"相结合的感觉印象，我们必须假定，它的最小的物理要素不得不认为包含千百万个分子。①

334

---

　　①　这一陈述的理由主要来自气体运动论。克拉克-麦克斯韦在他的条目"原子"（《不列颠百科全书》）中认为，今天的**最小可见物**可能包含六千万到一亿个氧原子或氮原子。他进而从这个结果就我们借助分子结构描述生理学的遗传事实的能力得出结论，我认为这是完全无根据的。他评论说："由于有机物的分子平均起来包含 50 个以上的基本原子，因此，我们可以设想，在显微镜下可见的最小粒子包含大约两百万个有机物质的分子。每一个活着的有机体至少一半是由水构成的，以致在显微镜下可见的最小的生物体没有包含多于大约一百万个有机分子。可以假定，某种极　　（接下页注文）

　　如果我们取一块任何实物,比如说一小段粉笔,把它分为小碎块,那么它还具有粉笔的性质。一而再地分割任何碎块,只要被分割的碎屑借助显微镜是可知觉的,它看来好像还是粉笔。现在,物理学家想象实物的最小部分能够具有原来实物的物理性质,他习惯于把这种最小部分定义为**粒子**。因此,粒子是纯粹的概念,因为我们不能说,我们何时能够达到实物的物理性质在其处会终止的细分的严格极限。但是,粒子在我们关于宇宙的概念模型中具有重大的价值,因为我们借助几何学点的运动来表示它的运动。换句话说,我们假定它唯一地具有平动(边码 pp. 237, 246);我们忽略了它的转动和胁变运动。物理学家在这里达到了知觉经验的纯粹的概念极限;他得到粗糙的"物质"的越来越小的要素,由于假定它总是相同的实物(也就是说,虽然它变成不可知觉的,但却产生相同的感觉印象),他把它作为运动的点来处理。物理学家有什么权利发明这种理想的粒子? 他从未知觉这个极限量、实物的**最**

335

(续前页注文)　简单的有机体是由不多于一百万个类似的分子构成的。不过,不可能想象如此少的数目足以形成用具有专门感官的整个系统装备起来的生物。"

　　这种推理只是基于下述假定的特别抗辩的一种形式:生理器官的改变**唯一地**依赖于化学组成,而不依赖于物理结构。我们在一方面为什么必须提出下述事实:在有机分子中存在着 50 个以上的原子,**存在着**某一比例的水,这些分子必须被想象**紧密地**装满难得看见的胚原基? 这一亿个原子为什么不能被想象为在物理上相互影响各自的**运动**? 如果情况如此,那么可以表明,它们的相对位置、作为动力学系统的胚原基的结构,包含着不少于 10^{16} 个周期运动,这些运动在空间中具有各种相对位置,除这种相对位置外在振幅、周相和"音调"方面还具有三亿个供生理学家处理的变数! 遗传能够还是不能够用这样的分子结构对其他分子的影响来描述,完全是超越于我们目前的科学知识决定的;但是,我们肯定不能教条地用麦克斯韦的断言来断定:"分子科学使我们面对生理学理论。它禁止生理学家设想,无限小维度的结构细节能够为在最小的有机体的特性和功能中存在的无限多样性提供说明。"

小存在,因此他不能断言,它无法在他身上产生只有借助旋转和胁变概念才能描述的感觉印象。不管怎样,物理学家的逻辑权利严格地是所有科学概念赖以立足的权利。我们必须询问,假定这类理想是否能使我们由粒子群的运动构造我们用来描述物理宇宙的更复杂的运动。粒子是我们能够用来以高度的和一致的精确度描述过去的和预言未来的感觉印象序列的符号吗? 如果是,那么它作为简化我们的观念和经济我们的思维的科学方法的用处就得到辩护。

　　读者必须注意,这种粒子假设是牛顿在陈述他的引力定律时使用的,他以这样的方式告诉我们:"宇宙中的每一个物质**粒子**都吸引每一个其他**粒子**。"可是,牛顿在这里处理的是概念,因为他从未看见,自他的时代以来任何物理学家也从未看到个体的粒子,或者从未能够审查两个这样的粒子的运动如何与它们的位置关联。引力定律的辩护在于它给我们以构造粒子群运动的能力,我们藉此把物理的物体符号化,并最终描述和预言我们感觉印象的惯例。因此,作为物理实物的符号单元的粒子及其简单的平动像引力定律一样有效,它实际上就包含在引力定律的陈述中。

　　最后,用连续曲面在概念上限制的粒子群,是我们用来表示通常称之为物理的物体或客体的物质的感觉印象群的符号。物理科学的范围在于,就这些形形色色的概念发现尽可能简单的相对运动类型,由此构造我们用来使物体符号化的几何学形式的运动,以便该运动在任何需要的精确度上描述我们的感觉印象惯例。我们发现,通过假定这些概念符号的相对运动的某些定律——在它们的最广泛含义上的运动定律,我们就能够构造在概念的空间和时

336

337

间中运动的几何学形式的世界,这以惊人的严密性描述了我们知觉经验的复杂状态。

§2 机械论的极限

让我们以纯粹**图示的**方式假定我们的物理宇宙的概念模式的要素。① 星号将表示以太要素,星号圈将暗示可能由特殊的以太要素的运动——例如旋涡圈——构成的原始原子。一两个或更多的原始原子形成化学原子,我们将采用三个交叉圈作为它的符号。化学原子的化合形成分子,在我们的图示中是用由三个原始原子构成的两个化学原子和两个原始原子构成的一个化学原子表示

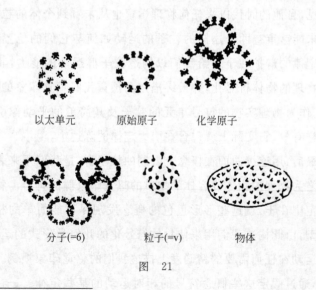

以太单元   原始原子   化学原子

分子(=6)   粒子(=v)   物体

图　21

---

① 该图只是向读者提示物理关系,从相对大小或形式的观点来看则无意义。

的。千百万这样的分子(我们只能用速记符号 l 表示少数)会形成粒子(速记符号 v),而在这里仅仅暗示的、在概念上用连续曲线包围的千百万粒子使我们知觉经验的物体符号化。必须记住,这些从以太要素到粒子的概念没有知觉的等价物,物理学家能够检验他提出的运动定律的真理性的,只有用实验在该系列的最后一个即概念物体的知觉等价物上进行。

首先,他针对粒子假设这些定律,并通过表明它们能使他描述他关于物理的"物体"之感觉印象的惯例来证明它们的有效性。但是,随着我们关于以太和粗糙的"物质"的性质之观念的增长,我们自然而然地要开始质问,描述两个粒子相对运动的定律是否可以设想对于两个分子、两个化学原子、两个原始原子以至最终对于两个以太要素是否也成立。或者,也许更为重要的是,它们对于原始原子和邻近的以太要素必定成立吗?当把运动定律用于粗糙的"物质"的粒子时,我们能在多大程度上认为这些定律起因于粒子由分子构成、分子由原子构成、最终原子可能由以太要素构成的方式呢?现在,这是一个十分重要的争论点,这个争论点看来好像在科学上并没有总是受到关注。如果我们假定粒子最终以某种类型的以太运动为基础,那么我们必须承认不构成粗糙的"物质"的另外的以太运动类型之存在。在这种情况下,将绝不能得出两个粒子或两个初始原子的相对运动将遵循与两个以太要素的相对运动相同的定律。当然,十分清楚,粗糙的"物质"特有的运动模式必须来自它的特殊的结构,而不能设想来自适用于**所有**运动事物的定律。例如,引力、磁化作用、起电、热的吸收和发射、光,都是我们与粗糙的"物质"结合在一起的感觉印象的状态,因此必须用粗糙物质独特的运动模式或来自它的特定结构的模式来描述它们。作为运动学公式或特殊的运动定律,不能把它们普遍地扩展到以太。但是,还存在着比较普遍的运动定律,我们可以把它们叫做牛顿定律,在把它们用于粒子时肯定能被我们关于物体的知觉经验确认。我们应该断言这些定律作为一个整体对从粒子到以太要素的所有尺度都适用吗? 通过假定完备的**机械论**从粒子扩展到以太要素,我们将发现我们对宇宙的概念描述被简化了还是与之相反? 或者,假设机械论整体地或部分地来自我们的结构的上升的复杂性,以太要素主要是机械论的**源泉**,但它在服从像在动力学教科书中给出的运动定律的意义上不是完备的机械论的[①],这将有更多的好处吗? 该问题无疑是十分重要的问题,但却是当下不能回答的问题。事实上,对于原始原子的结构,我们也没有比我们目前达到的更为清楚的概念,尽管将有可能说出,我们就粒子所假设的机械论在多大程度上可以设想来自它的结构。

　　为了使读者记住,我们正要讨论的普遍运动定律或全部地或只是部分地对于从粒子到以太要素的整个系列物理概念都适用,我们将把整个系列一起归类为**微粒**,这个词仅仅意指小的基本的物体。然后,我们将在每一种情形中必须询问,我们设想我们的定律适合于理想的微粒的哪一种。检验将总是相同的,即是说,为了获得将使我们简明地描述知觉惯例的模型,该设想在多大程度上是必要的。

340

---

　　① 例如,正如后来将表明的,必须认为粒子的"质量"很可能与以太要素的质量大相径庭(边码 p.368)。

§3 第一运动定律

现在,让我们转向作为要素群——我们把它们命名为原始原子、化学原子、分子和粒子——的规则跳舞的宇宙概念吧。个体微粒在群中跳舞,群绕群跳舞,群的群彼此相对地跳舞。我们接着要问,两个微粒一个相对于另一个**如何**跳舞? 首先,我们必须看到,至少在粗糙的"物质"的情况下,被想象为形成太阳一部分的微粒,必须被想象为在适当注视形成地球一部分的微粒时调整它的跳舞。想象这实际上是通过伙伴的链条即介于太阳和地球微粒之间的以太要素完成的,我们固然不能断言这种想象不会是最好的,但是,因为我们还没有确立这个伙伴的链条如何起作用,所以我们目前必须使自己满足于陈述,太阳和地球的微粒关注相互的在场。但是,如果它们在 9 千万英里能够这样做,那么就有充分的理由推断不违背连续性并假定它们在 90 万亿英里也会这样做。不过,我们立即注意到,有必要想象地球表面的粒子在它的跳舞中更为注意地球的粒子而不是太阳的粒子,内聚性现象再次告诉我们,同一块实物的两个邻近的粒子比不同块的粒子更为相互留意。因此,我们得出结论:(1)一般而言,微粒必须被想象为在跳舞时对它们的紧挨着的伙伴比对它们的附近的邻居以更大的关注运动,对附近的邻居比对更遥远的微粒以更大的关注运动;但是,(2)不存在我们想象微粒能够影响相互运动的距离的极限。不过,这种影响很小,即使就我们由微粒构成的物体总计起来,也无法借助任何供我们使用的仪器发现它的可知觉的等价物。现在,我们能够陈述

341

第一个普遍的运动定律：

　　在宇宙的概念模型中的每一个微粒必须被想象为在适当关注每一个其他微粒存在的情况下运动着，尽管对十分遥远的微粒给予的关注与给予紧靠近的邻居的关注相比是极其微小的。

　　如果读者一旦了解宇宙中的每一个微粒都必须被想象为影响每一个其他微粒的运动，那么他将充分估价我们用来使感觉印象的世界符号化的微粒跳舞的复杂性。刚才陈述的运动定律可以应用于原始原子，并通过原始原子应用于化学原子、分子和粒子。它大概不适用于远隔的以太要素，也许这些以太要素通过直接影响它们紧挨的邻居而仅仅间接地影响彼此的运动。在这种情况下，就粗糙的"物质"的微粒普遍断言的"超距作用"，也许十分有可能被想象为是由于邻近的以太要素之间的作用。于是，我们应该如下陈述第一定律：

　　每一个微粒，无论是以太的微粒还是粗糙的"物质"的微粒，都影响邻近的以太微粒的运动，并通过它们影响每一个其他的不管多么遥远的微粒的运动；不过，这样传播的影响在与小距离比起来是很大的距离时是十分无关紧要的。

§4　第二运动定律或惯性定律

　　现在，由我们的微粒在概念上构造宇宙时，不可能计及在同一时间所有微粒的相互影响。因此，我们甚至立即在合计中忽略超越我们测量能力的影响。进而，我们有意拒绝考虑由比较遥远的群引起的、轻微的、即使可测量的运动变化。我们把特定的微粒群孤立起来，我们撇开其余的群而在概念上处理这个群，为了某一特定的讨论我们把它命名为场。

　　我们能够想象的最受限制的场是单个微粒的场。假如我们能够把这样的微粒与概念宇宙的其余部分孤立起来，它会如何运动呢？乍看起来，该问题是可笑的，因为在第六章（边码 p. 247）我们看到，若运动不相对于某物则无意义。不过，当我们把第二个微粒引入场中，以便测量第一个微粒的运动时，那么它们便开始关注彼此的存在，我们就不再是处理孤立的微粒的运动了。但是，我们看到，微粒之间的距离越大，必须设想这种影响越小；因此，我们可以通过下述假定取概念的极限：微粒相距如此之远，以致它们的相互影响可以忽略不计，尽管它们的相互存在还将足以标明相互运动。① 现在，为了支配微粒运动的定律将导致复杂运动的构造，从而充分地描述我们知觉经验的状态，我们不得不假定，我们越来越完全地把一个微粒与第二个微粒的影响隔绝开，越来越接近它相对于第二个停止变化的微粒的运动。第一个微粒或者相对于第二个微粒依然处于静止状态，或者继续以相同的速度（每分钟相同的英里数）在相同的方向继续运动。可是，这就是我们命名的匀速运动或没有加速度的运动（边码 pp. 276-277），我们从而赋予我们的微粒以十分重要的性质，也就是说，我们断言它们将不跳舞，即不改变它们的运动，除非它们具有与之跳舞的舞伴。微粒的这一特

———————————

　　① 读者必须回忆，相对位置被有方向的步阶概念化了，它是形成相对运动的路程的、有方向的步阶之系列（边码 p. 250）。每一个有方向的步阶都被构想为"固定"在方向上，即它的点被认为相互之间具有相对加速度。参见附录，注释一。

344　征,即除非在其他微粒存在时,否则它们不改变它们匀速运动的特征,在科学上称之为它们的**惯性**。

关于这个惯性定律,也许必须设想它对于从原始原子到粒子都适用,但是,当我们考虑以太要素时,困难便来到了。如果原始原子是以太运动的特定类型,例如以太旋涡圈或以太喷射,那么粗糙的"物质"的微粒的真正存在便不仅在它们自己的组成方面,而且也在它们的紧挨着的邻居方面依赖于以太要素的存在。因此,如果把粗糙的"物质"的微粒与以太要素的影响隔绝开,那么考虑它会做什么就变得绝望地荒谬了。于是,粗糙的物质的惯性定律必然来自粗糙"物质"的特定结构。从而,以太要素和孤立的原始原子的相互存在将被视为把后者的惯性包括在内,虽然原始原子匀速地运动,但是以太要素本身将在适当关注原始原子存在的情况下改变它们的运动。① 当把惯性定律应用到孤立的以太要素时,也就很难说认为它有什么意义了。无论如何,只要概念的以太像目前这样依旧没有定义,探询也许是徒劳无益的。我们的以太
345　概念如此本质地与它的**连续性**概念密切相关,另一方面我们的粗糙"物质"的概念又如此密切地与物质的不连续性观念结合,以致我们倾向于对以太要素而言把它们在相互存在时行为的方法作为根本的东西处理,而对粗糙"物质"微粒而言把它们被孤立时的行为的方法作为根本的东西处理。按照这一说明,正如对于粗糙"物

---

① 例如可以证明,在无限流体中的**孤立的**旋涡圈以匀速垂直于它的平面运动而没有可觉察的大小变化;另一方面,以太要素按照它们相对于旋涡圈的位置而改变它们的速度(参见 A. B. Basset,《论流体力学》(*A Treatise on Hydrodynamics*),vol. ii, pp. 59-62)。

质"微粒所假定的那样,惯性定律可以被认为是机械论的特征,而机械论则十分可能来自原始原子本身的结构。

§5　第三运动定律、加速度是由位置决定的

让我们现在前进一个阶段,假定下一个最简单的场;让我们设想两个微粒被选定,它们的运动相对于(边码 p. 250)第三个微粒被决定,无论如何像在边码 p. 343 那样,我们将认为第三个微粒处在与它们的影响完全隔绝的距离。我们必须想象发生什么事情呢? 首先,因为两个微粒处于同一个场,我们必须认为它们具有某种确定的、彼此相对的位置吗? 肯定不! 我们发现我们自己不得不认为,它们能够引起彼此之间的位置发生大的变化。于是,它们处在同一个场,或处在该场的某个相对位置,这个事实是由我们认为它们运动着的速度决定了吗? 我们再次必须回答:不,无论如何对粒子来说并非如此。为了构造将有效地描述我们感觉经验序列的运动,我们被迫假定,粒子可以通过相同的相对位置的各种各样的速度运动。于是,当我们知道两个微粒的相对位置时,我们必须认为什么被决定了呢? 那就是它们的加速度,即它们正在改变它们的相对位置的比率。**两个微粒可以通过相同的位置以任何速度运动,但是它们将以十分确定的方式,依赖于它们的相对位置而突发和分路彼此的运动。**

如果 A 和 B 表示两个微粒在 AT 和 BT' 方向上以它们各自的速矢端迹的步阶 OQ 和 $O'Q'$ 给出的速度 V 和 V' 运动(相对于被孤立的第三个微粒)(边码 p. 263),那么正如我们看到的(边码

346

p. 265)，V 和 V' 的突发和分路，或者 Q 和 Q' 沿着它们的速矢端迹路程的速度将在每一时刻由 A 和 B 的相对位置决定。设 Q 和 Q' 的这些速度或 A 和 B 的加速度用沿着 Q 和 Q' 处的切线所取的步阶 Qt 和 $Q't'$ 来表示（边码 pp. 259, 265）。于是，问题自然地出现了：我们必须如何考虑由取决于 A 和 B 的相对位置的 Qt 和 $Q't'$（边码 p. 268）给出的突发和分路呢？首先，我们设想 Qt 和 $Q't'$ 是**平行的，但却在相反的指向上**（边码 p. 248）。我们发现需要普遍地假定，微粒的相互加速度具有相向的方向但却相反的指向。[1]

347　其次，通常设想，这个方向是把表示微粒 A 和 B 的点连结起来的连线的方向。现在，这个设想在下述情况下可能是足够正确的[2]：当我们处理粗糙"物质"的粒子时，无论如何当我们讨论非邻近的粒子的运动，或者讨论我们并非被迫认为距离 AB 像粒子本身的维度一样无限减小的粒子的运动时。[3] 另一方面，看来好像有许多物理现

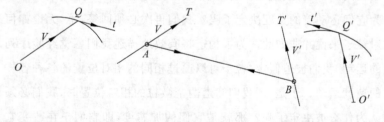

图　22

---

① 也就是说，若 A 在从 B 到 A 的方向上突发 B，则 B 将在从 A 到 B 的方向上突发 A，反之亦然。

② 参见附录，注释二。

③ 在这个例子中将注意到，如果我们选取 A 相对于 B 的运动，那么 A 的路程或轨道的射线和切线分别平行于 Q 的速矢端迹或路程的切线和射线。这用专门语言可以表达为：这样的运动的轨道对作为矢量多边形（力多边形）来说是环节多边形（索多边形），它形成处理向心加速度的强有力的图示方法的基础。

象甚至化学现象,不能通过用点的运动代替原始原子、化学原子或分子的运动来描述。在这种情形中,连结两个微粒的线变成无意义的术语了,我们确实不得不处理十分可能从简单的以太要素的运动构成的要素群的相对运动。

不管怎样,当我们就以太要素询问,我们是否认为它们彼此在它们的连线上相互加速时,我们立即被困难拦住了:我们有理由假定非邻近的以太要素根本不影响彼此的运动(边码 p. 342)。但是,如果我们转向邻近的以太要素,当我们力图构想以太是绝对连续的时候,它们的连线则随要素的维度逐渐消失(边码 pp. 213,324,344)。以太的不连续性可以使我们把困难遗留下来,容许我们认为以太要素在它们连线的方向上相互加速彼此的运动,但是这样的不连续性重新引进了一个发明以太概念要解决的问题(边码 pp. 213,328)。我们可以十分保险地假定,当理想的几何学曲面在以太中被画出和被固定时,它的点按照它的改变的形式将具有彼此相对的运动;曲面上的点将倾向于以依赖于它们相对位置的变化的加速度重返它们原来的位置。但是,当我们断言这是由于以太要素在它们的连线上相互加速彼此的运动时,我们毕竟可以假定以太的机械论的状态,这样的机械论仅对粗糙"物质"而言为真,实际上可以来自构成粗糙"物质"的以太运动的特定类型。如果初始原子是旋涡圈,那就不可能一般地把两个初始原子之间的作用描述为"在它们连线上的相互的加速度"。另一方面,如果初始原子是以太喷射,那么这个短语能够有效地描述两个初始原子之间的作用。在两种情形中,粒子在它们的连线上相互加速彼此的运动的陈述,或者作为绝对的定律或者作为近似的定律能从

348

粗糙"物质"的特定结构得出,而对从以太要素到粒子的所有微粒来说则不会是力学的真理。

关于微粒突发和分路彼此的运动的方式之性质,还有几点要加以注意。我们说过,这依赖于微粒的相对位置,但是相互的加速度从来不受微粒速度的影响吗?我们的两个概念的跳舞者只相互受它们的相对位置的影响,而从来不受它们通过那个位置的速率和方向的影响吗?人们设想,相对速度作为决定两个粒子相互加速度的因素的引入,会与充分确定的所谓能量守恒的物理学原理针锋相对。实际上事实是,从亥姆霍兹以降的许多作家都给出了能量守恒的数学**证明**:它依赖于作为相对位置的函数,而不是作为相对速度的函数的相互加速度。但是,如果把两个运动的物体置于流体中,它们将明显地以依赖于它们的速度以及它们的相对位置的加速度相互加速。在这种情况下,能量守恒对于流体和运动物体的整个系统来说还成立,可是在没有意识到流体的观察者看来,物体的相互加速度好像肯定地由它们的速度以及它们的位置来决定。[①] 当我们关注粗糙"物质"的微粒之间的作用而忽略我们构想它们在其中飘浮的以太时,就完全可能发生这类事情。我们不能假定原始原子、化学原子和分子的相互加速度唯一地依赖于它们的相对位置;它也可能依赖于它们彼此之间的相对速度或它们相对于我们设想它们在其中运动的以太的速度。当我们试图用

---

① 被忽略的以太、它的被忽视的动能,看来好像是运动物体的势能,一般地是借助这些物体的速度表达的。因此,这些物体似乎具有不仅依赖它们的相对位置,而且也依赖它们的速度的相互加速度。

远隔的粒子的相互加速度描述电现象和磁现象时,这一评论就具 350
有特殊的意义。

不过,物理学家通常假定,远隔粒子之间的相互作用被认为发
生在它们的连线上,这仅仅依赖相对位置。确实不需要科学作家
去断言,整个宇宙能够借助粒子或点的系统机械地描述,它们的相
互加速度只取决于它们的相互距离。虽然这样的假设也许是简单
的,但是它的提出者迄今无法证明它的充分性。① 不管怎样,它在
物理学研究中起着重大的作用,在许多目前关于运动定律和能量
守恒所写的论著中,还可以看到它的影响。

上面的讨论使我们能够更好地评价我们不仅就两个微粒,而
且就任何数目的微粒合理地作出的陈述。一般而言,我们可以断
定,不管我们正在处理连续的以太还是不连续的原子和分子,如果
我们集中注意使以太的要素、原子或分子符号化的几何学的点,那
么这个点的加速度(**不是**速度)将依赖于这个点或要素相对于其他 351
点和要素的位置(在某些情况下可能依赖于它相对于那些点或要
素的速度)。另一方面,对于粗糙"物质"的粒子来说,我们发现它
是一个普遍的(即使不是不变的)法则,该法则可以充分断定,它们
的速度被突发和被分路的模式仅仅依赖于它们相对于其他粒子的
位置。尤其是,如果只有两个粒子处在场中,那么它们的相互加速

---

① 对这种描述物理宇宙模式的刺激肯定来自牛顿引力定律。就在泊松
(Poisson)、柯西(Cauchy)和本世纪初伟大的法国分析家的著作可能具有的贡献而言,
也许推动了它。它的持续的痕迹还可以在现代著作中找到;例如,我们可以引证克劳修
斯(Clausius)这位最卓越的现代德国物理学家,他认为所有自然现象也许都可以还原为
在它们的连线上以仅仅是它们相距距离的函数的加速度彼此相互加速的点(*Die
mechanische Wärmetheorie*,Bd. i,S. 17)。

度将依赖于它们的相对位置,并可以构想发生在它们的连线上,但却指向相反。

§6　作为过去历史集中体现的速度 机械论和物质论

在这些陈述中,有一两个方面需要特别注意。如果我们避开形而上学的力的观念,并认为因果性是现象的纯粹的前件(边码pp. 155-156),那么运动变化的原因或加速度在我们关于现象世界的概念模式中便与**相对位置**结合在一起。一个系统在任何时刻的给定速度可以看做是过去的运动变化的总和;或者给定运动的原因只能想象为在于该系统所有过去的相对位置的总体中。因此,作为运动原因的概念之观念的力,只能被定义为一个系统的相对位置的历史。这个历史决定该系统各部分的实际速度,而实际位置则决定速度实际上正在如何变化。不过,"实际位置"是我们在知觉上用以区分共存的感觉印象的模式的概念等价物,而"过去的历史"是感觉印象中的知觉序列的概念等价物。"实际的位置"和"过去的历史"从而包括在使我们命名为知觉惯例的东西概念化的联合中(边码 p. 122)。因此,我们得出结论说,如果我们与泰特教授和形而上学物理学家一起即便把我们的概念投射到知觉领域,我们还是不能在作为运动的原因或作为运动变化的原因的"力"中发现任何比知觉惯例更多的东西,而我们已经看到,知觉惯例是因果性的科学定义的基础(边码 p. 153)。

微粒的过去的历史在它目前的速度中被概述的观念是一个重

要的观念。如果我们知道所有现存微粒的实际速度以及它们的加速度如何依赖于相对位置(或者它也可以依赖于相对速度),那么**在理论上**借助在我们的边码 p.278 指明的过程或通过这个过程的扩展,我们应该能够描绘出我们的宇宙概念模型的整个过去的历史,另一方面描绘出它的整个未来的沿革。虽然我们的大脑还不能完全足以应付必要的分析,但是在理论上解决这些问题的资料却是足够的。不过,大脑确实处理了部分分析。从地球和月球现在的速度以及它们相对于太阳和彼此相对的已知加速度,我们计算两千年或三千年前的日月食,我们通过决定在过去人类经验史中记载的日月食资料校正我们的年表。或者,另一方面,从热量资料或潮汐资料,当我们想象宇宙在千百万年前时,或当我们构想它将在此后千百万年时,我们可以描述它的状况。我们在所有这样的例子中认为,因为我们的概念模型十分精确地描述了我们过去和现在的有限知觉经验,所以,如果我们把它用来描述不能被证实是即时的感觉印象的序列,它还将继续如此。在这个情形中,我们正在明确地作推断,但是推断在逻辑上是可辩护的(边码 pp.72,420);我们设想,因为我们的概念模型十分精确地描述了我们即时的知觉经验,所以它也能描述那个经验的前件和后承,尽管它们在知觉上存在;当我们看到一条河的全景图,全景图的一部分精确地描绘了我们就泰晤士河所知道的一切,那么全景图的其余部分描绘的是我们未获悉的**同一**河流的各个局部,这一推断是合乎逻辑的。在我们的知觉经验与我们的概念模型必然是有限的可证实的符合中,存在着我们对宇宙的力学描述的基础。作为我们知觉经验的速记概要,作为知觉经验与存储的感官印记的共济,这种力学理论的唯一客观要素在于类似的两种人类心智的知觉官能和推理官能。因此,"从作为不可破坏的基础的物质和力之间的固定关系出发",发现"在事物本身中固有的力学定律",对这种物质论的唯一支持在逻辑批判的最轻微的压力下倒塌了。①

354

§7 第四运动定律

不管怎样,我们需要重返我们对于运动定律的讨论,由于现在假定相对位置是决定相互加速度的主要因素,我们必须询问我们就这些加速度可以假设什么更精确的定律。我们首先有必要研究,跳舞者的**个体性**在多大的程度上被设想影响它们突发彼此的运动的方式。**任何**两个跳舞者,无论他们的种族和家族是什么,无论在什么环境下他们相遇,当他们无论何时走到同一位置时,它们总是以相同的方式跳舞吗? 再者,无论两个跳舞者相互承担什么样态(边码 p.240),无论他们是否来到同一位置,他们被设想以相同的方式跳舞吗? 最后,如果我们知道 A 和 B 唯一地在场中时如何影响彼此的运动,A 和 C 唯一地在一起时如何跳舞,我们将能够说出在 B 和 C **二者**存在时 A 将如何行动吗? 在这里,有若干观念我们必须用科学的语言试图表达它们,为的是决定必须给它们暗

---

① 这种物质论的主要的德国代表人物是莫勒斯霍特(J. Moleschott)和毕希纳(L. Büchner),在英国它的最热情的支持者可在晚期的布雷德洛(Bradlaugh)先生的追随者中间找到。也许不需要进而说,有才华的女士在称现世主义者持有"克利福德和查尔斯·布雷德洛的信条"时,没有看到"精神素材"的发明者和毕希纳的追随者之间难以相容的分歧。

示的问题以什么答案。

首先,我们问下述问题:

在两个微粒 A 和 B 的相互加速度之间,存在着任何独立于 355
(1)它们的相对位置和(2)它们在场中的可能伙伴的关系吗?事实
上,存在着依赖微粒 A 和 B 的**个体性**的任何关系吗?

这个问题可以称为**动力尺度**问题。[①] 让我们看看,我们如何
可能理想地解决这个问题。我们可以选取两个微粒,把它们以不
同的距离置于唯有它们才施加影响的场中,我们可以测量它们的
相互加速度。接着,我们用其他微粒在该场中重复这个过程[②],并
以每一种可能的方式改变场本身。于是,我们应该得到两列数,一
列表示 A 因 B 引起的加速度[③],另一列表示 B 因 A 引起的加速
度。于是,在概念领域,我们应该应用科学方法分类事实,并通过
仔细审查这些事实力图发现可以用来描述它们的定律或公式。我
们应该尽早找到 A 和 B 的这些相互加速度之间的基本关系。重
返我们的图 22,我们会发现,Qt 中的长度的单位数(如果这表示 A 356
因 B 引起的加速度的话)与 $Q't'$ 中的长度单位数(或 B 因 A 引起
的加速度)总是处于恒定的比率。如果 Qt 是 7 个单位,$Q't'$ 是 3 个

---

① Kinetic(动力的)是由希腊语 $\kappa\iota\nu\eta\sigma\iota\varsigma$ 即跳舞、运动形成的形容词;动力尺度意
指运动的尺度。

② A 因 B 引起的加速度的那部分可以与因同一个场中的其他微粒引起的加速度
分离开来,分离的方式在本书中无法充分讨论。在许多情况下,它可以借助加速度的平
行四边形来区分(边码 p.282)。

③ 所谓"A 因 B 引起的加速度"的表达频频在本章中使用,读者不必理解 B 强使
A 的运动变化。该术语仅仅被用来作为下述概念的观念的速记:A 和 B 在相互存在时
必须被看做是以某种方式改变它们的相对运动。

单位,那么不管把其他什么微粒引入该场,不管 A 和 B 的相对位置可能如何改变,还有 Qt 和 $Q't'$ 二者是大还是小,它们总会具有比率 7 比 3。现在,在这里有我们第一个问题的答案的开端,我们可以用下述词语陈述我们的直接结论:

　　A 因 B 引起的加速度与 B 因 A 引起的加速度比率总是必须认为是相同的,不管 A 和 B 的位置是什么,不管周围的场是什么。

　　因此,相互加速度之比率似乎依赖于个体的一对跳舞者,而不依赖它们的相对位置或它们的邻居的存在和特征。

　　但是,读者可能要问:科学如何能够得出像这样的广泛起作用的结论呢,因为即便最形而上学的物理学家从未捕捉到一个微粒(更不必说两个了),因而从未能在每一个可能的场中实验它们。这个答案具有与吸引粒子问题的答案相同的特点(边码 p.336)。物理学家在所有各类场中实验知觉的物体;他们充电、磁化、加热或用具有一定维度的线状物体或棒状物体机械地组合;但是,不管场的性质如何,他们发现物体越小,即它们越趋近粒子的概念极限,就越能近似地借助服从上述定律的概念粒子描述它们的感觉印象序列。于是,他们假设上述定律对粒子为真,并且倒过来进而借助这个定律描述那些是我们关于知觉物体的符号的粒子集合体的运动。由于发现这个定律给我们以预言我们关于知觉物体的感觉印象的未来惯例之能力,从而证明了定律的有效性。一旦它作为粒子的力学原理确立起来,那么很自然就要研究,它应用到整个微粒范围是否会导致与我们知觉经验一致。就其导致一致而论,人们逐渐认清它是机械论的普适定律。我们借助我们的知觉经验发现并接着辩护该概念定律,这个过程适合于所有我们关于运动定律的进一步的陈述，就我目前的意图而言，我将不认为它必然在每一个个别的例子中涉及实验的发现和辩护。

§8　质量的科学概念

这个第四运动定律在我们关于微粒跳舞的描述中把我们带到一条漫长的道路，但是我现在请求读者跟着我进行一项更为困难的研究。不管怎样，这最终将以它给我们引入的若干新观念报偿我们。因为第四定律现在继续有效，所以我们应该就每一个可能的微粒对做实验，以便形成它们的相互加速度的比率尺度。为了避免这种十分费力的过程，我们构想一个标准的微粒作为例子，并用字母 Q 表示它，我们设想由 Q 和我们使其寓居于概念空间的每一个其他微粒的相互加速度之比率形成的记录。

358

根据第三运动定律，无论场是什么，Q 因 A 引起的加速度与 A 因 Q 引起的加速度具有相同的比率。现在我们将为这个比率命名；我们将称它为 A 相对于标准 Q 的**质量**，或更简单地称它为 A 的质量。于是我们有：

$$A \text{ 的质量} = \frac{Q \text{ 因 } A \text{ 引起的加速度}}{A \text{ 因 } Q \text{ 引起的加速度}} \qquad (\alpha)$$

类似地，若 B 是第二个微粒，我们则有：

$$B \text{ 的质量} = \frac{Q \text{ 因 } B \text{ 引起的加速度}}{B \text{ 因 } Q \text{ 引起的加速度}} \qquad (\beta)$$

这个定义把我们导向两个重要的方面。也就是说，我们看到，微粒的质量与某一标准微粒有关系，或者质量总是一个**相对的**量；

再者,质量仅仅是表示加速度比率的数。于是,我们在这里有一个十分清楚的和易懂的定义;我们能够把握速度意味着什么,我们能够理解它的变化如何能够用加速度来测量。因此,质量作为两个加速度的单位数之比率,是一个能够容易评估的概念。正是以这种方式质量在科学上被恒定地决定,然而读者将屡屡发现在物理学教科书中把质量定义成"物体中的物质的量"。在第七章我们讨论了物质之后,读者将很容易鉴别,借助物质定义质量是多么无用。①

§9 第五运动定律力的定义

在我们对微粒跳舞的研究中,我们现在能够行进到下一个阶段。选择一个标准微粒 Q,我们构想许多其他微粒 A, B, C 等相对于它的质量已被测量。如果我们把这些质量列表显示,然后把它们与 A 和 B、B 和 C、C 和 A 等的相互加速之比率加以比较,以便确定在每一对的相互加速和它们的质量之间是否存在任何关系,那么我们会立即发现第五个重要的运动定律,即 **A 因 B 引起的加速度与 B 因 A 引起的加速率之比率,严格地等于 B 的质量与 A 的质量之比率**,或者用简单的代数记法:

$$\frac{A \text{ 因 } B \text{ 引起的加速度}}{B \text{ 因 } A \text{ 引起的加速度}} = \frac{B \text{ 的质量}}{A \text{ 的质量}} \qquad (\gamma)$$

这可用下面的陈述简洁地表达:相互加速度与质量成**反比**。

---

① 量本质上属于感觉印象的范围。当把它投射到超越那个范围时,我们不能认为它有任何意义。因此,把量一词应用到感觉印象的形而上学"源泉",似乎是不合逻辑的。

这一陈述的正确性可用与第四运动定律严格相同的方式加以证明。我们注意到，如果取单位 1 作为标准微粒 Q 的质量的表示[①]，那么边码 p.358 的质量定义便可用下述公式代替：

$$\frac{Q\text{因}A\text{引起的加速度}}{A\text{因}Q\text{引起的加速度}} = \frac{A\text{的质量}}{Q\text{的质量}} \qquad (\delta)$$

现在，可以把这个定律放入稍微不同的形式。根据众所周知的命题[②]，在任何比例中两内项之积等于两外项之积。由此可得： 360

A 的质量 $\times A$ 由于 B 引起的加速度等于

B 的质量 $\times B$ 因 A 引起的加速度。

于是，我们将为质量与加速度之积命名；我们将称 A 的质量与 A 因 B 的存在而引起的加速度之积为 B 施加**在 A 上**的**力**。这个力将认为具有 A 因 B 引起的加速度的方向和指向，而它的大小将通过 A 的质量的单位数乘以 A 因 B 引起的加速度的单位数而得到。因此，力的恰当量度是它的质量、加速度的单位数。请回忆一下 A 和 B 的加速度具有相反的指向，从而我们现在能够用新语言重新陈述我们的第五定律：

B 施加在 A 上的力与 A 施加在 B 上的力大小相等而指向相反；

或者，用牛顿本人原来的陈述如下：

"作用和反作用大小相等而指向相反。[③]" （ε）

---

① 也就是 Q 和绝对相等的微粒的相互加速度之比率。这些加速度由于对称必定严格相等，从而它们的比率即 Q 的质量必然取单位 1。

② 《欧几里得》(*Euclid*)，vi，16，用算术诠释的。

③ "Actioni contrariam semper et cequalem esse reationem".

现在很清楚,就我们的定义而言,力是一个微粒相对于第二个微粒**如何**跳舞的某种量度,这个量度部分地依赖于第一个微粒的个体特征(它的质量),部分地依赖于它对第二个微粒的存在给予的关注(它的因第二个微粒引起的加速度)。这种度量在科学上是方便的度量,它的普遍使用证明了这一点,把陈述(ε)的简单性与陈述(γ)的复杂性加以比较几乎可以预见这一点。我们所达到的力的定义是一个十分易于理解的定义;它完全不受任何作为"运动的事物"的物质概念,或任何形而上学的"运动原因"概念的影响。我们只要取表示 A 因 B 的存在引起的加速度的步阶,并把它的长度按 A 的质量与标准物体 Q 的质量之比率伸长或放大,我们就有表示 B 施加于 A 的力的新步阶。因此,力是运动的任意的概念量度,它没有任何知觉的等价物。

这样给出的力的定义与在普通教科书中所找到的定义[①]之间的区别,读者乍看起来似乎是轻微的,但是作者冒险地认为,该区别在可理解的与不可理解的生命理论之间、在健全的物理科学与粗糙的形而上学的物质论之间造成了全部差异。正如我们在不止一次的场合所指出的,因果性只是在知觉领域作为感觉印象惯例的前件才是可理解的。另一方面,在概念领域,我们的微粒运动变化的原因仅仅在于我们期望形成一个精确的关于现象世界的力学模型。对于每一个确定的微粒构型,我们假定某些相互加速度是

---

① "力是任何倾向于改变物体的自然的(原文如此!)静止状态或匀速直线运动的原因。"(泰特的《粒子动力学》(*Dynamics of a Particle*),art. 53)也许没有必要去评论,我们不能构想任何物体**自然地**处于静止或在直线上运动,除非**自然的**一词在某种人为的含义上重新加以定义。

把我们的机械论引入与我们对变化的感觉印象一致的模式。力作为运动的这些概念变化的任意量度是可以理解的。另一方面,把 362 运动的原因投射到感觉印象背后的某种事物,这是教条地断言我们在那里并不知道的因果性,是在逻辑上从同类事物推断非同类事物(边码 pp. 72,186)。唯一可供选择的是把力看做感觉印象的先行群;不管怎样,这不仅是把我们的纯粹概念的运动概念投射到知觉领域,而且也把处理力与之符合的特定感觉印象群的责任施加给我们。我们已经讲过"力的肌肉感觉"(边码 p. 327),如果我们把概念投射到知觉领域,那么这种感觉可以更精确地被描述为与意识的事实稳定地联系在一起的相互加速度的感觉印象。在我们必须构想"现象的微粒"是这样的"没有意识的自动机"中,它绝对没有阐明运动的原因。因此,无论我们转向哪一条道路,质量和力的流行定义都只能导致我们陷入形而上学的朦胧。质量作为物体中的物质的量,物质作为在知觉上运动的东西,力作为改变它的运动的东西,只不过是纯粹用来掩盖人的无知的名称。这种无知归根结底是对**为什么**在我们的感觉印象中存在惯例的无知,我们已经充分地处理了这个惯例问题(边码 pp. 122-128)。但是,科学不回答**为什么**,它仅仅提供我们感觉印象**如何**的速记描述;因此可得,如果质量和力被用来作为科学的术语,那就必须借助我们描述这种**如何**使它们符号化。我正是如此处理它们的;我们看到,为了简明地描述形成我们的宇宙概念模型的微粒 363 跳舞,建立在相互加速度基础之上的质量和力的概念自然地并伴随着可理解的定义出现了。

§10 用称量重量检验质量相等

虽然我们不可能再考虑整个力学领域,但是还有必要向读者指明,我们的质量和力的定义最终导致我们达到与他将在流行的物理教科书中发现的相同的结论。首先,我们将研究一个基本的问题,它将把我们导致检验**质量相等**的模式。设我们在同一场中有两个质量 m_a 和 m_b 的粒子 A 和 B,我们将假定它们处于水平线上,A 在左而 B 在右。现在,由于我们无须确定地描述的某一系统在 A 左边存在,我们将假定 A 具有用 g 单位表示的水平向**左**的加速度。类似地,B 由于某一另外的系统将具有 g 单位的向**右**的水平加速度。进而,A 和 B 将相互地彼此加速,我们将用符号 f_{ba} 表示 B 引起的 A 从左向右的加速度,用 f_{ab} 表示 A 引起的 B 将处于相反指向的加速度。我们将针对 A 和 B 的加速度选择特定的"物理场";它们将联系在一起以致它们的距离不能变化,但是将设想联系本身无论在 A 或 B 中都不产生加速度。我们可以借助实际知觉的极限,即通过一条纤细的无重量的且不可伸长的绳子把这种联系概念化。这样的线本身不会在 A 或 B 中产生可感觉的加速度。由于绳子是不可伸长的,因而整个系统必须在**同一**方向运动,比如说从右向左。于是很清楚,或者 A 的速度必然在所有时刻等于 B 的速度,或者绳子会被拉紧。但是,或者若 A 和 B 的速度总是相等,则它们的加速度必定也相等,或者若有不同的突发,则它们的速度会开始不同。因此,我们得出结论,A 向左的总加速度必定等于 B 在同一方向的总加速度,或者用符号表示:

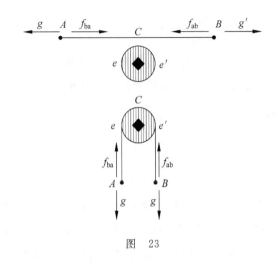

图 23

$$g - f_{ba} = f_{ab} - g \tag{i}$$

但是,根据第五运动定律(即(γ),边码 $p.359$),

$$\frac{f_{ba}}{f_{ab}} = \frac{m_b}{m_a} \tag{ii}$$

于是,(i)和(ii)是寻找 f_{ba} 和 f_{ab} 的两个简单的关系。按照基本的 365
代数,我们有:

$$f_{ab} = 2\frac{m_a}{m_a + m_b}g \quad \text{和} \quad f_{ba} = 2\frac{m_b}{m_a + m_b}g.$$

因而我们推导出:

$$A \text{ 或 } B \text{ 向左的加速度} = g - f_{ba} = \frac{m_a - m_b}{m_a + m_b}g \tag{iii}$$

进而,

B 施加在 A 上的力 = A 的质量 × A 因 B 引起的加速度

$$= m_a \times f_{ba}$$

$$= 2\,\frac{m_a m_b}{m_a + m_b}\,g$$

$$= m_b \times f_{ab}\;\text{或}\;A\;\text{施加在}\;B\;\text{上的力。}$$

现在,B 施加在 A 上的力是我们通常所谓的**绳子的张力**。因此,我们有:

$$\text{绳子的张力} = 2\,\frac{m_a m_b}{m_a + m_b}\,g \qquad\qquad (\text{iv})$$

现在,我们注意一下一个进一步的重要之点。为了 A 和 B 相对于产生加速度 g 的场会处于静止,有必要使它们的速度应该总是零,这包括它们速度的变化或它们的加速度应该总是零。但是,从(iii)立即可以看出,这些加速度能够是零的唯一道路来自 m_a 和 m_b 或 A 和 B 的质量相等,因为此时差 $m_a - m_b$ 才是零。因此,静止将依赖于 A 和 B 的**质量相等**。

现在能够引入进一步的概念看法,即通过把无重量的、不可伸长的绳子绕过任何"完全光滑的"物体,不会在大小上而只能在方向上改变终端的物理结果——结果的感觉印象。这再次是每一个实在的知觉经验的纯粹概念极限。现在,我们将假定,把我们的绳子绕过完全光滑的水平圆柱或在它的中点处嵌入它下面的弦轴,以致绳子的 eA 和 $e'B$ 部分竖直向下地悬垂着。我们能够进一步假定,在 A 和 B 二者中产生加速度 g 的特定系统现在被地球的单一系统取代,因为伽利略证明,在地球表面上同一地点的所有粒子必须设想具有相同的向地球表面的竖直加速度。因此,我们得出结论,如果把两个粒子用放在完全光滑的圆柱上的、无重量的、不可伸长的绳子连接起来,那么一个向下和另一个向上的加速度由关系(iii)给出,绳子的张力由关系(iv)给出。因此,若粒子必定处于静止或相互平衡,则它们的质量必然相等。在这个例子中,由于 $m_a = m_b$,因而绳子的张力等于 $m_a \times g$,或者等于 A 的质量与 A 因地球引起的加速度之积;也就是说,等于**地球施加在 A 上的力**。这个力被命名为 A 的**重量**,由于 $m_a = m_b$,因而可得,A 的重量等于 B 的重量。

因此,在这一研究中,我们达到了称量机械——放在光滑圆柱上的、具有在它的末端悬挂的粒子的、不可伸长的绳子——最简单的概念看法。若粒子的重量相等,则它们的质量也将相等,它们将平衡。因此,质量相等可以通过**称量重量**来检验。从这个讨论也得出另一个重要的结果。如果用绳子悬挂的粒子相对于地球处于静止,那么它的重量将等于绳子的张力。因此,若在任何地点的地球加速度已知,则我们有办法借助张力测量质量。这个原理的进一步发展,形成用因相等的张力而产生的胁变相等来决定质量相等的重要方法的基础(边码 p. 242)。

§11　第四和第五运动定律
的机械论扩展多远?

在我们结束质量的讨论之前,还有与之有关的几个方面甚至在像目前这样的基础著作中也必须加以阐明。我们首先必须询问,我们的第四和第五运动定律以及包含在它们中的质量和力的定义,是否必须设想对于从以太要素到粒子的微粒的整个范围都适用。当然,如果我们把原始原子构想为可能地扩展的物体,把化学原子和分子构想为几乎肯定地扩展的物体,那么关于力像关于加速度一样会出现同样的困难。在那里不再存在相互加速度、从而还有力在其间起作用的确定的点。我们重新依靠这样的概念:如果这些定律必须应用于原子和分子,那么就必须把它们应用于这些微粒的基本部分之间的作用和反作用,应用于我们的定律涉及的基本部分的质量。于是,从这些基本部分的相互作用,我们借助上述定律必定能推导出两个原子或两个分子之间的总作用。这将并非必然地是可以通过在两个确定点之间作用的单一的力来测量的。

368

然而,就我们的质量概念而言,进一步的困难出现了。以太要素的质量与原子或分子或粒子的质量具有相同的特征吗?这的确是十分可疑的。假如两个以太要素、两个原子和两个粒子的相互加速度之比率本身是各自的常数,并且能够导致我们对各自的类型达到清晰的质量定义,那么还是不能肯定,以太要素和粒子的相互加速度之比率是否反比于以太要素的质量与粒子质量之比率。**很可能,我们无法构想这些质量用同一标准可以测量。**

如果原始原子由运动的以太构成,那么它的质量肯定会随它的运动消失;但是,形成原始原子的以太要素还保留着它们的以太质量。因此,情况似乎很可能,进入粗糙"物质"质量中的速度的可能性可以阻止我们断定,以太要素和粒子的相互加速度之比率"反比于它们的质量"。因此,在以太和粗糙"物质"之间的力学作用和反作用的观念变得十分朦胧了。关于对粒子假设这些定律的有效性,能够有小小的疑问;它们可能足以描述以太要素相互之间的关系，但是它们不能教条地断定以太和粗糙"物质"之间的作用。我有意识地把读者导向这些困难的、还未确定的观点，因为发现适合于粒子的某些运动定律还将足以描述我们对于物理物体的知觉经验的物理学家——我冒险地认为——太易于断言，这些同样的定律的适用范围遍及他们用以描述宇宙的整个概念模型。他们也许承认，像引力、磁作用等的加速度的特殊模式，可能来自设想原始原子和粒子构成的方式。但是，可能还要承认比这更多的东西：我们就粒子陈述的大多数运动定律也可能来自粒子的特别的结构。它们可能主要起因于我们就以太假设的性质，起因于我们藉以构造粗糙"物质"各种状态的以太运动的特定类型。

　　因此，当我们询问设想以太是纯粹的机械论[①]是否终归是科学的时，无须怀疑充分确立的现代物理学的成果。科学的目标是用最少的词语描述最广泛的现象，而且十分可能，以太概念有一天可能形成，粗糙"物质"的机械论本身在很大程度上能够用它来概述。事实上，正是在以太的构成和原始原子的结构这些方面，物理学理论目前尤其不知所措。有大量的仔细实验的机会来更严密地确定我们想要科学地描述的知觉事实；但是，更为需要的是出色地利用科学的想象（边码 p.36）。还必须形成比引力定律或通过自然选择的物种进化更为伟大的概念。所缺乏的不是问题，而是解决它们的灵感；那些将解开它们的人会与牛顿和达尔文并驾齐驱。

---

① 所谓**纯粹的**机械论，作者意味着读者理解所构想的、在力学专论中陈述的、服从**所有**基本运动定律的系统。

§12 作为动力学尺度的基础的密度

如果我们的机械论像在上面的运动定律中系统阐述的那样只能够对粒子确定地断言为真,那么我们还要问,我们使知觉物体符号化的几何学形式如何被构想是由粒子构成的呢,我们必须假定多少不同的粒子家族呢。现在,为了评估这个问题的答案,我们必须确定我们所谓的**实物的同一性**意味着什么。设我们选取不同的物体或同一物体的两部分,再设我们发现我们不管如何检验这些部分,它们都向我们呈现同一物理的和化学的感觉印象群,那么我们将称这些部分具有**相同的实物**。进而,如果一个物体的部分——不管从它的任何局部选取什么部分——似乎总是具有相同的实物,倘若我们能够假定严格相同的形式的知觉,以致任何一部分相对于任何其他部分都可能被错认,那么我们将说,该物体是**均匀的**。现在,虽然我们不能使粒子在知觉中实在化,但我们还是构想,如果粒子必须通过由这样的均匀实物的每一个局部取越来越小的要素形成,那么所有这些粒子会具有**相等的质量**。于是,我们开始把我们关于均匀物体的概念符号看做是具有相等质量的粒子均质地分布在整个几何面上。在把我们关于粒子运动的定律应用于这样的粒子均匀分布时,我们构造几何学形式的运动,它在那些近似于均匀性的概念理想的知觉物体的例子中能周密地描述我们的感觉印象惯例。我们接着把包含在我们几何学形式的任何部分中的粒子质量之和定义为这部分的质量。由此立即可得:**同一均匀实物的任何两部分的质量与它们的体积成比例**。

　　这个结果并非陈词滥调①；它只能来自我们就均匀的实物假定的粒子均质分布，这种分布是一个概念，它像引力定律一样只能通过它描述的结果与我们的知觉经验的一致来辩护。如果我们取均匀实物的两个小而相等的体积，那么它们越小，我们就能越近似地用概念符号即"**相等**质量的粒子"来描述我们对它们的知觉经验。对我们的宇宙力学模型来说，由于每一个独立的实物的基本粒子的特殊质量，因此必须在概念上把这样的实物视为个体化的。如果我们把任何均匀的实物看做是标准的实物，接着如果取任何给定的均匀实物和标准实物的小而相等的体积，那么当这些体积变得越来越小时，那么用来表示在概念上它们的粒子质量之比率被命名为给定的均匀实物的**密度**。② 从上面关于同一均匀实物的两部分的质量正比于它们的体积之陈述可得，**给定的均匀实物的密度是它的相等体积的质量和标准实物的比率**。

　　如果一个物体不是这样的，以致在任何地方取它的部分，向我们呈现的是不同的物理的和化学的感觉印象群，那么该物体被说成是**非均匀的**。如果我们从这个物体不同的局部取它的小而相等的体积，那么我们取的体积越小，我们发现我们对它们的知觉经验能够越近似地用**不同**质量的粒子来描述。如果我们从非均匀物体的"给定的点"和标准的均匀实物取小而相等的体积，那么我们所取体积越小，我们的知觉经验能够越近似地用两个粒子的相互作

372

——————————

　　① 　完全可以把它描述为**第六个**基本的运动定律。

　　② 　在教科书中采用的名称是"比重"，但是我认为这个术语是不幸地选取的，我宁可在这种含义上使用**密度**一词。

用来描述。非均匀实物的这个粒子的质量与标准实物的粒子的质量之比率,被命名为非均匀物质**在给定点的密度**。因此,这样的实物的密度不像在均匀物质的情况中那样是给定的实物与标准实物的一定体积的质量之比率,它是一个从非均匀物体的**一点到另一点**而变化的量。

很清楚,这样讨论的密度概念为我们构想由粒子集合构成的物理物体的符号之方式提供了钥匙。借助密度,我们使实物个体化,并在动力学上分类是概念的物体要素的粒子。密度形成我们在探求中的**动力学尺度**(边码 p. 355);它是我们用来测量加速度——我们构想加速度是在物体相互存在时经验到的它们的理想要素——的相对大小的基本手段。它把新机会投射到我们藉以使现象宇宙概念化的几何学形式。

无论如何,读者必须细心注意,对密度的全部讨论限于理想的概念。我定义了均匀性;但是,这样定义的均匀性是在概念上纯粹从能够在知觉上开始但却不能完成的比较过程引出的极限。知觉实物准确地讲不是均匀的。进而,我说过取"相等的体积",这个过程是一种几何学概念,从未在知觉中严格地实现过,因为在那里不能假定连续的边界(边码 p. 205)。其次,我还说过"在一点的体积"和"在一点的非均匀物体的密度",这也是没有严格知觉等价物的概念极限。最后,我说过密度等于"某些体积"的质量与作为充满"几何学形式"的粒子集合的质量之比率。这些指示将足以向读者表明,密度像质量一样,是概念的观念,是分类我们关于宇宙的概念模型的符号之理想的工具。事实上,我们如此选择这些密度,以使我们的模型能够尽可能精确地描述我们的知觉经验,但是密度本身属于概念的范围,是针对我们使物理物体符号化的几何学形式定义的。它是这些几何学形式和我们赋予它们的加速度之间的概念链环。必须坚持这一点的重要性,因为正是几何学体积和在均匀实物情况中的质量之间的这一关系,导致物理学家把质量定义为"物体中物质的量"(边码 p. 358)。这种几何学形式首先被投射到现象世界,然后这种形式充满感觉印象的形而上学源泉——物质。质量作为与体积的比例从而变成作为物质度量的质量,从而为有破坏物理科学牢固基础的危险的形而上学洪水打开了闸门。

§13 样态对微粒跳舞的影响

迄今,我只是处理两个微粒相互加速度之**比率**的值。针对每一个个体场讨论这些相互加速度的绝对值,会带领我们穿越现代物理学的整个范围;我们应该处理那些描述我们在内聚力、引力、毛细作用、电作用、磁作用等等的项目下分类的现象的特殊运动定律。讨论这些没有落在本书的范围内,但是存在着我必须在这里予以注意的一两个普遍的方面。首先,我着手用准确的术语陈述在边码 p. 354 中提出的第二个问题。我要问:**两个微粒的相互加速度的绝对大小受它们相互呈现的样态的影响吗?** 375

对于样态(aspect)影响这个十分重要的问题,现在还无法给予十分确定性的回答。如果我们辨别各种类型的微粒,那么似乎没有我们的知觉经验的事实会导致我们假定,样态在以太要素的相互作用中起任何作用。至于原始原子,我们只能听任事态悬而未决;若这种原子是旋涡圈,则样态便会具有重要性,但是若它是以太喷射,则样态便不会具有重要性。另一方面,在两种情况中,很可能在大多数其他可想象的机制中,样态在化学原子之间和分子之间的相互作用中会起重大的**作用**。这些由比较少的原始原子构成的群不管怎样相互转向,它们都几乎不能以相同的方式加速彼此的运动。在我们描述诸如结晶和磁化这样的现象的概念尝试中,我们也许不得不期待这种随样态变化的相互加速度的变化的帮助。至于粒子,当我们处理与它们逐渐消失的小尺寸相比处于大距离的粒子时,样态可能没有影响;但是,还是可以设想的是,如果粒子中的所有分子具有类似的样态,那么样态在决定这个粒子对于**邻近**粒子的作用时可能是重要的。然而,在引力现象中,样态却未起任何我们能够在知觉上鉴别的作用。总的说来,我们的结论是:必须认为样态是决定相互加速度绝对大小的重大因素,但是,我们的跳舞者"所取姿势"对于他们跳舞的模式的精确影响,依旧还是物理学的一个模糊之点(参见边码 pp. 369,386)。

376

§14　修正作用假设和运动的综合

当我们处理运动的综合或从简单的微粒群到复杂的微粒群的构成时,我们必须考虑的下一个问题是一个具有极其重要性的问题(边码 p. 283)。它是**修正作用**(modified action)的问题。我可以这样陈述它:

如果我们找到 A 在 B 存在时的加速度,那么当把 C 引入到 A

和 B 的存在中时,这个加速度的大小①**将改变吗?** 这个问题可以稍为不同地提出,于是:设我们发现,当只有 A 和 B 在场中时,A 因 B 引起的加速度用步阶 b 表示,当只有 A 和 C 在该场中时,A 因 C 引起的加速度用步阶 c 表示,那么当 B 和 C 在该场时,这些加速度依然是相同的吗,从而由于我们针对加速度的结合而陈述的定律(边码 p.282),B 和 C 的总加速结果将用其边长是 b 和 c 的平行四边形的对角线步阶 d 来表示吗? 或者,另一方面,当 B 和 C 二者在该场中时,前者因 B 引起的加速度 b 变为 b',因 C 引起的加速度 c 变为 c',从而 A 的总加速度现在是对角线 d',我们必须这样构想吗? 显然,如果后一陈述是正确的,运动的综合就变得更为复杂。A 的加速度是由因 B 和 C 引起的加速度合成的还将为真,但是这些加速度将不依赖于 B 和 C 各自相对于 A 的位置,而依赖于整个系统 A,B,C 的构形。因此,在我们决定只有 B 和 C 的作用 b 和 c 通过叠加变为 b' 和 c' 之前,将不可能由简单运动的组合形成复杂的运动。现在,这个问题也可以从力的立场来考察。若 m 是

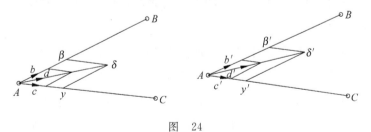

图　24

---

①　我们已经看到,不能设想相互加速度的或 A 和 B 的质量的**比率**被在该场中的其他微粒的存在所改变;但是,这留下悬而未决的绝对大小的问题。

A 的质量,则 $m\times b$ 和 $m\times c$ 将是 B 和 C 施加在 A 上的力,将在长度上用步阶 b 和 c 的 m 倍步阶表示(边码 p. 360)。如果 B 和 C 没有改变彼此的影响,那么它们的由加速度 d 给出的组合作用符合是步阶 d 的 m 倍的力,该力是由质量和加速度之积或 $m\times d$ 量度的。这个力被命名为**合力**;我们看到,由于合力和分力分别是加速度平行四边形的对角线和边的 m 倍,因而这些力本身必然形成平行四边形 $A\beta\delta r$——它是加速度平行四边形的放大图形——的对角线和边。这就是著名的力的平行四边形,而且我们注意到,当我们设想 B 和 C 不改变彼此的作用时,便可立即从加速度的平行四边形得到它。[①]

如果它们改变彼此的作用,那么还将存在力的平行四边形 $(A\beta'\delta'r')$,即合力 $m\times d'$ 将是边 $m\times b'$ 和 $m\times c'$ 上的平行四边形的对角线。但是,如果我们像物理学家普遍所做的那样,所谓 **B 施加在 A 上的力**意指当只有 A 和 B 在该场中时的力,类似地所谓 C 施加在 A 上的力意指当只有 A 和 C 在该场中时的力,那么我们断言,依据修正作用假设,**力的平行四边形不是我们能够真正地用来组合力的综合**。

对读者来说,这个结论与他读力学时所获得的一切如此针锋相对,以致他立即被诱导拒斥修正作用假设。牛顿的运动定律之一确实明显地排斥这个假设,而且当我们排除它时,无疑大大简化了我们由简单的力学体系构造复杂体系的过程;我们不必处理每一个新颖的场,不必重新针对它的构成要素的每一变化测量加速

---

①　对**粒子**的物理学而言,这可以被说成是**第七运动定律**。

度：我们只要分析它，把它分解为简单的场，我们先前曾讨论过这 379
些场的个体运动。可是，断言最简单的假设必然正确并不是科学
的（附录，注释三）；我们必须询问，当我们着手把它推广到查明它
描述经验的范围之外时，它是否还足以简化我们的概念，或者它是
否把某些辨认出的知觉状态遗留下而未描述。当我们处理粗糙
"物质"的粒子时，牛顿定律似乎是完全充分的，从而可以说是被证
实了。例如，两个引力粒子的相互加速似乎不受第三个粒子存在
的影响；举一个更具体的例子，还没有观察到什么东西会迫使我们
构想，我们藉以描述太阳和地球相互跳舞的相互加速度丝毫不会
受到月球存在的影响。可是，当我们开始把在处理粗糙"物质"粒
子时无比宝贵的牛顿的这一定律扩展到分子、原子和以太要素的
相互作用时，看来好像有显著的理由怀疑它的精确性。

我们能够构想使修正作用基本为真的原子结构，例如以太喷
射。在不假定两个分子 A 和 B 的作用被第三个分子 C 的存在改
变的情况下，就几乎不能描述内聚现象。[①] 有化学事实暗示，引入
第三个原子 C 甚至可以使两个原子 A 和 B 的相互加速度的指向 380
反转。不仅如此，那些为了描述光辐射而把以太视为果子冻（边码
p. 315）的人将发现，在不断言修正作用假设对以太要素为真的情
况下，要使它的弹性结构概念化是十分困难的。因此，必须认为作
为运动综合的力的平行四边形首先适用于粗糙物质的粒子；它向

[①] 作者对"样态"和"修正作用"的较充分的讨论可在托德亨特（Todhunter）的《弹
性史》(*History of Electicity*), vol. i, arts. 921-931,1527 和 vol. ii, arts. 276,304-306 中
找到。也可参见《美国数学杂志》(*American Journal of Mathematics*), vol. xiii, pp. 321-
322,345,353,361。

其他微粒的扩展只能谨慎地、不断修正地进行。像机械论的如此之多的其他特征一样，不能教条地断言它对所有微粒都适用，但是它本身可以来自我们针对以太所假设的组成和针对粗糙"物质"的各种类型所假定的结构。

§15 牛顿运动定律批判

在我们结束我们的运动定律的讨论之前，说出采用的方法与通常的物理学处理大相径庭，对读者而言是唯一恰当的；在对那种处理依据的权威表示敬重时，似乎也要求某种比较和批判。我已经处理了力、物质和质量的流行的定义，并向读者表明因卷入形而上学的朦胧而排斥它们的理由。因此，当我们在运动定律的陈述中碰到这些术语时，我们必须努力用我们自己的含义诠释它们。对于初次审查的读者来说，牛顿的运动定律陈述也许比本章中的陈述简单。它们一般地是就**物体**陈述的，看来好像描述了所有物体在其下运动的机制，因此大概可以描述从以太要素到粒子的整个范围的微粒的运动。现在，这丧失了对本书作者认为十分重要的可能性的洞察，即人们最终将发现，不仅特殊的运动模式，而且描述可感觉物体的行为的许多机制，都包含在某种广泛达到的以太和原子的概念中。用另一种同等复杂性的机制描述一种机制在逻辑上是不能令人满意的；我们必须希望最终使以太概念化，而针对粗糙"物质"的粒子所假设的几个运动定律可能直接来自以太的简单结构。记住这些观点后，我们现在转向汤姆孙和泰特给出的牛顿定律的版本。[①]

定律Ⅰ.每一个物体都继续它的静止或匀速直线运动状态,除非达到它可能受力的迫使改变那种状态之程度。

现在,熟悉动力学专题著作的读者将会记得,最困难的一章往往冠以**物体在无力作用下的运动**的标题。所描述的运动具有极其复杂的类型。例如,物体不仅可以绕轴旋转,而且作为普遍法则也可以相互改变它的旋转轴。因此,"静止或匀速直线运动状态"**不**是物理学家假定描述物体在无力作用下的运动的状态。我们完全可以正确地构想,称为这样一个物体的**质心**的某点或静止或匀速直线运动;然而,这不是本身为公理的概念,而是来自我们借以在概念上构造物体的**粒子**的作用与反作用相等的原理之应用。首先,**物体**一词的使用因而实际上并未把普遍性给予定律,而是引入朦胧性;我们至少应该用**粒子**一词代替它。其次,就我们必须理解的所谓的静止或匀速直线运动而言,该定律十分缺乏明晰性。所有的运动必然对于某事物而言是**相对的**,但是,牛顿并未例如就相对路程是直线做什么说明。力也是相对的术语(边码 p.360),但是牛顿无论在何处也未告诉我们作用在物体上的力相对于什么。因而,在第二个物体(或其他粒子)被引入之前(边码 p.343),该定律依然是无意义的。首先,所谓"受力的迫使改变那种状态"的词语我们必须理解什么? 我们把力看做是运动的某种度量,即质量

[382]

---

① 《论自然哲学》,part ii,pp.241-247。作者将不承认,在他赞颂牛顿的天才或对上述经典的《论自然哲学》表示敬意时,他附和任何一个人。可是,他不能相信,自牛顿陈述他的运动定律以来过去的两百年"没有显示出添加或修正的必要性"! 旧的词语随着人们不得不借助它们表达新观念而发展,没有几个定义即使在多年具有强大的生命力。

与加速度之积；于是，断言没有力就是断言没有加速度，或者该定律只会包含老生常谈：粒子在没有运动变化的情况下匀速运动。但是，牛顿肯定意味着比这更多的东西，因为他在中世纪形而上学的含义上认为力是"运动变化的原因"。现在，我们能够达到他的观念的最近的进路是，相对于周围粒子的位置决定给定的粒子的加速度，从而从字面上诠释，第一定律被视为相当于这样的陈述：周围环境决定加速度——没有其他粒子存在就没有加速度。这是我们已经涉及的重要的惯性原理（边码 p. 342），但是它在牛顿第一运动定律中肯定是以极大的模糊性陈述的。进而，即使在这个定律中，尽管我重述了它，但是并未就该原理对除粗糙"物质"的粒子以外的其他微粒有什么应用给出暗示（边码 p. 344）。

定律Ⅱ. 运动的变化与施加的力成比例，发生在力作用的直线的方向上。

这是一个名副其实的形而上学的筋斗。不可知觉的运动变化的原因如何能够在直线上实施，这超越了理解；能够构想被**知觉**的，或像某些物理学家可能拥有的那样的唯一直线，是运动变化的方向。我们可以断言不可知觉的东西具有这个方向，但是假定不可知觉的东西将决定这个方向，这在我们看来似乎是纯粹的形而上学。不管怎样，当我们把这个定律诠释为仅仅指明，物理学上的力将被视为某种运动变化的量度（边码 p. 360）时，我们再次坚定了我们的立场。就发生在直线上的运动变化的严格意义而言，关于我们必须假定什么事物改变它的运动，以及什么是与这种运动变化结合在一起的存在之所有真实的困难，即关于两个微粒连线的困难（边码 p. 367），都被模糊地谈论力是"在直线上作用的"实体而掩盖了。而且,如果"运动的变化"是物体的变化而不是粒子的变化,我们自然会问,该物体的哪一点将在直线的方向上改变它的运动。从而,我们再次面临这样的事实:"物体"的运动至少比这个定律所指明的要复杂得多。

威廉·汤姆孙爵士和泰特教授以下述形式重新陈述了**第二定律**:

当无论什么力作用在一个物体上时,不管该物体原来处于静止还是以任何速度在任何方向上运动,那么每一个力在该物体上产生的运动变化,恰恰正是倘若它单独作用在原来处于静止的该物体上时它所能产生的运动变化。

他们考虑的这些结论实际上包含在牛顿的**第二定律**中。关于术语"物体"的诠释,同样的困难本身在这里也重复着。进而,这样表达的定律否定了"修正作用"的可能性(边码 pp. 376-380),以及在某些情形中微粒的速度可能有助于决定它们的相互加速度的可能性(边码 p. 349)。因此,可以断定,我们命名为力的平行四边形的、我们冒险地建议的那种综合的绝对有效性,不能教条地针对所有类型的微粒断言。

定律Ⅲ.对于每一个作用,总是存在着相等而相反的反作用,或者任何两个物体的相互作用总是相等而相反地被导引的。

如果我们用"粒子"代替"物体"——因为两个物体的相互作用比刚刚开始研究机械论的读者可能设想的更复杂,即使他自然而然地把相互作用诠释为符合某一条线上的相互加速度——那么上面的定律等价于我们的**第五定律**(边码 p. 359),因此我们不需要重复我们的§11 的合格讨论。参见附录,注释二。

385

牛顿运动定律是最近代的动力学专题论文的起点,在我看来好像是,由此开始的物理科学类似于阿拉伯传说的巨灵,在形而上学的薄雾中从它呆了数世纪之久的用软木塞塞住的瓶子里冒出来。当雾霭烟消云散时,我们将更清楚地看见的它的原形,而要把关于物质、质量和力的混乱概念一扫而光,特别需要强劲的风。作者绝没有设想,他能够完成这项清扫工作,但是他深信,当科学家清楚地认识到机械论不是现象世界的实在,它仅仅是我们在概念上摹写我们知觉惯例的模式时,才能找到物理学的牢固基础。事实上,相似是如此显著,以致我们能够以惊人的精确性在广大的现象范围内预言,什么将是我们未来感觉印象的精确序列。不管怎样,如果科学家把他的整个概念机制投射到知觉世界时,那么他就突然使自己放开了对像神学家或形而上学家那样的教条的存在物的看管。另一方面,当他只是假定他的符号的概念价值是描述过去的知觉经验和预言未来的知觉经验的模式时,那么他的位置是无懈可击的,因为他没有就现象的**为什么**做任何断言。但是,只要他做到这一点,像作为运动的东西的物质、作为运动变化原因的力便消失在自相矛盾的概念的废物堆中。运动的东西只是几何学的理想,它仅仅在概念中运动。因此,事物为什么运动变成一个无用的问题,**构想**事物**如何**运动才是物理科学的真实问题。①

386

---

① "不过,这样的证明只是表明,所有这些事物如何可能机灵地被造成和被解决,它们如何不可能真实地在自然界中存在;只是指明表观的运动以及为产生它们而任意设计和安排的机制的系统——不是真正的原因和事物的真理。"(培根,《论学术的进展》(*De Augmentis*),bk. iii, chap. iv.)

在这一领域,我们知之甚多,但是特别打算强调的是,我们对运动定律的阐明为进一步的研究和为训练有素的想象力的运用二者留有多么大的余地。在我们关于以太和原子概念的模糊性中,存在着未探索的大陆,未来的伽利略和牛顿将通过比较明晰的定义吞并它。但是,在吞并之前,质朴的拓荒者还得努力工作,帮助廓清阻碍物理科学进步的形而上学概念的莽丛。

摘　　要

物理学家借助微粒形成宇宙的概念模型。这些微粒只是知觉物体的组成部分的符号,而不能认为是类似于确定的知觉等价物。我们必须处理的微粒是以太要素、原始原子、原子、分子和粒子。我们构想它们以能使我们最精确地描述我们感觉印象序列的方式运动。这些运动方式用所谓的运动定律概括出来。这些定律首先适用于粒子,但是往往假定它们对所有微粒都为真。不管怎样,设想机械论的大部分出自粗糙"物质"的结构,是比较有根据的。

人们发现质量的恰当度量是相互加速度的比率,力被视为运动的某种度量,而不是运动的原因。通常的质量和力的定义以及牛顿的运动定律的陈述,表明富有形而上学的朦胧性。包含在关于力的叠加和组合的流行陈述中的原理在应用到原子和分子时是否在科学上正确,也是成问题的。对未来进步的希望在于更为明晰的关于以太本性和粗糙"物质"结构的概念。

文　　献

当作者在 1882 年为教学的目的而研究运动定律时就达到了本章所提出的观点,在 1884 年和后继的年代为作学院讲演又发展了它们。对它们的简要叙述于 1885 年发表在克利福德的《精密科学的常识》第 267-271 页上,但是作者只是从下面的已出现的著作中找到类似见解的表示,并从细读它们得到帮助和激励,因此他能够热心向读者推荐的著作只是:

Mach, E. -*Die Mechanik in ihrer Entwicklung*, S. 174-228, Leipzig, 1883.

关于运动定律的通常的物理学观点可以在下述文献中找到:

Clerk-Maxwell, J. -*Matter and Motion*, pp. 33-48, London, 1876.

Thomson, Sir W. and Tait, P. G. -*Treatise on Natural Philosophy*, Part i, pp. 219-224, 240-249, Cambridge, 1879.

第九章　生命

§1　生物学与物理学的关系

详细地讨论生物科学的原理不属于本书的范围，就更不必说属于本书作者力所能及的了。我们的《科学的规范》的目标是研究物理学的概念、研究科学通常被假定把宇宙还原成的那种"死的"机械论的基础。在这一研究过程中，我们有理由怀疑经常与这些物理学概念结合在一起的几个概念；我们看到，在谈论物质和力时，我们的许多流行语言为科学的目的需要加以改造。现在，物理学是比生物学古老得多的科学分支，生物学家如此习惯于以某种敬畏和少许忌妒注视力学科学在语言和结论两方面所设想的精确性，以致当他们听到物理学像生物学一样只是描述而不是根本的说明时，他们可能会受到相当的震撼。不管怎样，当一方面物理学没有生物学也能获得长足进步时，无论如何在另一方面，在某种有限的观察领域中，生物学家不仅采纳了物理学家关于**物质**、**力**和**永恒**的许多概念作为描述生物学事实的模式，而且不管他们是否愿意，他们进而不可避免地由于从未发现生命摆脱物理的结合这一事实而与物理学密切关联。机械论在它的一方并未作为一种理论卷入生物现象的讨论，但是生物学没有机械论的讨论必然是不完备的。①

"生命物质的要素等价于无机物体的要素;物质和运动的基本定律像适用于无机物质一样地适用于生命物质;但是,每一个生命体仿佛是机器的一个复杂的部件,只有在某些条件下才能'运转'或生存。"

赫胥黎教授在 1880 年如此写道。

我担心,物理学术语的使用往往在几乎没有精确定义的情况下充满生物学。内格里谈到"已知的有机体的力、遗传和变异";魏斯曼讲到卵不可能"受不同类型的两种力的控制,且控制方式又与它仅仅受它们之中之一的控制方式相同";他进而述及"属于生物体的力"影响种质,他把种质这一不可知觉的实体均分和划分,犹如它是物理量一样。② 兰克斯特论及"最初的原生质是化学结构的漫长而逐渐的进化的结果和有机形式发展的起点"。生物学家把最大的权重放在原生质的"化学结构"和作为生理功能或伴随生理功能的化学过程上,同时自由地使用诸如"生命物质的单位质量"、"有机体的力的合力"、"分子刺激物"、"有机体实物的连续性"、"张力和运动的条件"、"对永存必要的物理构成"等术语。现在,或者这些术语是比喻地使用的,在这种情况下我们应该查明它

---

① 当然,从作者的立场来看,作为表示知觉官能的产物的概念主要是受个体的种属即人的知觉官能制约的(边码 pp. 99-104,211),因此它们的本性可能最终要用生物学的探究,尤其是心理学的探究来阐明。

② 如果能够把斯宾塞包括在生物学家名单中的话,那么将发现他在没有特别定义的情况下在下述含义上使用力:(i)作为运动变化的原因;(ii)作为生物学的过程;(iii)作为动能的名称;(iv)作为势能的名称;(v)作为诸如光和热等等的物理的感觉印象的普遍名称。

们被重新定义,或者生物学家从物理学中采纳它们,并倾向于在后一种科学的意义上使用它们。

但是,还有小小的疑问:后者的抉择代表了情况的真实状态吗。生物学家认为,他的有机物质与物理学家的"物质"密不可分地黏合在一起,他在这门姊妹科学的含义上使用或认为他使用诸如物质、力和机械论等的术语。生物学对物理学的这种依赖在下述段落如此明显地显示出来,以致读者在我们研究的这个阶段必定会原谅我引用它:

"经验不能帮助我们决定这个问题;我们不知道自然发生是否是地球上的生命的开端,我们也没有任何直接的证据证明生命世界的发展过程在其自身之内怀有目的的观念,或证明相反的观念即该目的只能借助某种外部力量引起。我承认,不管证明它的所有徒劳的努力,自然发生在我看来依然是逻辑的必然性。我们不能认为有机物质和无机物质是相互独立的、二者是永恒的,因为有机物质在没有残留的情况下连续地进入无机物。如果只有永恒的和不可毁灭的东西没有开端,那么非永恒的和可毁灭的东西必然具有开端。但是,有机界在绝对的意义上肯定不是永恒的和不可毁灭的,我们正是在绝对的意义上把这些术语用于物质本身的。的确,我们能够杀死一切有机生物,从而随意使它们变成无机物。但是,这些变化不同于我们把硫酸倾注在一块粉笔上在它之中引起的变化;在这个例子中,我们只是改变了形式,无机物质依旧是无机物质。但是,当我们把硫酸倾注在蠕虫上时,或者当我们燃烧橡树时,这些有机体并未变为某种其他动物和树,它们作为有机生命完全消失了,被分解为无机的要素。但是,能够被完全分解为无机的物质的东西起因于它,必须把它的终极的基础归因于它。如果我们只能消灭它的形式而不能消灭它的本性,那么有机物可以认为是永恒的。由此可得,有机界必定是一次出现的,进而它将在某个时候告终。"[1]

现在,这个段落是极有启发性的,因为我们具有有机"物质"的"永恒的和不可毁灭的"特征的概念,该概念被用来证明自然发生的逻辑必然性。读者同情我们关于"物质"的讨论的结果,并清楚地认识到:(1)作为我们感觉印象根基的"物质"是形而上学的教条,而不是科学的概念(边码 p.311);(2)在命名法领域,永恒是一个无用的术语(边码 pp.221,227);(3)不可毁灭性与某些感觉印象有关,而不是与在它们背后的某种不可定义的事物有关(边码 p.304)。这些读者将倾向于承认,物理学家并未完全免于形而上学侵入生物学的责任。因此,物理学家几乎没有正当的理由要求生物学家将精确地定义他对像物质和力这样的术语的使用,因为物理学家本身也不是无可指责的。同时,作者能够自由地坦白,作为已定义的以及他相信逻辑地定义了的物理学概念在本书中没有屈从上面段落的推理。我也不能认为,当物理学把力只是运动的某种量度而不是无论任何事物的说明铭刻在生物学之上时,生物学家将如此乐意把生命现象归于"在有机体中存在的力"。正是为了提出,在本书中讨论的机械论观点如何能够被设想为适用于生命,而不是被构想为处理生物学的基本原理,因而才在我们的书中包括了本章。

---

[1]　魏斯曼:《论遗传》(*Essays on Heredity*),p.33,Oxford,1889。

§2　机械论和生命

在前几章,我们看到,现象世界如何是由知觉官能在空间和时间两种模式下,或在**变化**的混合模式下区分的感觉印象群的世界。感觉印象的这种变化或转变以重复的序列发生,或者我们将其特征概括为**惯例**。在感觉印象本身中,没有什么东西暗示或强使惯例,我们迄今也没有充足的根据肯定地把这种惯例归因于知觉官能。它目前依然是根本的知觉秘密,但是它却是所有科学知识赖以建立的基础。科学是我们知觉经验的惯例的概念速记之描述(从来也不是说明)。若此为真则可得,生物学家的任务是用概念速记描述(而不是说明)某些种类的感觉印象序列。于是,生命是否是机械论的问题不在于相同的事物即"物质"和"力"是否处在有机的和无机的现象的背后——处在我们绝对不知道的两个种类的感觉印象中的任何一个背后——的问题,而在于物理学家的概念速记,他的理想的以太、原子和分子的世界是否将足以描述生物学家对生命的知觉。

感觉印象惯例中的秘密是,这些属于生命群的或无生命群的种类是否正好相同。作为机械论的生命也许纯粹是思维经济;它可能提供出自使用一种而不是使用两种概念速记的巨大好处,但是它不可能比引力定律说明行星的椭圆路线(边码 p.160)更多地"说明"生命。正如我们没有——悖论地表达——能够达到感觉印象背后的任何事物的感觉,没有能够使我们知觉所假定的实体即"物质"的"形而上学的感觉"一样,我们也没有能够使我们知觉另一个所假定的实体即"生命"的特殊感觉。① 生命和无生命仅仅是特殊的感觉印象群的种类名称。因此,当我们断言"物质"是一种感觉印象群的根基,生命是另一种感觉印象群的根基,以及借助物质及其属性"力"说明生命时,我们只不过正在——尽管常常是无意识地——形而上学教条的冥河里打滚。如果生物学家给我们以卵细胞的成长的精确叙述,并指出变化是**由于**"在蛋中存在的力",那么他肯定不会意指化学家和物理学家能够**说明**发生的东西。他可能认为,化学和物理学的概念速记足以**描述**它本人用其他语言描述的东西。如果我们始终记住,物理学家的运动变化的基本概念是一个粒子的运动变化,是与它相对于另一个粒子的位置结合在一起的,力是这一变化的方便的度量,那么我认为,我们将会处在一个比较安全的位置清楚地诠释包括求助力的概念的众多生物学陈述。我们必须在每一种情形中询问,被概念化为运动的个体事物是什么,被认为相对于其运动的场是什么,如何设想去测量它的运动。当我们完成了这一研究时,我们那时将能够更准确地评价处在形而上学外衣底下的实在的实物,而生物学的陈述像物理学的陈述一样过去经常地披着这样的外衣。②

---

① 如果"意识的感觉"能够如此称呼,那么它几乎没有生命的特殊感觉,因为意识和生命不是等价的术语。

② 例如,我们被告知,"力总是与物质密切相关的",非常的"物质的量"也可以显示出对胚胎成长的"控制动因",可是当我们把这种"物质的量"与某一确定的感觉印象群结合起来时,我们却发现找不到关于它的知觉等价物。生物学家明确地力求去做的事情是:借助几何学的结构或确切地讲动力的结构之部分的相对运动,形成胚胎的概念模型(边码 p. 373),但是在他用以把物质、力和种质投射到感觉印象的实在根基的形而上学语言底下,要达到他的理想是困难的(参见魏斯曼:《论遗传》(*Essays on Heredity*),边码 pp. 226-227)。

　　由于承认我们的生物学的目标等价于物理学的目标,即用尽可能简洁的公式描述最广泛的现象(边码 p. 116),因此我们看到,生物学家不能重新依靠物理学说明生命。他是否能够希望用物理学的速记描述生命,这是我们稍后将要转向的方面。如果我们把生物学视为有机现象的概念描述,那么我们就物理学所作的几乎一切陈述都将可以作为决定生物学观念的有效性的准则。尤其是,如果任何生物学的概念在没有内部矛盾的情况下能使我们简要地概括我们知觉经验的任何范围,那么它将在科学上是有效的。但是,当生物学家更进一步,依据他的概念的有效性断言,它是现象世界的实在,尽管还没有发现关于它的知觉等价物之时,那么他就立即从科学的牢固地基进入形而上学的流沙区。他采取了与断言原子和分子概念的现象存在的物理学家一致的立场。

§3　遗传理论中的机械论和形而上学

　　为了使读者认识到把概念投射到现象世界伴随的困难,不会有比简要地论及两个众所周知的生物学遗传理论更好的办法了。关于生物学家使他自己着手描述的那些感觉印象群的变化,存在着两个突出的特征,乍看起来,这些特征似乎对应于惯常的和反常的变化(边码 p. 114 脚注),对应于惯例和惯例的中断。这些特征是我们对于与亲本生物体结合在一起的后代的感觉印象之经验的再发生,以及我们对于未与亲本有机体结合在一起的后代的感觉印象之经验的发生。这些特征被命名为遗传和变异。包括变异在内的明显反常状态十分可能像天气的反常状态一样,是一个我们还没有形成充分广泛而基本的事实分类之结果。尽管情况如此，遗传和变异还是成为生物学家构造生命进化的基础。在单一的和简单的公式下力图概述遗传和变异的理论称为遗传理论，这些理论中最重要的两个分别归功于达尔文和魏斯曼。

根据达尔文的机体再生假设，每一个体细胞都要甩掉在再生的细胞中聚集的粒子或胚芽。这些胚芽或"未成长的原子"是由双亲传递给后代的，它们通过自我分裂繁殖，在早期的生命中甚或在数代时间内它们依旧是未成长的，但是当它们在适宜的环境的影响下成长时，它们变成像它们由以被衍生的细胞一样的细胞。借助于这个假设，达尔文能够概述许多遗传事实。遗传只不过是亲本的胚芽在后代中的成长；变异能够部分地用两个双亲的胚芽的混合、部分地用亲本细胞的胚芽由于它们的运用或不用而引起的变更来描述。① 现在十分清楚，要不是物理学中的微粒理论的盛行，生物学家就不会提出这个假设。确实，魏斯曼实际上用分子的术语重述达尔文的假设，他说未知的力把这些分子引向再生的细胞并在那里排列它们。② 但是，像物理学家从未捕获原子一样，生物学家也从未捕获"未成长的原子"或胚芽。该概念的有效性只能通过它给予我们以概述遗传事实的能力来检验，它被"在血液中未发现胚芽"的陈述反驳，正像原子理论被在空气中未发现原子的事实反驳一样。如果生物学家一旦领会了，物理学家在断言微粒的

---

① 《动物和植物在驯化下的变异》(*Variation of Animals and Plants under Domestication*)，vol. ii, chap. xxviii。

② 《论遗传》(*Essays On Heredity*)，边码 pp. 75-78。

现象存在时正在做形而上学的陈述,那么他将更乐意承认,未发现胚芽和"控制它们所必要的未知力"并不是反对遗传的概念描述的论据,而是反对把它的概念形而上学地投射到现象世界的论据。

我认为魏斯曼把达尔文的胚芽投射到现象世界,接着又古怪地说它们迫使我们使所有的物理学概念悬而不决;另一方面,魏斯曼却表明,有健全的理由认为达尔文的理论作为遗传现象的充分描述是不可靠的,值得注意的是因为获得的特征的传递收到来自那个理论的支持,而没有收到来自我们知觉经验的支持。他也力图系统阐述将更精确地描述遗传事实的理论,尤其是与在双亲生活期间,由于惯例或事故未经双亲传递的获得的特征有关的遗传事实。这个理论概括在"种质连续性"的公式中。按照这个理论,存在着被命名为种质的**确定的化学的和分子的结构**,它寓居于繁殖由之发生的胚原质细胞的某处。在每一繁殖中,"包含在双亲卵细胞中的"种质的一部分"并未在构成后代的身体中耗尽,而是保持不变以便形成下一代的胚原质细胞"。这构成种质的连续性。①变异是由亲本种质的混合产生的;在双亲和后代中的特征的类似性即遗传是由在同一种质的控制下它们二者成长而产生的。从一代传给一代的有机体的"不变的"部分是种质。② 现在,魏斯曼的这个假设作为描述我们知觉经验的概念模式似乎具有显著的价

① 读者必须仔细注意,它不是胚原质细胞的连续性,而是包含在这些细胞中的迄今未辨认出的实物的连续性。细胞,我们知道,具有复杂的核仁的网状物的细胞核,我们知道;但是,什么是**种质**呢?用苯胺素色剂或醋酸都未看见和未捕获。

② 《作为遗传理论基础的种质的连续性》(*The Continuity of the Germ-plasm as the Foundation of a Theory of Heredity*),1885。《论遗传》,边码 pp. 165-248。

值,但是,作者由于把他的概念投射到现象世界而处处削弱了他的
地位,在那里直到目前还未验明作为种质的知觉等价物的东西。
正是从作为感觉印象序列的概念描述之科学向作为不可知觉的感
觉印象根基的讨论之形而上学的转变,损害了生物学文献及物理
学文献。但是,物理学家在这里受到责备,因为他在没有知觉证据
的情况下把他的分子和原子投射到现象世界,而生物学家在断言
胚芽或种质的实在性时,只是仿效物理学家的范例。尽管发现感
觉印象背后的土地已被分子和原子、物质和力所占据,但是他却不
自然地未给他的形而上学产物以分子结构或原子结构;他赋予它
们以力,并用机械论"说明"生命。由于误解了物理学的概念,形而
上学的成分似乎进入达尔文和魏斯曼二者的理论。① 只有当我们
充分地辨认出,物理科学仅仅是概念的描述,物质作为运动的东西
和力作为它的运动的原因是无意义的,这种辨认将开始反作用于
基本的生物学概念。

　　我们的目标迄今是建议,如果物理学家像我们信赖他可能做
的那样从超越感觉印象的形而上学废物堆中撤回,那么仿效他的
生物学家也将从那里退却。于是,关于生命是否是机械论的问题
将不得不加以重述。然后我必须询问,有机的和无机的现象是否
能够用相同的概念速记来描述。为了更明确地理解这个问题的精

───────────

　　① 在魏斯曼的学说中,存在着更为强烈的形而上学方面。具有连续性和同一性
的实物应该无限地繁殖自身,或者如果它通过吸收外来的实物增长,它应该依然是相同
的;这由于确定的分子结构甚至不能被看做是任何知觉经验的概念极限。我们可以像
魏斯曼问达尔文的胚芽一样地问,它是否未迫使我们"使所有已知的物理学概念和生理
学概念悬而未决"?

确本性，我们必须停下来考虑一会儿，当我们说有机的和无机的现象时我们意味着什么。我们把什么感觉印象群分类为有生命的，把什么感觉印象群分类为无生命的呢？

400

§4　生命和无生命的定义

现在，要注意的第一点是，没有单一的感觉印象能够被说成是生命的感觉印象。确实，在我们自己个人的例子中，我们似乎在意识中具有直接的生命感觉。但是，首先除了在我们自己个人的例子中，我们当下对意识没有任何知觉（边码 p. 58），其次我们甚至不能推断意识与所有类型的生命结合在一起（边码 p. 69）。我们还发现有理由说，当人睡眠时他们是活着的，或者当他们完全麻痹时他们是活着的；我们有理由说，当有机体在即时的感觉印象和构成思想的、作为人的意识的本质因素的努力之间没有踌躇（边码 p. 51）时，有机体便是有生命的。我们的确不能说，意识在生命等级的何处必须被看做是终止了，但是探究真菌孢子是否有意识作为解决它们是被分类为活实物还是死实物的工具，也许是十分可笑的。我们发现受存储的感官印记制约的努力越小，我们能够推断意识的程度也越小。最低等的有机体看来好像直接与它们的环境一致，它们在这方面十分密切地类似于物理学家的理想微粒——响应于它的环境而跳舞。保存了五十年或一百年而没有丧失它们的萌发能力的种子（参见附录，注释四）是有机实物并包含着生命，至少是以休眠的形式，可是在这里假定意识是分类有生命的和无生命的有机体的工具则是无用的。

401

当我们毫无保留地接受一切生命都是从某种简单的有机体进化而来的理论时,我们于是就必须承认,随着生命形式成长得越来越复杂,意识也逐渐变成生命的一部分。这并不是说明意识,而只是我们能够给予它的进化以连贯的描述。思维和意识之间的相互关系似乎指明,生物体的这种复杂性必定能在它的存储感觉印象的能力的开端和发展中找到。我们能够指出这种存储在何处缺乏,我们能够指出它在何处存在;但是我们不能断言,它严格地在何处开始。这种明显的连续性在寻求有生命的群和无生命的群之间的区别特征的生物学家方面,导致了某种相当形而上学的推论。因为在某些类型的生命中可以进化到有意识,有人便争辩在生命中必然存在"现在还不是意识但可以发展为意识的某种东西",劳埃德·摩根教授给这一某种东西取名为**超越运动**(metakinesis)。[①]这种超越运动似乎超过了无意识的生命的形而上学名称,因为我们对于我们能够描述为超越运动的生命并没有感觉印象。超越运动像生物学家的种质或物理学家的分子一样是不可捉摸的,但是它在概念上较少价值,因为除了可以或不可以与意识结合的事实以外,它没有描述生命的现象方面。那些相信有机物是从无机物发展而来,活"物质"是由死"物质"进展而来的人于是可能断言,在物质中必定存在着"某种还不是生命但却可以发展为生命的东西",可以恰当地把物质的这一方面命名为**超物质性**。确实,我们对这种超物质性符合的东西没有直接的感觉印象系列,但是正像我们指出与生命结合的某些物质形式(恰如我

402

① 尤其是参见他给《自然》的信,vol. xliv, p. 319。

们刚刚指出与意识结合的某些生命形式)一样,我们也有同样的理由假定它存在,就像我们在超越运动的情形中所做的那样。不用说,超越运动如何从超物质性发展而来,将是形而上学研究的下一个阶段!

现在,我希望劳埃德·摩根教授将不认为我是在嘲笑他,因为情况远非如此。我相信,生物学家不会如此容忍物理学家,甚至当后者变得自相矛盾之时;我清楚地认识到,把力学的和意识的东西视为同一过程的两个样式可以明显简化了我们对生命的描述,从而在科学上是有效的。但是,我想十分热切地指出,物理学家如何通过假定机械论是某些感觉印象群的根基而不是概念描述,十分经常地把生物学家引诱到形而上学的泥坑。倘若物理学家断言,外部世界的实在对他来说在于感觉印象领域,物理学对于超越感觉印象的东西一无所知,倘若他说:"我命名的机械论和劳埃德·摩根教授命名的超越运动(参见边码 p.355)纯粹是在概念上描述我的知觉印象序列的模式",那么大门就不会为用超物质性拙劣模仿超越运动的形而上学家敞开。只要生物学家被教导把机械论视为不可知觉的物体在不可知觉的"分子力"的引导下进行一系列不可知觉的运动,那么他就不能对把另一个不可知觉的要素——"超越运动"——引入这个过程加以批判。但是,当物理学家不再假定任何这些不可知觉物,并大胆地断言机械论是他无论如何能够藉以描述我们作为无意识的生命而分类的那些感觉印象的某些状态之概念过程时,那么他就可以公正地询问,生物学家借助超越运动分类什么无意识的生命的感觉印象。如果生物学家回答它是意识的潜在性,那么这不是生命的原始形式的机制之等价物。后者不仅符合有意识的生物体的所有复杂神经系统的潜在性,而且它实际上描述了我们对原始生命的某些知觉经验。因此,它多于描述潜在性,它描述实在,从而不能像分类具有超物质性的超越运动那样把它分类为形而上学的"存在"、"本质"或"样式"。

因此,生物学家可以向我们描述意识进化的各种阶段,并进而把它们归并为科学公式或定律,但是他不能假定超越运动——更不必说意识——是把有生命的群与无生命的群区别开来的东西。一切生命类型看来好像不能都发展到有意识的类型;不具有任何外部的"辨认标志"的潜在性将不会导致我们达到生命的定义,正像变成主教的潜在性不会把我们引向人的定义一样。

404

§5 运动定律适用于生命吗?

如果我们撇开意识的可能性探求生命的特征,那么我们只能在我们与活着的生物体结合的那些感觉印象序列的某些特殊的特点中去寻找它们。现在,我们看到,感觉印象群都是在空间和时间两种模式下加以区分的,因而我们能够把所有变化概念化为理想微粒的运动。现在,"流"、"丝振动"、"运动的原子质量"、"收缩"、"形式变化"、"胁变",等等,都是为描述感觉印象的序列或变化而在现行的生物学中使用的术语。至于这些运动归因于的符号化的物体是什么,以及它们必须如何由最基本的有机微粒——正如一位生物学家把它们命名为"生命物质的单位质量"——组成,似乎存在着观点的某种差异。但是,在生物学家中间实际上一致同意,有机的微粒——斯宾塞的"生物学的单位"或海克尔(Haeckel)的

"成形粒"——必须被构想为是由物理学家的无机微粒即原子和分子构成的。因此,如果我们就机械论所必须理解的一切是某种被构想为由原子和分子以及处于运动中的东西,那么生命只能被设想是机械的。

因此,我们必须询问,如果我们能够在概念上用无机微粒的运动来描述有生命的和无生命的东西,那么对我们来说把二者区分开如何是可能的?对这个问题能够给出的唯一回答必然是,我们用来把有机的和无机的现象概念化的运动之本性是大相径庭的。所谓机械论,我们意味着比借助物理微粒的运动对变化做概念描述更多的东西;我们意指这种运动本身能够用前一章讨论的运动定律来概括。在我们断言生命能够用力学来描述之前,我们必须决定,我们是否能够用与我们藉以把无机现象概念化的运动相同的定律来概述我们藉以把有机现象概念化的运动。

但是,我们立即发现,我们只是处在我们研究的开端。在第八章中,我们看到,对粗糙"物质"的粒子适用的复杂运动定律,并不必然地在整个物理微粒的范围内处处成立;从以太要素直到粒子,它们在特性上有所变化,在复杂性方面可能有所增加。因此,在没有进一步考虑的情况下,我们不能决定针对有机微粒必须假定的运动定律是什么,即使不得不把生命作为机械论来处理。描述两个分子群的运动的定律并非必然地与描述两个孤立的分子或两个原子的运动的定律相同。如果发现我们用来可以描述理想的有机微粒的运动之定律与描述有重"物质"的粒子的运动之定律不同,那么便不可能解决关于我们是否能够用力学描述生命的问题。

我们用来即使使最简单的生命单位概念化的原子系统也太复

杂了,以致在当前的数学分析状况下,在我们用来把有生命的或无生命的"物质"概念化的其他体系存在的情况下,不容许对它的运动做任何综合。我们目前不能断言,生命胚原基的特定的原子结构及其**环境**或场不足以能使我们在原子运动定律的基础上描述我们对生命的知觉经验。像能量守恒定律这样的广泛的概括,看来好像不与我们关于活着的生物体的行为的经验矛盾;但是,能量守恒定律不是机械论的唯一因素,而有些拜物崇拜者现今却设想它是这样。

例如,存在着惯性原理,该原理说除非其他微粒在场,否则不需要构想物理微粒改变它的运动,而且没有必要把任何自我决定的能力归因于它。可能有一些人认为,必须把自我决定的能力归之于基本的有机体的微粒,但是这似乎是十分可疑的。把生命胚原基置于某个场中,用其他有机的或无机的微粒围着它,它以某种方式相对于它们运动,但是好像没有理由断言(确实存在着在截然相反的方向上表明的事实)需要假定运动的任何变化,即使把生命胚原基从这一环境中撤去。实际上,作为活生物体一种属性的自我决定的整个概念,似乎是由那些极其复杂的有机微粒系统引起的,在那里环境以即时的感觉印象的形式通过对个体或自我来说独特的存储感觉印记的链环决定变化。但是,如果这是自我决定的,那么我们不能认为它对最简单的生命形式具有任何意义。

于是我们看到,在其他不论有机的还是无机的微粒存在的情况下,生物学上的变化也许能够在概念上用某些有机微粒的运动变化来描述。这些有机微粒的结构进而在很大程度上能够借助物理微粒来描述。但是,这种运动的定律是否能够从物理微粒的运动定律中推导出来，现在依然、也许长时间依然是一个未解决的问题。如果一组定律能够从另一组定律推导出来，那么它会大大简化科学的描述，但它不会减少生命的秘密。那些把他们的概念投射到现象领域的人还在为了解微粒在相互存在时为什么跳舞迷惑，秘密不会减少或增多，因为有机微粒的跳舞归根结底是无机原子的跳舞。那些把一切运动作为概念的运动的人还会拥有感觉印象为什么变化以及为什么随永远不可解决的惯例变化的秘密。显而易见，那些说机械论无法说明生命的人是完全正确的，而且机械论并不说明任何东西。另一方面，那些说机械论无法描述生命的人，则远远超越了用我们目前的知识状态能够加以辩护的范围。我们暂时必须心满意足地说，有机现象可以借助由无机微粒构成的有机微粒来描述，有机微粒以某种独特的方式运动，但是这种运动是否能遵守由第八章中处理的那些定律推导出来的定律，我们在目前还没有决定的手段。

§6　用从属特征定义的生命

因此，无机的和有机的之间的区分不能用这样的说法来确定：一个是机械的，另一个不是机械的。为了定义生命，我们最终被迫采用从属的特征来描述我们藉以概念化有机微粒的结构，对它来说是独特的运动，以及我们知觉生命唯有在其中存在的环境。于是我们注意到，它的原子结构是基于碳、氢、氮和氧的复杂的化合物，这一被命名为蛋白质的实物是有机体独有的、与水在一起的。该化合物被命名为原生质，虽说它的结构在某种程度上被研究了，可是现在除了从有机实物得到外,似乎还没有获得它的存在的可能性。转到生命的特有的运动,我们注意到,有机实物被设想为是成长的,这与无机实物不同。当晶体在尺寸上增大时,我们想象它们是分子贴着分子,从而从外部构成。相反地,我们设想生物体是通过内部生长而成长的,或在微粒之间而不是在旧微粒的表面上添加新的有机微粒而成长的。生命进而经历循环的变化或运动,在其中某种繁殖或分裂过程更新了个体。最后,特有的环境、某些湿度和温度条件对于维持生命是必要的。所有这些特征足以标志出有机的与无机的东西,这样引出的区别似乎是绝对严格的。[①]

409 就我们所知,现在还**没有从无生命的实物产生出有生命的实物**。因此,我们定义生命的努力虽然也许是某种并非无用的次要方面,但是它却导致我们考虑,有机的和无机的东西之间的区别并非如此显著,以致我们能够通过详细陈述从属特征之外的任何办法把一个与另一个区分开来。

所有生命都有其起源的公理是一个值得读者特别注意的公理,因为它与生物学和物理学**边疆上**的许多重要问题密切相关。用这本《科学的规范》的语言来讲,生命和无生命是某些感觉印象群的类别名称,二者基本上通过针对它们的概念描述要求不同的原子结构和不同的运动类型而相互区分。就我们目前的经验而言,不存在从无生命类别开始到以有生命类别终结的感觉印象惯

①　这些是生物学的区别(例如,参见《不列颠百科全书》(*Encyclopaedia Britannia*)中的"生物学"条目)。当然,也许可以发现,物理学就有机微粒所构想的在相互存在和在无机微粒存在情况下运动的定律之陈述,可以用简单的公式概述许多这样的特征。

例。另一方面,从有生命到无生命的相反转变却是日常的惯例。[①]
我们看到(边码 p. 390),后一事实被魏斯曼用来作为有利于生命
自然发生的论据——他写道:"能够被完全分解为无机物质的东西
也必须来自它,必须把它的最终基础归因于它。"这段话似乎过于
教条了,似乎暗示了"被完全分解"的感觉印象的形而上学根基。410
只有我们能够断言所有的感觉印象序列是可逆的,该论据才能是
确凿的论据,但是这是一个太广泛的陈述,以致在目前的科学知识
状态下不能无限制地断言。物理学家将回忆起这些过程像**能的退
降**,他们现在不能构想它们的任何反转。他们的知觉经验可能是
足够广泛的,他们的几何学的和力学的定律可能仅仅适用于宇宙
的某些部分,或者那些序列可能终归是不可逆的。因此,生命的自
然发生并未作为"逻辑的必然性"来自有生命的实物到无生命的实
物的转变,至少只要我们不能合理地推断所有感觉印象序列的可
逆性时是这样。

§7　生命的起源

那些接受了所有生命形式是由某种简单的单元即原生质的滴
或粒进化而来——这个科学公式作为分类和描述的工具是如此强
有力,理性的心智很可能不会抛弃它——的人对在这个阶段停下
来将感到不满意。它们将要求某些包容更广的公式,这将把他们

---

① 例如,在煮沸不纯净的水或把酸倾注在植物物质上时,但是却不在复杂的动物
机体的通常"死亡"中。

对于有生命的和无生命的东西二者的知觉经验放在一种陈述之下。在这里,物理学家是带着某些十分确定的结论进来的。他告诉我们,为了分类他关于地球的知觉,他被迫假定确实有这样一个遥远的时期:在千百万年以前,由于流动性和温度的制约,没有**像我们现在所知道的生命**这样的生命,甚至没有原生质的粒能够在地球上存在。这个时期被命名为**无生代**或无生命的时期,但是我们必须认真注意,我们所谓的无生命仅仅意指"没有我们今天所知道的生命"。记住这些事实后,存在着三个假设,我们用它们能够在概念上描述和分类我们目前对有生命的和无生命的东西的经验。它们如下:

(a) 生命可以被设想为基于是永生的有机微粒,也就是说,它对于适宜的环境将继续永远存在。这个假设可以命名为**生命的永恒**。

(b) 生命可以被设想为是从无机微粒的特殊结合产生的,这种结合可以在有利的环境下发生。这个假设被命名为**生命的自然发生**。[①]

(c) 生命可能来自"某种超科学原因的及时作用"。这是**生命特创论**假设。

我们将接着简要地考虑一下这些假设。

---

① 用比较专门的语言来讲,假设(a)和(b)我分别被说成是**生源说**和**无生源说**。在使用通俗名词"自然发生"时,必须不要设想我暗示,生命(不仅仅是意识)能够**突然**发生。

§8　生命的永恒或生源说

乍看起来,生命的永恒好像与物理学家告诉我们的地球的无生命的条件相矛盾。不过,冯·亥姆霍兹和威廉·汤姆孙爵士发现了两种假设的协调,他们提出,像太空飞船一样的陨星可能在裂缝中把原生质滴带到我们的地球,此时无生代的阶段就过去了。但是,我们对于陨星的经验——尤其是它们在空间遭遇的剧冷和它们在通过我们大气时经受的酷热,以及它们是无生命的物体而不是有生命的物体的可能性——不容许赋予这个适意的奇想以诸多意义。生命的永恒似乎包含着先于原生质粒的生命形式的概念,这些生命形式能够经受与我们所了解的原生质可以忍耐的截然不同的环境。现在,极其可能,必须设想原生质本身在我们目前发现它的任何阶段之前具有漫长的发展过程。这些阶段可能在生存斗争中被消除了,或者它们可能对于在我们地球上长期经过的湿度和温度条件来说是独有的。我们也许确实不得不设想它们像原子一样是不可知觉的,或者确实不得不设想它们与无机实物无法区分,这便显著地引导我们接近第二个假设自然发生。

我们必须记住,这种生命永恒的理论是以纯粹概念的语言陈述的。正如"永恒"在物理现象的知觉宇宙中是无意义的术语一样,它在生物现象的知觉宇宙中必定也是如此。时间是区分我们感觉印象的模式,它只是扩展到我们具有要区分的感觉印象那么远(边码 p. 221)。因此,某种原始生命单元的永恒是纯粹的概念,它像原子的不可毁灭性概念(边码 p. 304)一样,有助于我们分类和描述我们的知觉经验,但是针对它断言任何现象的实在性则是无意义的。

　　不管怎样,生命的永恒包含着一些相当广博的推论:尤其是,
413　生命以其最早的原生质形式(我们必须设想这些形式在许多方面类似于现存的原生质)也能在迥然不同的环境下生存[①],迄今察觉只有我们所谓的无机实物才能在这样的环境中存在。因此,这样的假设与任何其他假设相比较少恰当性,在没有较恰当的推论的情况下,它把我们对于有生命的和无生命的东西的知觉经验置于一个简单的公式之下。

§9　生命的自然发生或无生源说

　　这样的公式是生命的自然发生的公式。首先,这个公式包含着先于我们现在所获知的那些原生质的原生质形式的概念,但是它没有假定这些相同的形式在不同的条件中生存。可以假定,假如我们回溯的话,那么在我们到达无生代之前,有机的东西会消失在无机的东西之中。在无生代之后,必须设想物理条件使得各种化合物进化,最后达到头一批原生质单元。[②] 可是,倘若情况是这

---

　　① 与逻辑推理的第二个准则加以比较(边码 p.72)。

　　② 兰克斯特(Lankester)(条目"原生动物门")在评论使最早的原生质类型产生时写道:"可以想象的事态是,大量的赛白朊和其他这样的化合物通过达到头一批原生质的发展之过程产生了,因此头一批原生质在它自己的进化中以这些先行的等级为食物,犹如动物在今天吃有机化合物一样,尤其更像某些粘菌类生物的大的蠕动变形体吃植物的残渣一样,这似乎是充分可能的。"这些话足以表明,可能在我们所知道的原生质的背后,还有漫长的发展阶段。

样,那么便可以询问:我们为什么不能在我们现在的经验中发现这
一感觉印象的序列,我们为什么不能在我们的实验室重复生命的 414
自然发生? 答案可能在于,我们力图把是不可逆的过程使之可逆
的陈述(边码 p.410)。在五分钟或十分钟内,我们把有生命的实
物变为无生命的实物,但是没有理由推断相反的过程甚至能够在
人的一生中完成。相反地,对于复杂的和多变的温度条件,要从生
命中的化学**实物**进展到可能是有机生物的第一阶段的那种复杂**结
构**,也许要花千百万年时间。让我们暂且认为,从化学**实物**进化到
原生质,与从原生质进化到有意识的动物生命的时间可能一样长。
让我们设想,在原生质的生命和最高等的哺乳动物的生命之间所
有现存的链环都消失了,然后让我们**叫**生物学家在他的实验室中
用关于原生质的实验证明意识的自然发生吧! 我们不能断言意识
在何处开始或终结,但是我们能够在连续的系列中追溯有意识的
东西到无意识的东西,说我们无法随意地重复这一过程并不是反
对意识是自然发生的假设的真理性之论据。以正好相同的方式,
在知觉上用填满复杂的无机实物形式与最简单的有机实物形式之
间的一系列漫长的时期,才能证明生命的自然发生。即便这样做
了,我们很可能也不能说(尤其是考虑到我们的生命定义的模糊
性)生命在何处开始或终结。在实验室中无法产生生命的自然发 415
生使人怀疑该假设;但是,我们应该惊奇的是,任何一个人与其说
对这样的假设不存在感到意外,不如说都会希望用实验证明该假
设。充其量,即使在思考生命自然发生的进一步的实验也许是可
取的之前,物理学家将必须给我们提供比现在我们所拥有的确定
得多的信息:关于在接近无生代时期的物理变化,关于原生质的化

学构成以及物理结构。

即使在面对实验室的失败时,这第二个假设似乎比生命永恒的假设还令人满意得多。因为在后一种情形中,我们通过连续的进化把生命追溯到变化在其中似乎中止的阶段,我们把生命交托给原生的生命胚原基而不是交托给先行的状态。可是,我们对现象宇宙的整个知觉是连续变化的。不能说这种原生的胚原基与物理学家的原始原子可以比较。后者是一个纯粹的概念,物理学家借助它构造它的现象物体的符号,但是他未断言这些物体是从原始原子进化来的。他认为,物体在任何时候都是由原子的集合形成的,或者再次被分解,但是他没有假设整个物理宇宙永远处于这样的条件,以致必须设想它被分解为简单的非集合的原始原子。实际上很清楚,如果他这样做了,那么那种原子的生命胚原基即使是类似于原生质的某种东西,也可能是非尚存的,生命的独特性可能与物理学理论相反。为了在每一点把原生的胚原基与原子加以比较,我们应当把前者作为最复杂的现存的生物体的基础,并假定在它们分解时它们再次分解为胚原基。但是,这实际上会把生命单元的不可毁灭性包括在内,这个假设似乎立即受到我们知觉经验的反驳。物理学宇宙史并未导致我们回溯到从原始原子开始的进化,然后在那一点停止。生命永恒的假设却导致我们回溯到原生的胚原基,然后在那里停下来。而且,这种胚原基处于它可以被毁灭的环境中,而就我们的经验而论,却不需要构想对原子有这种影响的环境。因此,两个假设即生命永恒假设和原子不可毁灭假设尽管表面上类似,实际上却是绝非可以比较的。当我们断言达到原子的胚原基的进化然后中止那种进化时,正是从类似到不类似的推论。另一方面,反过来断言它导致我们回溯到我们必须再次在此停下来的原始原子,这不是反对自然发生的论据。因为这不是事实。它仅仅导致我们回溯到在概念上由原始原子构成的物体,但是这在物理进化中可能是**连续地**从一个集合条件过渡到另一个集合条件的。按照自然发生假设,我们必须设想,无论何时、无论在哪里物理条件适宜的话,生命都重现和再消失。该假设一点也没有**说明**生命的出现;它仅仅阐述了它作为某些现象发生的惯例而出现。无论何时在通过无生代阶段的行星开始强固和冷却时,此时便开始了在生命的第一阶段结束的化学演化;但是,这种阶段相继**为什么**发生像太阳**为什么**每天升起一样,都不是知识的对象。正如我们**描述**后者一样,我们也如此**描述**前者,即使我们能够在千百万年间观察行星的物理史。

§10　生命起源于"超科学的"原因

至于"特创论"假设,虽然它甚至能够盘问进程的唯一目击者,但是科学并不认为它是对**知识**的贡献。科学的目标是用简明的公式分类和概述我们知觉经验的状态。它必须用概念的链环把我们所有的感觉印象结合起来,从而使我们能够用尽可能少的思维消耗获取对宇宙的广泛概览。由于时间是我们在其下知觉事物的模式,因此我们不能就地球精确地断言,如此这般的变化发生在"一亿年前和两亿年前之间"。我们实际意指的是这一点:为了分类和概述我们对地球的知觉经验,我们形成了关于它的概念模型,我们构想这样的模型在**绝对时间**中的一亿年之前或两亿年之前经过了某些变化(边码 p. 226)。这样的陈述最终包括在我们用来概述我们的即时感觉印象的公式中,它的科学有效性不依赖于它描述发生在我们知觉领域之外的某种事物,而依赖于它来自精确描述在
418　同一领域我们目前的知觉经验的整体的定律。现在,"特创论"假设不能作为宇宙的概念模型的一部分而被接受;它不能用来——例如像进化公式一样——作为把我们的知觉经验状态联系在一起的工具:它不能把统一引入生命现象,也不能使我们经济思维。即使宇宙恰如它所是的那样昨天被创造,可是科学心智借助进化论比借助"特创论"能更好地描述和分类他的即时的感觉印象和存储的感官印记,在这种意义上科学便根本不能接受特创论假设对知识做出了任何贡献。知识是用概念速记描述我们知觉经验的各种状态,而该假设的陈述本身——像"某种超科学原因的及时作用"①——向我们表明,我们已经超越了知识,正在形而上学地把时间与知觉割裂开来,正在形而上学地突出超越感觉印象领域的因果性(边码 p. 186)。

　　人类的思想史向我们表明,无论在什么阶段人的描述现象序列的能力消失,即无论在何处他们的知识终结和他们的无知开始,在那里就充满了未知的前件的位置,他们便抬来"特创论"或"超科学的原因"。对于较早时代的未受训练的心智来说,这种对无知的
419　掩盖似乎是十分自然的,但是在科学时代,它只不过是对智力惰性的辩解;它表明我们放弃了认识的努力,而在那里力求认识是科学

---

①　这一陈述形式归之于 G. G. 斯托克斯爵士:《论光的有益影响》(*On the Beneficial Effects of Light*),边码 p. 85。(伯内特讲座第三讲)London,1887 年。

的首要责任。在许多世纪,七天创造世界足以掩蔽我们对地球的物理史、对生物体进化或物种起源的无知。在这些方面,科学现在是十分确定的,但是为摆脱横陈在知识道路上的障碍,它还要做艰苦的斗争。神话试图用来掩蔽人的无知的少量殖民地变成了御猎场这一等级制度的特殊禁地,开辟它就是渎圣。战斗现在是否将转移到生命终极要素的"特创"依然受到注意,但是在科学目前对生命的最终起源是无知的说法中,我们必须谨慎,不容许"超科学原因"的形而上学假设生根。我们相信,光明将在这里照到科学,因为科学在过去碰到同样困难的问题;这种光明将不可能照进生命自然发生的方向。并非在原因和结果序列的前面或后面,我们必须插入超自然的问号。在那里不需要用神秘掩盖处于遥远阶段的无知;神秘近在手边地处于感觉印象的每一变化之中,处于知识总是对这种变化的描述而从来也不是说明的事实之中。生命和意识的自然发生不是减少对于人的神秘的概念;它们仅仅把标定知识领域边界和遮蔽根本神秘——我们究竟为什么知觉和我们为什么借助惯例知觉——的感觉印象的幔幕更紧密地结合在一起。

§11　论概念描述与现象世界的关系

读者将注意到,当我们转向生物科学时,本书作者通过物理概念的分析而达到的立场大体上被确认了。遗传假设、生命发生假设和意识起源假设显然是尝试描述我们知觉经验的惯例的公式;它们是借助概念模型做到这一点的,而概念模型不仅概述了我们现在的知觉,而且也能使我们向后回溯过去的或向前追寻未来的

科学因果关系序列(边码 p. 153)。在我们能够把概念模型和我们
的知觉经验比较的地方,二者在所有方面的一致成为我们断言该
模型能够用来描述非可知觉的过去和未来的唯一基础。如果两
条曲线沿着我们能够审查的弧的整个部分接触,那么用一条曲
线代替另一条就会是有效的;计算曲线继续接触的概率可以度量
421　我们应该在我们对未来的科学预言中给予的信念(边码 p. 177)。
如果现象曲线在知觉领域之外达到句号,那么在我们知觉领域
之内概念曲线能够用来表示现象曲线的能力至少不会是无
效的。①

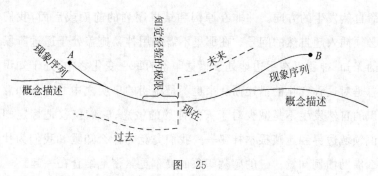

图　25

只有当我们的概念描述的符号被作为知觉的根基看待时,或
者被转换为我们确实可以描述为现象惯例的"超科学原因"时,只
有当科学家变成形而上学的时候,那种困难才出现。在生物学中,
这种投射似乎不可避免地是通过物理学的渠道发生的;生物学家

①　至少对数学家来说,通过假定与已知的概念曲线而不是与 AB 曲线的片断(图
25)相等,与科学定律的类比便可以更深切地感受到。点 A 和 B 不可能适宜于科学描
述,它们落在知识领域之外。

在力、化学组成、分子结构至多只能为描述的目的提供概念速记的地方，却指望它们**说明**。强调和重申这一重要的区分是十分必要的，因为没有把握这种区分构成对达尔文的进化论实际上进行形而上学攻击的根据。正如我所诠释的，它的确是科学的理论，因为真正的理由在于它不企图说明任何东西。它接受生命事实，是因为我们知觉它们，并尝试用包含诸如"变异"、"遗传"、"自然选择"和"性选择"这样的概念的简明公式来描述它们。正如引力定律不说明我们关于太阳的知觉惯例一样，达尔文的物种起源理论也不 422 说明我们对于在生命形式中的变化的知觉。如果一些现代的达尔文批评者一旦领悟到，物理学和化学也不"可以说明"什么东西，而像自然选择本身一样只不过是我们感觉印象中的变化的速记描述，那么他们也许将有点愿意认为适应是用自然选择"不可以说明的"，而是由于"原生质新陈代谢的明确性质"或由于"借助占优势的化学构成能够表达的内在天数"。

§12　无机世界中的自然选择

不过，有一个与自然选择有关的问题，值得物理学家和生物学家双方特别加以注意，即在什么限度内达尔文的公式是有效的描述？在假定生命自然发生是可能的、即使还未证明的假设后，我们在那里还必须认为那种选择是所开始的生存斗争的结果吗？再者，对于什么（若有的话）生命形式我们必须认为它不再是描述历史中的基本因素？我们不可能确定地回答这些问题，但是至少必须就它们的含义说几句话。

　　首先,我们注意到,只要我们构想从无机实物到有机实物的完全逐渐而连续的变化,那么我们或者必须要求物理学家承认自然选择适用于无机实物,或者我们必须从生物学家那里寻找它如何在生物体进化中开始成为一个因素的描述。现在,在自然选择中存在着两个要素——或者可以是有机的或者可以是无机的环境,以及作为消除较少适应这一环境的那些东西的过程之死亡。在纯粹无机实物的情况中,我们能够构想,在跟随行星无生代时期的物理条件下,所有具有各种物理结构的化学产物的种类都可能出现。我们可以在科学上把这些产物描述为微粒群的复杂舞蹈。在群与群相遇时,一些群会保留它们的个体性,另一些群会丧失它,或者被分解,也可能以新的形式重新化合。保留它的个体性的任何群能够被说成是在物理学上是**稳定的**产物;在行星的早期史中,虽然我们远非能够精确地描述实际上可能发生的事情,但是并非没有理由假定稳定产物的物理选择和不稳定产物的破坏可以继续进行。我们不知道为什么一种要素比第二种要素更稳定,它为什么更适合于它的环境(我们可以借助原子的加速度描述稳定性,但是这不会是**说明**它,只是概述它);我们只能提出某些化合物的选择,因为它们被选择,我们把它们描述为更稳定。现在,稳定化合物的这种选择是物理进化的真正可能的未来[①],但是必须注意,它并非与自然选择正好相同。在这种情

---

　　① 斯托克斯以引人注目的能力致力于此(《不列颠协会讲演》(*British Association Address*),第 B 节,1886),为的是给出化学元素如何甚至可以被想象为从**不可分原质**(protyle)或原始原子进化而来的有启发性的梗概。

形中,环境是纯粹无机的,"死亡"对应于分解为和最终重新吸收进 424
更稳定的化合物。事实上,竞争的实物形成它们自己的环境,它是
特定的结构,而不是被设想在斗争中消失的微粒。这种物理选择
可能是逐渐导致复杂的化学实物的东西,而这样的实物被赋予特
殊的分子结构,一些生物学家提出生命就起源于其中的假设性的
赛白朊。

接着,我们面对这样一个问题:这种物理选择在多大程度上继
续影响最早的有机实物的进化。在我们设想最早的生命胚原基的
化学组成和物理结构的造形过程中,它在多大程度上是主要的因
素?第一批有机微粒必定如此接近无机微粒,必定具有如此类似
于无机的而不是有机的环境,以致相对的物理稳定性的考验必定
比相互**改变类型**的过剩的生物体的竞争更重要。有人仅仅依据化
学的和物理的结构的复杂性,就习惯把有机实物视为与无机实物
在本质上不同的东西;对于这样的人来说,有机的和无机的环境的
概念、不适应的化合物的消灭和较少稳定的化合物的破坏的概念,
一句话生物选择和物理选择的概念,不知不觉地使一个逐渐变成
另一个。当环境是无机的多于有机的时候,选择将是物理的,在相
反的情形中,选择将是生物的或自然的。但是,假定特殊的有机微
粒的博物学家肯定要求判定,自然选择的公式如何和何时开始支
配它的进化,物理选择在决定它的化学构成和物理构成中起什么 425
作用。

§13　自然选择和人的历史

在通过上面的限制后,我们接着要问,自然选择原理在多大程度上适用于人的历史进化? 按作者对历史文献的经验来判断,我们应该说,直到最近的时期历史学家假定,人的历史发展不能用广泛达到的公式来简洁地概述;人的历史都是事实而不是因素。自然史、有机自然的进化处于人的历史的基础,这是现在的作家的坚定不移的信念。直到事实落入能够用科学公式简明概述的序列之前,历史学从来也不能变成科学,历史学永远只不过是用或多或少合意的语言复述的事实的目录。这些公式除了如此有效地描述在现象发展的早期阶段有机的与有机的以及有机的与无机的现象的关系之外,它们不能是其他东西。国家和社会生活的成长能够在最广泛的和给人深刻印象的尺度上,给予我们以自然选择和消除不稳定的惊人洞察。① 只有当历史学在**自然**史的这个含义上被诠释时,它才能从叙事的领域通过,而变成科学。但是,另一方面,在用简明公式概述的事实的描述之意义上,所有科学都是历史学。在转变为书卷气的历史学家之前,需要在科学的思维模式方面花费长时间的训练,但是只有在读者大众正在变得越来越浸透科学

---

① 大多数社会学家和历史学家绝没有持这种观点。在这里可以引用许多例子中的一个典型的例子:"达尔文作为假设提出的生物体发展史的每一时期,在任何情形中依然完全不适合与不断地和一致地进步的和永不止息的人种史比较。"Georg Magr 博士:《社会生活的规律性》(*Die Gesetzmässingkeit im Gesellschaftsleben*)。

精神时,他的转变才必定会或迟或早地到来。①

尤其是在"前历史的历史学"中,我们目前最好能够应用科学 427
方法。每一个别种族的最早的历史遵循能够具有精确的科学陈述
的、人类发展的普遍定律,这一观点正在每天被比较人类学、民俗
学和神话学的发现所确认。确实,这些定律的应用在某种程度上
随物理环境、随气候和地理环境而改变。无论如何,在广阔的轮廓
上,无论是在欧洲、非洲或澳大利西亚*,人的发展都遵从相同的

---

①　提到一位众所周知的批评家最近就这个论题所发表的著作和评论,能够更好
地说明目前在该论题上的思想混乱。韦斯特马克博士不久前出版了一本题为《人类婚
姻史》(The History of Human Marriage, Macmillan, 1891)的书。这本书的引言以清
楚的和相当准确的语言陈述了历史研究的科学方法,但是当我们进入该书的资料时,我
们发现异常缺乏科学方法。在那里在不同的标题下大量收集了来自全球各个地区的事
实,但是发现事实的序列,即用科学定律表达成长或进化,看来好像没有打动作者,而我
们必须追踪一个部族或种族在一个时期的变化。我们除了对与一个社会单元有关的事
实作微小的研究——此后这可以而且的确必须与其他单元的类似研究加以比较——之
外,我们不能追寻社会生活的相继阶段。于是,在韦斯特马克博士那里,我们有好理论
和坏实践的出色例子。(译者注:此句似乎把意思弄反了)

在他的批评者罗伯逊·史密斯教授那里(《自然》,vol. xliv, p. 270),我们有一位写
出了宗教和婚姻的自然史方面的卓越著作的作家。可是,这位批评者对他自己的著作
的特点如此无意识,以致他认为韦斯特马克博士混淆了"历史"和"自然史"! 他写道:
"由舆论控制的和由法调节的建制史不是自然史。真正的婚姻史开始于对偶的自然史
终结之处。"再者:"把这些论题〔一妻多夫制、仅通过家庭的亲属关系、杀婴、外族通婚〕
看做是对偶自然史本质上的一部分包含着一个不言而喻的假定:社会规律归根结底只
不过是公式化的本能;这个假定实际上构成我们的作者所有理论的基础。如果他自己
是始终如一的话,那么他的基本立场迫使他坚持认为,与具有普适有效性的或形成发展
主线的完整部分的婚姻有关的每一个建制都根植于本能,不以本能为基础的建制对于
科学史来说必然是例外的和不重要的。"当科学史家因为它是从非例外的科学理论开始
的而在科学杂志中排斥非科学地进行的研究时,我们确实处于混乱世界之中。在历史
方法的领域,科学还不得不做拓荒者的工作。

*　澳大利西亚(Australasia)是一个不明确的地理名词,有时指马来群岛和大洋洲,
有时专指马来群岛和澳大利亚,一般仅指马来群岛。——译者注

进程。我们越是深入地洞悉人种的初生史,与这种发展一致性的偏离实际上似乎越小。当然,这种一致性在某种程度上只是表观的,必须归因于所有早期史所包含的模糊性。可是,它多半是真实的,这是由于在文明的早期阶段,人类的物理环境和较多的动物本能是进化的统治因素。

远古史不是个体人的历史,也不是近代意义上的个别民族的历史;它是典型的社会的人之群体在确定的物理环境和特征性的生理本能的影响下成长的描述。食物、性、地理位置都是科学的历史学家必须处理的事实。这些影响只是在比较充分文明的社会中才这样强烈地起作用,但是它们的作用是比较难以追溯的,往往被个体人和单个群体的暂时行为弄得晦暗不明。当我们处理平均结果、漫长时期和广大范围时,这种朦胧性才消失。原始人与他的邻人搏斗,为的是杀死和吃掉他,这是生存斗争的一个明显的例子。现代民族争夺非洲和亚洲的市场,他们为贸易路线所有权的冲突,他们力图降低他们的产品价格,他们力图更好地培养他们的工匠,实际上都用相同的进化定律来描述,但是这些定律的表现形式要复杂得多、难以分析得多。这种竞争归根结底是生存斗争,它还正在促成民族的成长;但是,历史正如它现在被人所写的那样,在王朝、战争和对外政策的形式外衣下,掩蔽了那些科学藉以最终概述人类成长的物理学的和生理学的原理。

§14 能够借助进化原理描述的远古史

在给定时期,任何民族的经济条件与它的生殖率和它与它的邻国为土地和食物的间接斗争密切相关。对于任何民族的稳定性而言，所有制、婚姻和家庭生活的主要形式的性质并非少一些重要性。但是，这些形式的连续变化在近代史上通常隐藏在贸易和交换问题之下，隐藏在关于所有制、继承权、结婚和离婚的民法之下，或者在贫困化、移居和性道德的典型统计量之下。那里有近代的 429 古老因素，但是它们被伪装起来。只有当我们转向较少复杂性的社会成长阶段，我们才能充分把握为食物和为性本能的满足而斗争在促成人的发展中所具有的直接意义。正是这种斗争，是在它的最广泛的含义上描述所有现存的所有制和婚姻体系的基本公式。竞争的现代国家的法律和建制进而根植于所有权和婚姻。性本能和为食物的斗争把个体的人分离开来和联合起来；我们在它们之中发现了利己主义的和利他主义的本能的基础、个人主义和社会主义的基础，这是就这些术语的最基本的意义而言的。

所有制和婚姻的体系确实因气候和地理环境而变更，但是一般说来，它们通过了许多相同的发展，这可以在截然不同的时期，在世界的所有地区。一个社会的远古史的片断，常常能够通过我们对还在文明的落后阶段现存的另一个社会的认识而联系起来。最远古的社会显示出来的社会成长阶段中相似序列起因于它们的一般物理环境的类似性和人的特征性的生理本能的同一性，这些本能处处集中在食欲的满足和性欲的满足上。尽管乍看起来，所有制和婚姻似乎形形色色，但是较为仔细的研究发现，它们还将是 430 密切结合在一起的。广而言之，每一个特定的所有制模式都伴随着特定的婚姻形式。这两种社会建制相互作用和反作用，它们的变化几乎是同时的。所有制、继承权、公共权利本质上与家庭结构

结合在一起,从而与性纽带结合在一起。因此,这样的情况出现
了:远古史必须建立在对所有权和婚姻的早期形式的成长和关联
做科学研究的基础上。只是借助于这样的研究,我们才能够表明,
进化的两大因素即为食物的斗争和性本能,将足以概述社会发展
的阶段。当我们学会借助物理学的和生物学的公式描述远古史的
序列时,我们于是将较少犹豫地深入钻研我们的近代文明,并在相
同的欲望和本能中发现它的根源(参见附录,注释六)。从而我们
将较少不乐意地承认,历史科学像任何其他科学分支一样,不仅能
够描述过去的发展进程,而且也能够预言未来的发展进程。在这
里,在从过去的经济史和社会史预言最近的未来的可能趋势时,似
乎是那些有点走入歧途的科学即政治经济学和社会学的真正
职责。

§15　道德和自然选择

　　虽然读者可能准备承认"最适者幸存"是描述人类甚至在目前
的发展的公式,但是他也许还是怀疑,它如何能够是生命中的利他
主义产物的源泉。[①] 如果所有生命形式之间的永恒的生存斗争是
进步的基调——如果在身或心方面较强的个人把他的较弱的同胞
一律推到一边,使他们从属于他的目的,或者消灭他们,那么除了
从利己主义和悲观主义的立场来看之外,我们能够如何看待生活
呢? 于是,贫穷和疾病必然被视为在毁灭较少适应的人时是有用

---

　　① 本章剩余部分的本体取自 1888 年发表的讲演,后来作为小册子出版了。

的帮助,而健康和奢华则是对个体适应的适当奖赏。从这种仅仅作为个体战争的生活观开始,我们不可避免地达到可以用下述句子概括的政府概念:最大的好处必定来自最小的社会组织;因为在个人之间干预的政府是推翻最适者幸存原理的不合理的尝试。

读者不必认为,我正在夸大我们的一些近代生物学家的悲观主义。在这里的几句话中是海克尔的观点:

"达尔文主义根本不是社会主义的。如果要把一定的政治倾向赋予这个英国人的理论——这确实是可能的——那么这种倾向只能是贵族主义的,肯定不能是民主主义的,**最不能是社会主义的**。选择理论教导我们,在人的生活中,正如在动物和植物的生活中一样,在每一地点和时间,只有少数有特权者才能继续生存和兴旺;大多数人必然被压扁,并或多或少过早地在痛苦中死去。每一种形式的动物和植物生命的胚原基是无数的,幼小的个体就源于这些胚原基。另一方面,若干幸运的个体长到足够的年龄,并在实际中达到它们的生命目标,这在整个比例中只占一小部分。残忍的和严酷的生存斗争席卷整个生命自然界,与这种自然力一致,所有生物的无休止的和无情的竞争必然非常盛行,这是不可否认的事实;只有精选的少数有特权的适者才能够成功地幸免于这种竞争,大多数竞争者在其间必然痛苦地死去! 我们可以深深地哀痛这个悲剧性的事实,但是我们无法否认或改变它。'多数被征召但没有几个被选上!'这种选择,这种挑选被选者,必然与依旧是大多数的衰弱和死亡结合在一起。另一位英国研究者甚至指明达尔文主义的核心是'最适者幸存','最佳者凯旋'。显而易见,选择原理根本不是民主主义的东西,它在贵族主义一词的精确意义上是贵族主义的。"①

　　斯宾塞和赫胥黎也教导几乎相同的准则。可是,如果科学的信条以这一进化定律为基础,那么它如何能够反复灌输对弱者的悲观主义之外的任何东西呢,它如何能够永远相信除有特权的少数之外的任何事物呢? 我冒险地认为,海克尔提出的最适者幸存的观点实际上是十分不充分的分析,它需要许多限制性的陈述。

　　生存斗争不仅包括个体人与个体人的斗争,而且也包括个别社会与个别社会的斗争以及人类总体与其有机的和无机的环境的斗争。个人对于发展他自己的最大能力的兴趣是变革的十分重要的因素,让我们称其为个人主义(indiuidualism)。但是,由于各个社会对发展它们的资源、对于因为在社会与社会之间永远进行的剧烈斗争而组织它们自己具有兴趣,这同样是进化的重要因素,当
433 达尔文的学说应用于人类历史时,人们往往忘记了这一点。各个社会对于教育、训练和组织它们的所有个体成员的能力具有最强烈的兴趣,因为这是社会能够在生存斗争中幸存的唯一条件。这种社会组织的趋势总是在进步的共同体中占优势,可以在该词的最适合的和最广泛的意义上命名其为**社会主义**。社会主义的以及同样多的个人主义的趋势是基本的进化原理的直接结局。最后,还存在着第三种进化因素,即对人类来说一般来自反对有机的和无机的敌手的公共组织的好处。全世界的人相互依赖正在变成一个越来越明确**地**被承认的事实。在世界一个部分的人控制他们的物理环境的失败,可能导致世界**对面**的饥荒;一个民族的科学家战

---

①　《自由的科学和自由的学说》(*Freie Wissenschaft und freie Lehre*),S.73。

胜微小的杆菌是全人类的胜利。因此，人在世界各地对于人的物理环境和生物环境的控制之发展，对于每一个个别群体都具有真正的重要性。人类在与环境斗争中的这种休戚相关是与进化定律的个人主义或社会主义一样的特征。我们也许可以称其为**人道主义**。

如果我们的分析是正确的分析，那么它将导致我们从简单的最适者幸存定律达到有助于改变人们生活的三个重大的因素——个人主义、社会主义和人道主义。我们对个人主义、社会主义和在较小程度上对人道主义的强烈的遗传下来的本能①，引导我们达到关于行为、对自己的责任、对社会的责任和对人类的责任的准则，我们的祖先被教导认为这些准则是超感觉的天意或神圣的施与的结果，甚至他们的一些子孙还认为这些准则是由于在宇宙中一般的神秘的正直倾向或某种道德目的。

434

§16　个人主义、社会主义和人道主义

通过就个人主义、社会主义和人道主义分别描述人的发展的特征做几点评论，我们可以恰当地结束论生命的这一章。现在，不需要大加强调个体的本能由于一意孤行在生命中所起的巨大作用。它长时期是许多英国思想的过分强烈的基调。我们的一些作

---

①　在现时代发展的大量的人道主义本能实际上是社会主义的产物。随着部族识别标志变得微弱，当地化变得较少明确，社会同情便扩展到陌生人，这些人的习惯和思维模式与他发现自己所处的社会的习惯和思维模式并非过分大相径庭。

家断言的一切进步形式都能够借助个人主义的倾向来表达。我们的道德家和宣传员在工业革命把我们从外国竞争的压力下解脱出来时片面强调个人主义，这种强调确实可能朝着某条放松严格训练的道路前行，而正是借助严格训练，一个被紧紧催逼的社会补充了遗传下来的社会本能。这种对个人主义的强调无疑导致了在知识方面甚至在舒适标准方面的巨大进展。自立、节俭、个人体格、机灵、智力甚至狡猾都首次受到颂扬，接着又赋予财富、影响和公众赞美以最辉煌的奖赏。近代生活的主要原动力以及它的真正伟大的成就，都能在个人主义的本能中找到——也许不是没有理由地找到。个人努力在知识和发明领域中的成功导致我们的一些第一流的生物学家在个人主义中看到进化的唯一因素，因此他们提出一种社会政策，这项政策会把我们置于农夫的位置：农夫花费他的全部精力生产得奖的肥牛样本，而忘记了他的目标是处处改良他的家畜。①

　　我相信，科学最终将平衡进化中的个人主义的和社会主义的倾向，比海克尔和斯宾塞似乎做过的还要好一些。描述人的成长的个人主义的公式的功能被高估了，而社会主义的本能的进化源泉则过于经常地被忽视了。② 面对物质的和商业的激烈斗争，面对现存民族之间为土地、食物和矿物财富的争斗，如果我们作为一个民族必须在幸存中是适应的，那么我们就处处需要通过培养部

----

　　① R. H. 牛顿：《社会研究》(Social Studies)，边码 p. 365。
　　② 预言可能是轻率的，但是社会主义和个人主义倾向似乎是议会党派在未来将能够据以把它们自己区分开来的唯一清晰的和合理的路线。这些倾向的适当平衡似乎是健康社会发展的必不可少的条件。

分蛰伏的社会主义精神而变强。组织社会、使个人从属于整体的
重要性随着斗争的加剧而增长。我们将需要我们大家眼光明睿，
需要我们大家对人的成长和社会效率的合理洞察，为的是训练劳 436
动能力，培养和教育心智的能力。这种组织和教育必须普遍地由
国家进行，因为正是在社会与社会的斗争中而不是在个人与个人
的斗争中，这些武器才是服务性的。在这里，正是科学无情地宣
布：如果一个民族要在生存斗争中幸存，它就不仅需要几个得奖的
个人，它也需要精细调节的社会系统——该系统的成员作为一个
整体通过有组织的反作用回应每一个外部的压力。

要是个人询问：我为什么应该社会地去行动？确实没有论据
能够表明，这样做总是使他自己得益或满意。个人在社会行动中
是否获得满意，将取决于他的个性——遗传本能和过去经验的产
物——和"部族良心"通过早期培养所发展的程度。如果生存斗争
没有导致一个具有强烈社会本能的给定共同体占优势的部分，那
么该共同体即使已不处于颓废状态，它也缺乏持久稳定的主要成
分。这种成分在哪里存在，社会本身在哪里将抑制其行为是反社
会的人，并通过培养它的较年轻的成员的社会本能而得以发展。
一个能够在生存斗争中固守它自己的强大而有效的社会可以建立
起来的唯一方法正是在这里。在给定共同体的占优势部分中的社 437
会本能的盛行，是对奉行社会的即道德的行为路线唯一的而且还
是十分有效的赞许。

除了进化的个人主义的和社会主义的因素以外，依然还有我
们所谓的人道主义的因素。像社会主义因素一样，它也偶尔被忽
视，但同时也偶尔被高估，例如在实证主义的形式陈述中就是这

样。我们始终必须记住,在外交、贸易、冒险活动底下隐藏的,是近代民族之间盛行的斗争,这种斗争即使未采取公开战争的形式,却依然是真实的。个人主义的本能可以像社会主义的本能一样强烈,或者比它更强烈,但是后者总是比对作为一个整体的人类的任何感情强烈得多。事实上,"人类的休戚相关"就其是真实的而言,与其说感到在所有场合在所有人之间存在着,还不如说感到在面对自然和人的野蛮状态的欧洲种族的文明人之间存在着。①

"整个地球是我的,没有一个人将非法剥夺我去它的任何角落",这是文明人的呐喊。在一个民族与有机的和无机的自然的斗争中一般没有损害文明的情况下,没有一个民族能够独自行动,使其余人类丧失它的土地和矿物财富、它的劳动力和文化——没有一个民族能够拒绝发展它的智力的或体力的资源。任何人的智力应该休闲,或者任何人不应该参加研究的劳动,这对其他民族不是无关紧要的事。一个国家的占有者是否听任它的地域无资格统治,听任它的自然资源未开发,这对作为一个整体的人类来说不能漠不关心。黑皮肤的部族既不能为人类的最大利益利用它的土地,也不能把它的份额贡献给人类知识的公共库存,因而能干而健壮的白种人应该取代黑皮肤的部族,为此感到遗憾是人的休戚与共的虚假观点,是软弱的博爱主义,而不是真正的人道主义。② 文

---

① 欧洲人对红种印地安人的感情几乎不同于欧洲人对欧洲人的感情。哲学家可能告诉我们它"应该"存在,但是它不存在的事实却是历史中的重要成分。

② 这个句子不必看做是为残酷无情地毁灭人的生命辩护。这样的加速最适者幸存的模式的反社会后果可能走得太远,甚至消灭占优势的幸存者的合情合理性。同时,存在着人们满意由更高文明的白种人取代遍及美洲和澳洲的土著人的原因。

明人针对非文明人和自然的斗争产生了某种偏袒的"人类的休戚相关"——包含禁止反对浪费人类资源的任何个别的共同体。

个人的发展、人与人斗争的产物,被看做是受社会单位的组织控制的,是社会与社会斗争的产物。个别社会的发展即使是在较小的程度上也受到在文明人类中人的休戚相关的本能的影响,是文明反对野蛮、针对无机的和有机的自然的斗争的产物。借助人人主义、社会主义和人道主义三个因素描述个人、文明社会和野蛮社会的连续斗争的最适者幸存的原理,从科学的立场来看,是我们能够给予健康活动、同情、爱和人们作为他们的主要遗产而珍重的社会行为这些纯粹人的天赋的起源之唯一解释。

439

摘　　要

1. 由于近代物理的许多语言的形而上学特征,形而上学在生物学中找到立足点。尤其是在作为机械论的生命观念中,我们发现混乱正在统治着。问题应该用词语表达为如下的结果:我们能够用于足以描述无机现象相同的关于运动的概念速记描述有机现象中的变化吗? 在回答这个问题时存在着困难,因为我们不能断言,可以应用于复杂的物理结构——我们以此把最简单的有机胚原基概念化——的精确的运动定律是什么。

2. 有生命和无生命之间的区别不可能有简明的定义,意识和自我决定帮不了我们什么忙,我们被迫重新依赖结构和运动的特殊特征。

3. 为了描述生命的起源,发明了三个假设——生命的永恒、自然发生和来自"超科学原因"的起源,其中第二个似乎最有价值。像"意识的自然发生"一样,它只是概念的描述,而不是现象序列的说明。

4.生物学家被要求定义他们假定自然选择公式在其内是有效描述的限度:尤其是,它与我们可以构想在无生代时期以及此后发生的比较稳定的无机化合物的物理选择如何关联起来。在标尺的另一端,我们不得不再次询问,最适者幸存在多大程度上描述人类历史的序列。虽然似乎很可能,人类的历史可用生物学和物理学的简明公式来概述,但是从这一立场审查人类进步的几个第一流的生物学家,看来好像没有充分关注社会主义的本能,而社会主义本能像个人主义本能一样多地是进化原理的一个要素。

文　　献

Claus and Sedgwick-*Elementary Text-Book of Zoology*(General Part,Chapter I),London,1884.

440 Haeckei,E.-*Natürliche Schöpfungs-Geschichte*(Zwölfter Vortrag,S. 250-310),4th ed;Berlin,1873.(*History of Creation*,revised by Ray Lankester,London,1883.)-*On the Development of Life*,Particles and the Perigenesis of the Plastidule,1875 (pp.211-257 of *The Pedigree of Man and Other Essays*, London,1883).-*Freie Wissenschaft und freie Lehre*,Stuttgart, 1878.(*Freedom of Science and Teaching*,with Note by Huxley,London,1879.)

Huxley, T. H. -*On our Knowledge of the Causes of the Phenomena of Organic Nature*, London, 1863. -Lay Sermons, *Addresses, and Reviews* (On the Physical Rasis of Life, pp. 132-161), London, 1870. -*Nineteenth Century*, Vol. xxiii (*The Struggle for Existence*).

Sanderson, J. S. Rrudon-Opening Address to the British Association, 1889, Nature, Vol. xi, p. 521.

Spencer, H. -*Principies of Biology*, vol. i (to be read with caution), London, 1864; *The Man uersus the State*, London, 1890. See also the articlcs in *The Encyclopædia Britannica* on "Biology", "Physiology" (Part i, General View), and "Protoplasm," and those inthe new edition of *Chambers's Encyclopædia* on "Abiogenesis", "Biogenesis", and "Development".

第十章　科学的分类

§1　科学素材一览

在这本《科学的规范》的第一章,我们看到,科学就其遗产而言,要求对知识一词能够合理地应用的整个领域拥有所有权;它拒绝承认任何共同继承人对它的占有,它断言它自己的缓慢而艰辛研究过程才是唯一有利的培育模式,才是我们能够由以达到被教条主义的莠草窒息的真理之收获的唯一耕作。在本书进一步的进程中,我们看到,知识本质上是描述而不是说明,即科学的目标是用概念的速记描述我们过去经验的惯例,以预言未来为目的。因此,从心理学的立场来看科学的工作本质上是联想的作用,从物理学的立场来看是在大脑活动的皮层或中枢的几个部分之间各种兴奋作用关联的发展。我们具有即时的感觉印象,这些部分地作为存储的感官印记保留下来,且能够被同类的即时的感觉印象复活。从存储的感觉印象,我们通过联想形成概念,概念可以是或不可以是知觉过程的真实极限。这些概念在后一情况中仅仅是理想的符号,我们借助概念速记索引或分类即时的感觉印象、存储的感官印记或其他概念本身。这是科学思维的过程,该过程就其物理的样式而言可能在思维的物理中心之间发展或建立了生理学家所谓的

"连合"链环的东西。[①]

　　辨认出心智的内容从而最终起源于感觉印象和我们知觉感觉印象的模式,确实可以通过例如把自然神学和形而上学从知识领域中排除掉而限制我们必须分类的素材;但是,它并没有使分类科学各个部门的任务变成容易的任务。确实,只要我们趋近任何确定的知觉经验范围,我们就立即感到需要专家告诉我们"情况"——向我们描述它如何与周围的区域相关,对应的科学分支对其他生命和心智问题的严格影响是什么。在出生前胚胎的发展可能是物种进化的雏形的缩影;对于包含社会学的重大结果的遗传理论或疾病理论来说,用显微镜可见的微小生物体的变化可能是决定性的;数学家继续运用他的大批符号,明显地处理纯粹形式的真理,他还可以达到对我们描述物理宇宙来说具有无限重要性的结果。这样的可能性足以表明,任何个别科学家今日如何不可能真正地衡量每一孤立的科学分支的重要性和洞察它与整个人类知识的关系。只有对彼此领域具有广泛鉴赏力、对他们自己的学问分支具有透彻知识的科学家群体,才能达到恰当的分类。他们必须进一步具有足够的同情和耐心,以便详细制订结合的方案。事实上,他们的劳动最终只会具有历史的价值,但是他们的方案作为已经被科学覆盖的领域的地图,作为对具有无数大道和小径——我们由此正在逐渐而确实地达到真理——的外行读者的启发,也许具有十分重大的利益。

──────────

　　① 即使 H. C. 巴斯蒂恩:《作为心之官的大脑》(*The Brain as an Organ of Mind*),边码 pp. 477-700 或 J. 罗斯:《论失语症》(*On Aphasia*),尤其是边码 pp. 87-127 中的粗略审查,也能使读者清楚地认识到思维中心或意识的不同要素的**定域**已经进行的广度。

§2 培根的"智力球"

在我们的科学领导者方面,这样的结合行动失败了,我们只好被迫转向个别思想家为了分类科学而完成的东西,首先我们至少应该提到三位众所周知的哲学家,他们详细地处理了这个论题。我意指弗兰西斯·培根,奥古斯特·孔德和赫伯特·斯宾塞。

培根在他的《论学术的尊严与进展》和《智力球描述》中给我们以科学的分类,它们原先打算作为《伟大的复兴》的一部分,人类知识正是通过这样的复兴革命化了。但是,培根像许多另外的革新者一样,也正好是他所谴责的体制的产儿。虽然他看到中世纪经院哲学的弊病,但是他从未完全使自己摆脱它们的思维和表达方式。他的分类不管从历史上看多么有趣,但是从近代科学的立场来看则有缺陷,我们将在这里仅仅概括一下它,为的是从它的缺点中获得洞察。

按照培根的观点,人的学问起源于理解力的三种官能——记忆、想象和理性;在这个基础上,培根开始他对知识的分析。伴随的图表表明培根的分类,我在其中把一些术语近代化了,并略去了一些细节。读者立即将观察到,在知识的素材和知识本身之间、在实在的东西和理想的东西之间,或在现象的世界和非实在的形而上学思维的产物之间没有引出明确的区分。人未被分类在自然之下,神秘的**第一哲学**或睿智被假定处理"事物的最高阶段"即神的和人的阶段。培根作为这种智慧的样本给出的公理并未真正暗示这个迄今缺少的科学分支所期望的东西;它们或者是逻辑公理,或者是自然神学、物理学和道德之间的怪诞类比。按照实际情况来说，该图表是思想变迁时期的稀奇古怪的产物。从它的"自然的错误"——自然被"物质的堕落、傲慢和刚愎自用"逐出其进程的反常状态，从它的纯化的魔法，我们辨认出它的作者处在中世纪的边缘；但是，当我们更接近地转向他对历史和社会学的分析时，我们觉得培根的分类对近代的斯宾塞的图表并非没有影响。事实上，445 斯宾塞采纳了培根一个本质的观念。这个观念可在《学术的进展》

人的学术

- **记忆历史**
  - 自然的
    - 自由（规范法则）
    - 自然的
      - 超发生的（怪物）
      - 发生
        - 天体物理学
        - 物质物理学
        - 物理地理学
        - 有机物种
    - 结合物（由人控制）
  - 公民的
    - 政治的（"严格"意义的）（公民史）
    - 文学的
      - 学术
      - 艺术
    - 教会的
- **想象诗**
  - 叙及的或历史诗的
  - 戏剧
  - 比喻的
- **理性哲学或科学**
  - 神性
    - 信示
    - 帝上
      - 自然神学，天使和精灵的本性
  - 自然哲学
    - 自然
      - 思辨的
        - 物理学（质料因和第二因）
          - 力学
        - 形而上学（形式因和目的因）
          - 纯化的魔法
      - 操作的
    - 人
      - 人性哲学（人类学）
        - 身体 — Medicine, Athletics, &c. — Concrete.
        - 心灵 — 逻辑 伦理学 — Abstract.
      - 公民哲学（在……中权利）/的标准
        - 交际
        - 商业 — Concrete.
        - 政府 — Abstract.
  - 第一哲学或睿智 — Mathematics.

第三编第一章中找到。培根写道:"知识的划分不像以一个角度相交的几条线,而更像在一个树干上交叉的树枝。"这个观念对培根和斯宾塞来说是共同的,即科学源于一个根,它与孔德的观点针锋相对,孔德是按系列或阶梯排列科学的。

446

§3　孔德的"等级制度"

现在,在一些方面,科学负有感激孔德的恩义,事实上这并不是由于他的科学工作,也不是由于他的科学分类,而是因为他教导说所有知识的基础是经验,并成功地把这个真理铭刻在不少人的心上,这些人还没有浸染科学精神,要不然就是可能不接受它。该真理不是新的真理——培根以比孔德在任何时候所做的更大的力量使人的心智回想它;它本质上是在孔德之前和之后的科学家的信条,他们中的大多数也许从来也没有打开过他的著作。可是,因为孔德抛弃了所有的形而上学假设,不认为它们是对知识的贡献,并教导通向真理的唯一道路是经过科学,所以他曾经为人类进步的事业而工作,他的贡献并未因他在一生的晚年提出的特殊的宗教学说而必然遭到抹杀。

按照孔德的观点,存在着六种基本的科学:数学、天文学、物理学、化学、生物学、社会学,在第七种或最后的道德科学达到顶点。"整个科学结构的综合界标"在最高的道德科学。这样假设的科学等级制度以十分模糊的陈述方式足以在细分每一个特殊学科中指导实证论者。就孔德提出的这样的知识阶梯而言,我能够在他的"体系"中发现与在下述段落中所包含的一样有效的论据:

447

"从这种观点来看,科学的等级制度在开始就意味着承认,人的系统研究在逻辑上和科学上从属于人性的研究,只有后者向我们揭示理智和行动的真实定律。尽管本身被研究的我们激情的本性的理论最终必定是至高无上的,但是若无这一预备的步骤,它就不会有坚固性。这样客观造成的道德依赖于社会学,下一步是容易的和类似的;社会学客观地变得依赖于生物学,正如我们的大脑存在显然以我们纯粹肉体的生命为基础一样。这两个步骤使我们继续行进到作为生物学正常基础的化学概念,由于我们容许生命力取决于物质化合的普遍定律。由于物质普遍的特性必定总是对不同实物的特殊的质施加影响,因而化学本身又客观地从属于物理学。类似地,当我们认识到我们地上环境的存在继续持久地隶属于作为一个天体的我们行星的状况时,物理学变得从属于天文学。最后,由于天体的几何现象和力学现象明显地依赖于数、广延和运动的普适定律,因而天文学从属于数学。"

在孔德看来,没有什么东西能够永远代替个人需要"连续地获得七个阶段中的每一个的知识,就像种族需要获得这些知识一样,这才能使他在世界秩序的相对概念中得到满足"。推翻数学通过天文学与物理学相关、物理学通过化学与生物学相关这样怪诞的图式,也许不需要批判能力![1] 针对严肃地断言每一门科学的研究都必然受到位于其上紧接着的科学的要求所限制的哲学家,为了我们尽可能早地可以达到最高的道德科学,即使"若向前推进一 ₄₄₈

----

[1] 对数学真理的真正理解有多少建立在心理学、建立在对理想极限而言具有几何学概念的知觉模式的正确评价的基础之上!(边码 pp.214-217)

步,则智力的培养不可避免地变为无所事事的娱乐",实际上还要
继续说些什么呢?很清楚,我们在孔德的智力阶梯中仅有纯粹空
洞的图式,这像他的《实证的政治体系》的其余部分一样,从近代科
学的立场来看是无价值的。①

§4　斯宾塞的分类

无论如何,在历史上,孔德是培根和斯宾塞之间的一个有趣的
环节。因为孔德从十五个公理化的陈述中推导出他的等级制度,
他断言这实现了培根关于第一哲学(边码 p. 444)的宏伟抱负,这
不仅受到培根公理的启发,而且在科学定义的需要方面超过了它
们。另一方面,孔德的著作至少作为一种刺激——即使属于激怒
类型的——作用于斯宾塞的思想。② 不管怎样,许多更重要的东
西必定依附于斯宾塞的而不是孔德的分类科学的图式,尤其是因
为他重返培根的作为从共同的根展开的树枝的科学概念,而拒绝
实证论的等级制度的阶梯排列。这棵树之根必定可在现象中找
449 到,它的树干立即分为两个主枝,一枝对应于唯一处理现象在其下
为我们所知的形式之科学,另一枝对应于处理现象题材的科学。
这些分枝分别是**抽象科学**和**具体科学**的分枝。前者囊括**逻辑**和**数**

---

① 可以向希望证实这个结论的读者提及《实证的政治体系》第四卷第三章"实证
学说的确定的体系化"。关于科学的等级制度参见边码 p. 160 以及以下。请比较一下
与赫胥黎的《非专业性的训诫、讲演和评论》(*Lay Sermons*, *Addresses*, *and Reviews*,
London,1870,边码 pp. 162-191)中的"实证论的科学样式"。

② 参见他的"对孔德先生的哲学持异议的理由",《文集》(*Essays*),vol. iii,p. 58。

学,或者处理我们知觉事物的模式的科学;后者处理我们在这些模式下知觉的感觉印象群和存储的感官印记。从这本《科学的规范》所采取的立场来看,即从所有科学都是概念的描述的立场来看,不必把抽象科学看做是处理知觉的空间和时间,而宁可看做是处理科学描述的概念空间(边码 p. 203)和绝对时间(边码 p. 227)。这种区分具有重要意义,因为贝恩在质疑斯宾塞的关于抽象科学的语言时问道,时间和空间怎么能够被认为是没有任何无论什么样的具体体现即作为空虚的形式呢。这种反对对于知觉模式的空间和时间成立,但是对于物理学家借以表示这些模式的几何学空间和绝对时间的概念的看法则不成立。可以引用一下斯宾塞关于这个观点的开首段落:

"是否如一些人认为的,空间和时间是思维的形式;或者,是否如我所主张的,它们是事物的形式,是通过被组织的和被遗传的对事物的经验变成思维的形式的;同样为真的是,空间和时间与在空间和时间中向我们揭示的存在形成绝对的对照;而且,专门处理空间和时间的科学与处理空间和时间包含的存在的科学借助所有区分中最深刻的区分分离开来。空间是所有共存关系的抽象物。时间是所有接续关系的抽象物。正因为它们完全在它们的普遍的或特殊的形式中处理共存和接续的关系,所以与任何其他能够相互形成的学科相比,逻辑和数学形成一类截然不同于其余学科的科学。"①

现在还不能说,这个段落十分清楚地指明了在空间和时间的现象实在、它们的知觉方式和它们的概念等价物之间的区别。但是,它所

---

①　"科学的分类",《文集》(*Essays*),vol,iii,p. 10。

指明的东西是这一点:在斯宾塞看来,后者或概念的价值形成科学分类的基础。这一点与在这本《科学的规范》中表达的观点完全一致。斯宾塞本人承认空间和时间是知觉的形式,可是却认为它们是事物的形式,这看来好像只是不必要的重复的一个例子,可以用我们不应该增加超越为陈述现象所必要的存在这个准则来对付重复。[①]

在转向**具体科学**或处理现象本身的科学时,斯宾塞做了新的细分:**抽象具体科学**和**具体科学**;他告诉我们,前者"在其要素上"处理现象,后者"在其总体上"处理现象。这导致他把**天文学**与**生物学**和**社会学**结合起来,而不是与力学和物理学结合起来。这样的分类可能适合形式逻辑的词语区分,但肯定不适合这样的区分:这些学科的学生会发现该区分有助于指导他的阅读,或者永远会在物理学还是天文学中受到专家的启发。但是,斯宾塞把**天文学**与它的亲近的亲族**力学**和**物理学**分开的体系之这种特异性,并不是它的唯一不利条件。他的第三群**具体科学**再次按照他所谓的"力的重新分配"原理加以细分。他以如下词语陈述了这一点:

"减少可感觉的或不可感觉的运动的量,总是换来它的伴随物即增加物质的集合,相反地增加可感觉的或不可感觉的运动的量,换来它的伴随物即减少物质的集合。"[②]

现在,我引用了这个模糊的"力的重新分布"原理,为的是表明对于任何一个尝试分类科学的个人来说它是多么危险,即使他具有斯宾塞的能力。就我意识到的而论,因为这个原理在物理学中

----

① 如无必要,毋增实体。参阅附录,注释三。
② 《文集》,vol. iii, p. 27。

没有真实的基础,因此不能形成分类**具体科学**的满意起点。在斯宾塞看来,哪里有运动的增加,哪里就有"物质"集合的减少。可是,我们只有丢下一个重物,看看运动的增加伴随"物质"集合的减少,即地球和重物的相互趋近。就我能够完全理解的而论,"力的重新分配"原理断然与近代的能量守恒原理相矛盾。事实上,斯宾塞关于物理科学的整个讨论,即使物理学专家确实乐意,也不会去接受它。我设想,当任何一个个人试图分类人类知识的整个领域时,情况必然总是如此。该结果充其量将是有启发性的,但是作为一个完备的和一致的体系,它必定或多或少是一个失败。但是,从斯宾塞的分类中可以学到许多东西,因为它把培根的"树"系统与孔德从知识领域排除神学和形而上学结合起来。尤其是在**抽象科学**和**具体**科学的原始划分中[①],它给我们提供了出色的起点。

§5 精确的和概要的科学

我打算放在读者面前的图式自称没有逻辑的精密性,而仅仅是尝试表明各种科学分支如何与基本的科学概念关联起来的粗略轮廓,这样的概念有概念空间、绝对时间、运动、分子、原子、以太、变异、遗传、自然选择、社会进化,它们形成先前各章的主要论题。如果逻辑学家拒绝它是分类称号的话,那么作者满足于称它为细目;因为它乐于承认,他在培根、孔德和斯宾塞失败的地方必然不可能成功。

---

① 这种划分的萌芽似乎也是由于培根;参见他的图表,边码 p.445。

　　在进而讨论图式时,我们必须记住下述观点:科学不仅仅是事实的范畴,而且是用来简洁概述我们对于那些事实的经验的概念模型。因此,我们发现,要求进入实际分类的许多科学分支,实际上仅仅是处于形成中的科学,它们与其说符合完备的概念模型,还不如说符合分类范畴。因此,它们的终极位置不能是绝对固定的。

453　在或多或少还原为完备的概念模型的那些物理科学和依然处在分类范畴状态的那些物理科学之间的区分,可用所谓的**精密**科学(前者)和**描述**科学(后者)来表达。但是,由于在本书中我们学会把全部科学视为**描述**,因此区分更确切地讲在于**概要的**分类用我们命名为科学公式或定律的那些简明的概念概述代替的程度。这样一来,虽然**描述的**必须在概要的意义上诠释,但精密的必须在法语概要(précis)一词的意义上看做是简明的或精确的同义词。区分现在看起来是量的区分而不是质的区分;事实上,**描述的**或**概要的物理科学**的相当大的部分已经属于,或正在急剧地转变为**精密的**或**精确的物理科学**。于是,我们将发现,无论何时我们开始细分科学的主要分支,边界仅仅是实际的而非逻辑的。在细分中被分类的细目与这些边界交叉和再交叉;虽然在下面的表中大多数科学仅进入一个位置,但是它们往往同时属于两个或更多的部门。因此,所有分类图式的经验的和尝试的特征之事实在于科学及其连续成长的关联作用。就每一个科学分支在一点或多点不仅进入邻近分支的领域,而且也进入遥远分支的领域而言,我们看到孔德下述断言的某种辩护:一门科学的研究包含着先前的其他分支的研究;但

454　是,这种辩护本身并不是他的异想天开的科学"等级制度"真理性的论据(边码 p. 446)。

§6　抽象的和具体的科学。抽象科学

像斯宾塞一样,我们可以由在科学中区分两个群——**抽象的**和**具体的群**——开始。前一种群处理知觉官能在其下辨别客体的模式的概念等价物,后一种群处理我们用来描述知觉内容的概念。于是,我们首先有如下的划分:

现在,我们用以分开知觉事物或分辨感觉印象群的两个模式是时间和空间。因此,**抽象科学**可以处理在没有特别指明知觉模式的情况下,适用于时间和空间二者的普遍的分辨关系;或者,它尤其可以涉及空间,或时间,或它们的混合模式即运动。普遍的分辨关系可以或者是**定性的**,或者是**定量的**。前一个分支被命名为逻辑,讨论我们用来鉴别和分辨事物的普遍定律,或讨论我们往往称之为思维规律的东西。逻辑的基本部分是研究语言的正确使用、明晰的定义和(如果需要的话)发明术语——**拼字学**(Orthology)。本书《科学的规范》的目标主要表明,缺乏明晰的定义如何导致近代科学的形而上学的朦胧性。

　　时间和空间二者同时导致我们量或数的概念,我们于是拥有一种处理量的定律的庞大而重要的**抽象科学**的分支。现在,量或者可以是**分立的**和确定的,像算术数 8,100,1/13,17/4 等,一个城镇的居民数,一个房间的立方英尺数;或者它可以是**连续的**和随其

455

他量变化的,例如像气压计的高度随一天的时辰变化、结婚和出生率随食物价格变化、物体的位置和速度随时间变化。我们于是在分立的量和能够逐渐变化或改变的量之间做了区分。在尤其是(即使不完全是)处理分立量的科学中,最有名的可能是**算术**和**代数**;但是,也存在着我们应该稍加注意的其他数。我们需要知道如何测量,在测量中很可能产生什么误差。与此密切关联的是概然量和平均量,它们处理的是我们在那里不能测量个别的量,而只能测量近似的和平均的结果的情况。由此出现了**测量理论**、**误差理论**、**概率论**、**统计理论**等等。

　　在进入量的变化时,我们评论道,如果一个量随另一个变化,那么便说它是第二个量的**函数**。于是,温度是时间和位置的函数,亮度是距离的函数,速度是时间的函数。理解互为函数的量的相互关系是像**函数论**这样的科学的范围,它教给我们如何能够表达和运用函数。这种表达的例子可在我们关于运动的几何学一章、图 10 和图 13 中找到。特殊的分支是**微分学**或**流数运算**,它处理变化率,我们在决定速度和曲率时已有它的例子(边码 pp. 257,270);**积分学**或**求和运算**从变化率之间的关系反过来行进到变化的量之间的关系,在我们借以从作为位置函数的加速度行进到运动物体的路程图的求和过程中,我们曾有这样的例子(边码 p. 277)。

　　我们接着转向特定的空间关系,我们注意到,我们可以从两种立场看待概念空间。我们可以仅仅处理点、线、面的相对位置,而对距离、面积或体积做任何定量的测量。这形成了**几何学**的一个重要的和有价值的子部门,它在近年得以大大发展,并被理论家广泛地应用于工程实际的各个分支。它就是所谓的**描述几何学**或**位置几何学**,读者也许熟悉的它的一个分支是**透视几何学**。关于抽象科学的特定空间部门的定量的和测量的方面,我们处理大小,并发现像**度量几何学**(欧几里得的原本的大部分是由它构成的)、**三角学**和**测量法**这样的子部门。

特定关系的第二个分支应该处理时间,但是实际上正像我们所有的空间分辨都与时间结合一样,我们所有的时间分辨也与空间结合;我们在实际的知觉中把在时间和空间二者中的所有事物同时地分隔开来,因为即时的感觉印象群的确不是同时的,在空间所知觉的大多数事物是包含存储的感官印记的"构象"(边码pp. 50,219)。因此,当我们讲时间的特定关系时,我们正在涉及用序列进行那种分辨,我们称这样的序列为变化,它的基本要素实际上是知觉的时间模式——在概念上我们正在涉及像用绝对时间测量的那样的变化(边码 pp. 227,288)。在没有定量地测量而只是定性地描述这样的变化时,我们需要一种理论,我们可以借助该理论精确地观察和描述这样的变化。我们不仅缺乏科学的测量理论,而且也缺乏科学的观察和描述理论。例如,在所有种类的有机现象的情形中,不仅了解观察什么是不可或缺的,而且了解应该如何描述所观察到的东西,都需要科学的培训。在逻辑专题论文中对**观察和描述理论**做过一些讨论,但是与现在所接受的理论相比,它们似乎能够更完备地加以处理。[①]

①　在**观察和描述**方面最佳的实际培养之一是临床管理员在医院病房中获得的。

　　我们必须提及的抽象科学的最后分支是变化的定量方面。于是,我们可以考虑位置的变化,并发展一种概念物理运动的理论,该理论不涉及我们藉以把现象变化概念化的运动的特定结构和特定类型。这个科学分支被命名为**运动学**或**运动几何学**,考虑到它458的根本重要性,我们在第六章已经充分地讨论了它。在近年已做出十分重大的进展,而且不仅仅是从理论的立场来看的;在约束运动的例子中,它在实际的机器建造中成为无价的辅助物。[①]　与**运动学**密切相关的(即使说是它们的一个分支不很恰当),我们有处理大小和形状变化的科学。这就是**胁变理论**,它广泛地应用于物理学许多部分的概念描述(边码 p. 242)。

A. 抽象科学			分辨模式				
分辨的一般关系			空间和时间独有的关系				
定性的	定量的		空间 用定域分辨		时间 用序列分辨		
	分立的量	量的变化	定性的（位置）	定量的（大小）	定性的	定量的	
拼字学,逻辑学,方法论	测量统计,误差理论,概率等,算术,代数,	微积分学,函数理论或流数理论,等	描述几何学	三角度量几何学,测量法等	观察和描述理论（与逻辑相关）	胁变理论（大小和形状的变化）	运动学（位置的变化）

---

　　①　尤其是参见 L. Burmester:《运动学教程》(*Lehrbuchder Kinematik*, Bd. i, Leipzig, 1888)————一本经典性的专著。

　　我们以此完成了我们对**抽象科学**的评论。我们看到，它囊括 459
了通常归类为**逻辑**和**纯粹数学**的一切。在这些分支中，我们处理
分辨的概念模式；由于所形成的概念一般而言是严格定义的，并且
摆脱了知觉内容的无限复杂性，因此我们能够以极大的精确性推
理，以致这些科学的结果对于所有落在它们的定义和公理之下的
东西都是绝对有效的。为此缘故，**抽象科学**的分支往往被说成是
精密科学。我在上面那页的图表中概括了我们的分类。

§7　具体科学。无机现象

　　在从**抽象科学**到**具体科学**或到知觉的内容时，我们回想一下
第九章在有生命的和无生命的东西之间、**在有机的**和**无机的**现象
之间所做的区分。只要我们对有生命的东西起源于无生命的东西
没有知觉经验，我们就可以通过把**具体科学**划分为分别处理**无机
现象**和**有机现象**的分支，从而得到明晰的分割。处理无机现象的
科学作为一个整体被命名为**物理科学**。

　　这些科学的第一次细分可以提及我们已经在**精密的物理科学**
和**描述的物理科学**之间所划的区别，或者正如我们愿意把它们命
名为**精确的和概要的物理科学**（边码 p.452）。于是，我们发现，天
文学家能够预言在某年某日的精确时刻，金星将显露在地球表面
上给定位置的观察者面前，在日轮上开始它的凌日。另一方面，我 460
们通过日常经验发现，气象局作出的、日报上发表的天气预报原来
往往是不正确的，或者只是近似地被证实了。**天文学**和**气象学**之
间的这种区别，恰恰是**精确科学**和**概要科学**之间的区别。在一种

情形中,我们不仅有事实的合理分类,而且我们能够构想准确地概述这些事实的简明公式,例如引力定律。我们借助理想的粒子,成功地构造出描述天文学变化的概念的机械论。在另一种情形中,我们可能或不可能达到事实的完善的分类,可是我们肯定不可能用机械论或概念的运动——它能使我们精确地预言未来——详细阐述我们的知觉经验。**精密的**和**概要的**物理科学十分密切地分别符合的现象是:关于前者的现象,我们能够借助具有理想运动的基本微粒构造它们的概念模型;关于后者的现象,我们还未把它们还原为这样的概念描述。借助理想的基本运动分析无机现象的过程形成**应用数学**的论题。① 因此,这门科学是一个链环,它处于像在抽象科学中所讨论的纯粹运动的理论和像在**具体科学**的精确分支中所讨论的、最严密地使无机现象的序列概念化的那些理想微粒的运动之间。

461　　在我们还没有成功地把复杂的变化分析为理想的运动之处,或者在仅仅部分地这样做了,即在没有定量计算的情况下描述了可以预期来自这样的运动的一般结果之处,我们在此处正处理的是**概要的物理科学**。因此,概要的物理科学与其说与**精确的物理科学**有质的区别,还不如说它是正在形成的精确的物理科学。它包容着大量的事实分类,我们正在不断地力图用简单的公式或定律概述它们,这些定律照例是运动定律。于是,**概要的物理科学**相当大的部分已经是精确的,或者处在正在变为精确的过程中。这

---

① “就混合的数学而言,我仅可以做出这一预言:随着自然逐渐被进一步揭示,不能不存在更多类型的数学。”——培根的预言已得到充分辩护。

就**化学**、**地质学**和**矿物学**而言是尤为明显的例子。事实上，就化学来说这种情况是如此显著，以致读者将发现，我把**理论化学**和**光谱分析**包括在**精密的物理科学**的项目下。

转向我们在第八章中处理的微粒系统，我们在它们之中找到**分类精确的物理科学**的卓越基础。首先，我们有粒子和形成物体的粒子群。处理粒子或物体，或块中分子的运动的物理学之部门被命名为**团块物理学**（Molar Physics），该术语来自拉丁语 moles即团或块。在**团块物理学**中，我们处理把地球表面上的物体的位置的变化概念化之运动，即**力学**；我们处理把行星体系的变化概念化之运动，即**行星理论**；我们处理我们用来描述行星及其卫星的构形的变化之运动，即**月球理论**。

在粒子之后我们处理分子，在**分子物理学**之下尤其论及能够被分子的相对运动概念化的那些现象。在这里，我们必须考虑**弹性**、**塑性**（或黏滞性）和气体、液体及固体的**内聚性**。借助分子的运动，我们论及**声音现象**，晶体的形成或**结晶学**，**地球的外形**，液体和气体各部分的相对运动即**流体力学**、**空气动力学**和**潮汐理论**，气体中的温度和压力的理论或**气体运动论**等等。

进入更简单的微粒即原子，我们便到达**原子物理学**。我们归因于概念原子的运动形成**理论化学**的基础，以及在由任何化学实物传导或激励的光中显示出来那些奇异的谱线的基础。以原子的基本运动为基础的**光谱分析理论**是我们关于太阳和恒星的化学构成的知识之源泉，或者是在**太阳物理学**和**恒星物理学**中概述的所有那些知觉经验的描述之源泉。

精确物理科学的最后分支被命名为**以太物理学**，它处理以太要素的相对运动或我们归因于以太的形状变化（边码 p. 313）。如果我们认为以太仅仅是传导各类运动的媒介，而撇开我们假定它包含的分子，那么我们就有**辐射理论**，该理论描述光、热和电磁效应如何被构想从分子传播到分子。如果我们处理以太和分子之间的相互作用（边码 pp. 333, 368），并描述分子如何弥散、吸收、传输或传导光、热或电磁效应，那么我们就有**光、热、电和磁**的基础物理科学的余留部分。

从概要的物理学出发，我们要求对那些现在还没有被简单的运动公式概念化的物理现象进行合理的分类。用通常的话来说，我们应该自然地期望在存在"大量同时起作用的力"的地方发现这样的现象，或者用更准确的语言来讲，在存在若干基本物体——我们用来使该现象概念化的基本物体的数目如此之多，以致我们目前还不能通过综合（边码 p. 283）形成可以描述整个系统变化的复杂运动——的地方发现这样的现象。在处理像行星体系或行星本身这样庞大而错综复杂的物体之演化和结构时，情况尤其是这样。我们需要知道我们能够用来描述行星体系演化的变化序列，我们力求用**星云理论**予以回答。我们需要了解我们地球的无机结构如何发展——**地质学**描述它。接着我们转到地球表面的形成和在气体和液体中继续进行的连续变化，我们研究**物理地理学**和**气象学**。

最后，我们探询形成我们环境的实物的结构以及它们的相互关系，于是我们有**矿物学**和**化学**，从而结束了**概要物理科学**的范围。

下表概述了我们对**物理科学**的分类：

B. 具体科学					无机现象
已还原为理想运动					还未还原为理想运动
精确的物理科学					概要的物理科学
团块物理学	分子物理学	原子物理学	以太物理学		星云理论， 行星体系演化， 地球的无机演化， 地质学， 地理学（有时称物理 地理学）， 气象学， 矿物学， 化学， 等等
力学， 行星理论， 月球理论， 等等	弹性， 塑性， 内聚性， 声音， 晶体学， 地球外形， 流体力学， 空气动力学， 潮汐理论， 气体运动论， 等等	理论化学， 光谱分析， 太阳物理学和恒星物理学， 等等	与分子无关 辐射理论 （光，热， 电磁波）	与分子有关 光，热， 电，磁 （与分子结构有关）， 例如弥散、 吸收、传输、传导、 等等	

§8　具体科学。有机现象

465

　　我们现在转向知识的第三个和最后的大领域，即处理**有机现象**的**具体科学**部门。它的分支往往被总括为**生物科学**，尽管**生物学**一词本身常常被应用于子部门。假如我们试图把生物科学细分为**精确的**和**概要的**群，那么我们没有得到任何有实际价值的部门。因为除了一两个分支的某些小部分之外，整个生物科学都会落入概要的范畴之下。的确,某些强有力的公式已把生物科学的大部分从合理的分类变为在该词精确意义上的科学;但是有机现象借助概念运动的描述(边码 p. 330)在许多进步被报道之前,还要等待物理学家和生物学家双方面的长期而艰苦的研究。因此,我将重返我们在**抽象科学**的处理"特殊关系"的那个分支的例子中所采取的细分模式。我将把生物科学细分为较专门地处理生命的空间或定域的科学和比较专门地处理时间或——像在我们更一般地称之为通过序列分辨的有机现象的例子中——成长的科学。在第一个子部门中,我们将有处理**生命形式的分布**的科学分支(**生物分布学**)和研究与环境有关的习性的科学分支(**生态学**)。这些分支形成在古老的意义上被称为**自然史**的东西之主要部分。

在转向变化或成长的第二个子部门时,我们注意到这些或者可能**再发生**,或者可能**不再发生**。当然,变化的再发生和不再发生仅仅是与人的知觉经验有关的用语。从这种观点来看,我们把从简单的生物体到复杂的生物体的进化看做是不再发生的,但是在恒星宇宙中,构想无论何时行星体系达到它的像太阳系现在达到相同的发展阶段时,这一演化还在继续,则是从类似的已知到类似的未知的合情合理的推论(边码 p.72)。因此,生命的进化事实上可以无数次地再发生,从而我们的划分只是分类我们实际的知觉经验的实践模式。不能把这看做是断言,在许多行星上有机生命的起源和灭绝中存在着任何比在我们的诞生和死亡中更为不可思议的东西。

我们是在较为狭窄的意义上谈论像**历史学**这样的不再发生的成长和像**生物学**这样的再发生的成长的。生物学落入两个主要的部门：处理植物生命的**植物学**和处理动物生命的**动物学**。

关于历史的科学群，我们可以一般地处理所有的生命，我们于是又讨论**物种进化**或**起源**的科学分支（**种系发生**、**古生物学**等等）。更专门地处理人的，我们有**人的进化**或**退化**。这种进化可在不同的状态上加以考虑，尽管这些状态不能绝对分开保持和完全独立地讨论。于是我们可以询问人的**体格**如何发展，我们在头盖骨测量、骨骼比较和人的形态的史前遗物中找到答案，即在其比较狭窄的意义上的**头盖学**和**人类学**中找到答案。接着我们探询人的心理官能如何发展，并在语言的历史和结构、在人的心理产物的进化或在**哲学史**、**科学史**和**艺术史**等等中寻求知识。最后，我们可以追溯社会建制的进化，看看本能的群聚习惯发展为习惯并最终发展为法律和制度。我们可以讨论人类居住、人类社会和国家的起源。在这里，我们从**考古学**、**民俗学**、广义的**人类学**，以及从**习惯史**、**婚姻史**、**所有权史**、**宗教史**和**法律史**等等中寻求帮助。

下一步审查成长的再发生状态或**生物学**，我们力求描述各类生命的**形式**和**结构**，于是达到被称为**形态学**、**组织构造学**和**解剖学**等等这样重要的生物学分支的素材。或者，我们可以比较专门地处理生命形式的**成长**和**繁殖**。我们需要描述性区别的起源，我们设想这种区别的目的有助于生命形式的经济；接着我们希望描述双亲如何把他的特征传递给子代，新生命如何起源和逐渐发展。这些论题是在**性进化**、**遗传理论**和**胚胎学**中处理的。

生物学的第三个和最后一个大部门涉及生命形式的**功能**和**行为**。如果我们从物理学的方面来处理这些功能和行为，并把生命过程作为与无机的形式有关的东西加以研究，那么我们就有所谓

468 **生理学**这一广泛的科学分支。生命形式的功能和行为的心理方面被**心理学**包容。**广义心理学**普遍地探讨生命的心理能力、意识的

C. 具体科学								有机现象				
空间（定域）	时 间（成长或变化）											
自然史（在古老和气候的意义上）	不再发生状态 历史学						再发生状态 生物学（植物的生物学,植物学 / 动物的生物学,动物学）					
	一般的 物种进化			特殊的 人的进化			形式和结构	成长和繁殖	功能和行为			
				体格	心理官能	社会建制	形态学	胚胎学	物理的	心理的		
									生理学	心理学		
										一般的	人的特殊的	
											个体	群体
生命形式的地理分布（生物分布学）（生态学），	生命起源（种系发生，古生物学等等）。	物种起源。	自然选择和性选择理论等等。	头盖学·人类学等等。	语言史，语言学，哲学史，科学，文学，艺术，等等。	考古学，民俗学，习惯史，婚姻史，所有权史，宗教史，国家史，法律史，等等。	形态学，组织构造学，解剖学等等。	胚胎学；性理论，遗传理论等等。	生理学。	本能理论，意识的起源等等。	心灵研究，思维心理学。	社会学 道德学，政治学，政治经济学，法理学，等等。

469 起源，动物智力和本能理论的发展。如果我们转向人的**特殊的心理学**，我们可以把人看做是孤立的个人或群体中的成员。**心理学**的前一个分支可以命名为**心理的科学**或**心灵研究**，它处理个体人的各种心理的状态和习惯以及他的思维官能与他的大脑物理结构

的关系。处理群体中的人的**心理学**的后一个分支被命名为**社会学**，它涉及人的社会产物和建制——它落入像**道德科学**、**政治科学**、**政治经济学**和**法理学**这样的分支。

我们的**社会学**结束了我们对于**生物科学**的阐明，在对面一页的图表中概括了它们。

§9　作为交叉链环的应用数学和生物物理学

读者也许想象，我们的分类现在完成了，但是依然还存在有必要提及的一个科学分支。我们已经看到，我们对从无生命到生命的起源没有知觉经验，尽管它看来好像是合情合理的概念公式（边码 p.413）。因此，情况似乎是，在**具体科学**的两个分支之间，即在**物理科学**和**生物科学**之间的确定链环现在不会是唾手可得的。但是，我们必须记住，生命是恒定地与类似于无生命形式的感觉印象联系在一起而发生的，生物体的化学和物理结构似乎仅仅在复杂性方面不同于无机形式。虽然在我们更准确地了解所谓机械论一词在应用于有机微粒时我们意指什么之前，我们肯定不能断言生命是机械论（边码 p.404），但是似乎毋庸置疑的是，一些物理学概括——最有名的是能量守恒原理——至少描述了我们对于生命有机体的知觉经验的一部分。因此，需要科学的一个分支来处理无机现象的定律或物理学对于有机形式发展的应用。这个科学分支致力于表明，**生物学**的——**形态学**、**胚胎学**和**生理学**的——事实构成一般的物理学定律的特例，该分支被命名为**病源学**。[①] 称它为**生物物理学**也许更好一些。这门科学在当前似乎没有很大的进展，但是它并非不可能具有重要的未来。

这样一来，正如**应用数学**把**抽象科学**与**物理科学**联系起来一样，**生物物理学**也试图把**物理科学**和**生物科学**联系在一起。

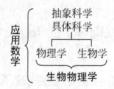

因此，**应用数学**和**生物物理学**是三大科学分支之间的两个链环，只有当它们的工作被充分完成之时，我们才能够实现亥姆霍兹的预言，并构想象运动定律(边码 p. 330)这样的全部科学的公式、全部自然定律。无论如何，我们必须承认，这个目标在目前是无限期的遥远的。

§10 结论

我们急迫而粗略地越过了广大的知识领域，无疑忽略了许多事情并把其他东西放错了地方。但是，如果它使读者相信近代科学被要求分类和概述的事实的无限多样性和庞大范围，那么甚至这样的概览也不是毫无成果的。在这里，在我们面前，我们也许只

---

① 从希腊词 αｒττιον(原因)而来。该名词似乎不是合适的选择，尤其是因为它在医疗实践的古老起源方面具有十分确定的意义。

不过模糊地、如同从幔幕后面那样看到科学的广大遗产,许多国家的成百上千劳作者为此在过去两百年间——在这之前的两千年还有数世纪——花费了他们最好的年华和最老练的能力。在这里,我们看到埃及人和希腊人、美国和欧洲人,他们同样为共同的目标而工作,同样受到共同的热忱、相同的坚定的行动积极性的激励。在这里,在知识领域,我们有一个所有时代、所有民族聚合的场所;在这里,时代和民族确实不再存在;像伽利略和开普勒、牛顿和拉普拉斯、道尔顿和法拉第、林奈和达尔文这样的姓名,在文明人建立共同体的无论什么地方,都变成了家喻户晓的词,激起了赞美甚至虔诚。

我们可能会问,人类把所有这些时间和辛劳致力于追求知识是如何发生的呢——人们为什么应该尊敬伟大的科学先驱者呢?答案是清楚的和确定的。人在生存斗争中通过发展更复杂的知觉官能和更完善的推理能力,统治着其他的生命形式。在他为用简明的科学公式概述广大范围的现象而发展的能力中,在他关于自然定律的知识和这种知识使他作出的预见中,存在着人优胜于其他生命形式——从野兽的残忍的能力到在显微镜下可见的引起某些可怕疾病的杆菌的无理性的能力——的源泉。正像公牛以角、鹰以翅膀而骄傲一样,人也以他的理智力量而欣喜,正因为这些能力才使他在生存斗争中立于不败之地。

在这本《科学的规范》中,我努力强调科学和科学定律的这一方面;我力图指明,自然定律如何是人的理性的产物,受最适者幸存之助的人的推理官能和知觉官能的相关成长如何可能使我们成为正常类型的人——对这种人来说,只有就知觉才能够推理,而其

472

理性敏锐得足以鉴赏和分析所知觉的东西(边码 p. 125)。[①] 藉以达到这些结果的进化必定是漫长而艰难的;但是,它们至少应该使人相信他自己的能力,并使人确信,随着进一步的成长,人将达至更敏锐的知觉和更伟大的理智理解。我们没有权利假定人的发展是十全十美的。相反地,我们有充分的权利推断,从原始人到亚里士多德,从亚里士多德到今日的科学家,我们能够追溯的进化趋势将继续是相同的,至少在人的物理环境没有实质性地改变时是这样。否认我们的知觉比伟大的希腊哲学家的知觉更广泛和更深刻,否认我们的分析比伟大的希腊哲学家的分析更微妙,就是否认人的过去的进化的趋势,就是否认赋予历史的它的深邃的人类的意义之一切。自亚里士多德时代以来知识的成长应该充分地使我们深信,我们没有理由对人们最终制伏任何问题感到绝望,不管它现在是关于生命或心智的无论什么问题,也不管现在看来多么模糊和困难。但是,我们应当记住,这种制伏意味着什么;它不是指出知觉惯例的说明;它只是简明的概念公式的惯例的描述。它是历史的概述,而不是最终原因的超验的注释。在后一方面,除了最诚实的无知坦白和合理的知识定义以外,我们与亚里士多德相比,不,与原始的野蛮人相比,我们没有丝毫更进一步。我们也许希望数世纪的经验最终将使我们相信这样的猜测:"终极原因的探究是不生育的,像献祭给上帝的贞女一样一无所生。"[②]

---

① 人肯定无法就没有知觉的事物——感觉印象的"彼岸"——尝试推理。无论如何,我们没有证据证明,那会导致我们推断任何知觉群现在或在较为完备的分类之后超越理性的分析。

② 培根:《学术的进展》(*De Augmentis*),bk. iii,chap. v。

我们的祖父处在像地球的物理演化、物种起源和人的遗传这样的问题面前,感到困惑不解;他们不得不满足于用由来已久的迷信和神话来掩盖他们的无知。解决这些问题的荣誉不仅属于我们的父辈,而且科学藉以使自己摆脱传统的暴政的、那种漫长而筋疲力尽的战斗的首当其冲的声望亦属于我们的父辈。他们的任务是 474 敢于认识的困难任务。我们由于占有他们的遗产而不再害怕传统,不再感到认识需要勇气。不管怎样,我们像我们的父辈一样地站在对我们来说似乎不可解决的问题面前,例如生命从无生命形式的起源,在此处科学迄今还没有确凿的描述公式,也许在最近的未来还没有找到公式的希望。在这里,我们负有摆在我们面前的责任:如果我们对科学方法充满信心,那么这个责任是简单的和明确的。有人可能提出,我们能够通过迷信的地洞进入真理之要塞,或借助形而上学的梯子攀上真理之城墙,我们必须对这一切人的话充耳不闻。我们必须完成对许多心智来说比敢于认识还要困难的任务。我们必须敢于是无知的。因为无知,故要付出劳动。

摘　　要

即使是具有培根或斯宾塞的能力的个人,由于缺乏专门家的知识,要满意地分类科学也必遭失败。科学家的群体可以达到更多的东西,但是即使他们的体系也只能具有暂时的价值,因为一门科学相对于其他科学的地位随它的发展而变化。这一点已被精确的和概要的物理科学证明了。

从培根那里我们获悉,最好的分类形式是分枝树的形式,但是从孔德那里我们知道，在科学中实际存在着相互依赖性，以致要清楚地理解一门科学，就必然需要先前的几门其他科学的研究。从斯宾塞那里，我们可以采纳抽象科学和具体科学之间，或者分别处理知觉的模式和内容之间的基本区分。于是我们发现三个根本的部门，它们对应于抽象科学、物理科学和生物科学，应用数学和生物物理学把它们一对一对地结合起来。

475

文　　献

Bacon, F. -*De Dignitate et Augmentis Scientiarum* (London, 1623), and *Descriptio Globe Intellectualis* (1612). Translations will be found in J. Spedding and R. L. Ellis'edition of *The Works of Francis Bacon*, Vols. iv and v, London, 1858.

Comte, A. -*System of Positive Polity* (1854), translated by Congreve, vol. iv, chap. iii, London, 1877.

Spencer, H. -*The Classification of the Sciences* (Hertford, 1864), or *Essays, Scientific, Political, and Speculative*, Vol. iii. pp. 9-56, London, 1875.

附　　录

注释一
论惯性原理和"绝对转动"_(边码 p.343)

考虑一条十分细的实体性的绳子的直线段 AB，它在概念极限上趋近于直线。设 C 和 D 是这条线上两个相邻的物理点，它在概念上可以趋近几何点。现在，假定观察到的事实是，AB 依然是直的，且与其他"物质"分开，但是我们不知道它实际上是否运动。让我们现在假定，比如说用剪刀把这条线在 C 和 D 之间剪断，而又

A　　　　　　C　D　　　　　　　B

不直接地改变运动——如果存在这样的运动的话。两个事情之一现在可能发生：或者线段 AC,DB 继续好像是绳子 AB 的未剪断的一段的一部分，或者 AC 和 DB 开始在 C 和 D 之间分开。现在，我们能够消除其可能性的唯一事情显然是力学的关系——实体性的点 C 和点 D 之间的张力(边码 p.365)。因此，如果该部分在使用剪刀后开始分开，那么 C 和 D 必然在它们之间具有张力，或者在剪断二者之前产生相互加速度(边码 p.360)。这就是说，D 起初在方向 AB 上必须具有相对于 C 的加速度。或者，我们可以断定，在该限度内，实体性的线的两部分在分割后倾向于分开还是不

478 分开,取决于它的部分在它的长度方向上具有相对加速度。现在,如果我们假定绳子或实体性的线不能伸长,那么很清楚,D 起初在方向 AB 上不能具有相对于 C 的速度。由此可得,D 相对于 C 的加速度必定具有法向加速度的性质(边码 p. 269),或者线 AB 必然作为一个**整体**绕某个轴旋转。另一方面,如果部分 AC 和 DB 在切开二者后依然处于相同的直线,那么 AB 的实体性的粒子 C 则在方向 AB 上没有任何相对于另一个粒子 D 的加速度。在这一情形中,线 AB 作为一个整体可以有平动,但是没有转动。

线的点被设想在该线的方向上没有相对加速度,这种线被定义为在空间具有**固定的方向**。从知觉上看免除其他物质影响的实体性的直线如绳子或金属线,按照概念模式必须用"在方向上固定的"线来表示,倘若当它被剪为两段时,它的部分没有分离的倾向,或者它们看来好像还是连续的实体性的直线的部分。

给定一个知觉的物体,它能够在概念上表示为刚体,我们必须如何断定它被设想为是否旋转?例如,是地球绕着它的轴转动呢,还是整个天穹转动(这将最能使我们描述我们的知觉经验)呢?答案在于决定垂直地球轴所画的线是否被设想为"在方向上固定的"。从理论上讲,我们可以以下述方式决定地球转动的问题。把一条金属线固定在垂直于地球轴,该线的部分不受引力或空气阻力支配,在它被断开时观察该部分是否依然是实体性的线的连续的部分。这个实验不用说是不可能的,但是它使读者想起牛顿对所谓的**绝对转动**的理解。不管怎样,地球一部分的相对加速度的结果假如存在的话,那么可以用其他方式测量。例如,它会导致赤道处的重力加速度的明显减小,而且如果地球不是完全刚性的,那么它会导致在极地变扁。因此，在没有重新排列粗糙"物质"的任何其他部分的情况下，当我们能够有处于两种状态的物体时，在一种状态中该部分的纯粹分割未导致作为一个整体的物体的不连续，在另一种状态中纯粹的分割导致不连续，那么在后一种情形中我们假定将存在部分的相对加速度，而在前一种情形中我们假定将不存在部分的相对加速度。当这一部分的相对加速度显露出来时，虽然基本的部分在它们的连线上可能没有相对速度，但是我们能够借助绕某个轴的转动描述它。由于这一转动似乎没有参照任何外部体系，牛顿把它命名为**绝对转动**。该名称是一个不幸的名称，因为它暗示**绝对运动**的可能性（边码 p.247）。我们必须处理的东西是知觉事实，这些事实只能够通过假定距地球轴不同距离的点**相对**于恒星体系具有不同的速度在概念上加以描述。由于缺乏它的部分的相互加速度，我们在概念上定义的线的方向之**固定性看来好像**与相对于恒星的方向之固定性重合，但是必须记住，伽利略首次是就相对于地球运动的物体陈述惯性原理的，因为地球相对于恒星的运动就在它表面上的大多数运动而言是不可察觉的。无论如何不能得出，牛顿推广该原理到行星体系把我们导向绝对空间中的绝对运动。

　　有人断言，牛顿的旋转水桶和傅科（Foucault）摆[1]证明绝对空间的绝对转动，但是马赫教授说[2]：

　　"宇宙并不是以静止的地球，又以转动的地球两次呈现给我们

　　[1]　麦克斯韦：《物质和运动》(*Matter and Motion*)，边码 pp.88-92。
　　[2]　《力学史评》(*Die Mechanik in ihrer Entwickelung*)，边码 p.216。

的,可仅仅以它的可以确定的相对运动一次呈现给我们的。因此,我们不能说,假如地球不转动则会发生什么。我们只能够诠释当它以不同的方式呈现给我们时的情况。在我们诠释它时,以致把我们卷入到与经验矛盾之中,此时我们便错误地诠释了它。确实能够这样构想力学的基本原理,即便对于相对运动也出现离心力。

"牛顿关于旋转水桶的实验只是告诉我们,水相对于桶壁的转动并没有产生可察觉的离心力,而这些力是由于相对于地球和其他天体的质量的转动而产生的。如果桶壁变得越来越厚,愈来愈重,直到最终达到数英里厚,那就没有人能够说该实验结果会如何。仅存在一种实验,我们必须使同样的事物与我们已知的其他事实一致,而不是与我们任意的想象一致。"

考虑到马赫教授的句子和我们的《科学的规范》之间在术语上的差异,我认为它们表明在多大程度上进入绝对方向和绝对运动的观念是安全的。在概念模型上我们可以定义线,线被设想为它们的部分没有相对的加速度、"在方向上是固定的"。在概念空间中取两点 O 和 P;设步阶 OP 是从 O 引出的,不管 O 是否处于运动之中,并假定 OP 依然"在方向上是固定的";在所有时刻引出的这样的步阶的顶点 P 形成 **P 相对于 O 的路程**。如果 O 和 P 表示充分相互远离的且与其他粒子远离的粗糙物质的粒子,那么这个路程将是直线,这一陈述是惯性原理。

在概念步阶中关于"方向的固定性"的知觉等价物在伽利略时代[①]

---

① 即使在现在,基础教科书的作者还以沿"干燥的、十分光洁的冰面"投掷的物体为例,说它们是在"直线"上运动,并证明牛顿第一运动定律!

以充分的近似用相对于地球固定的方向来表示；自牛顿以来，我们取它与相对于恒星固定的方向明显重合。但是，知觉的绝对性即使在后一种情形中实际上也不能被断定。无论如何，即使粗糙"物质"的要素最终被构想为运动中的以太的形式，惯性原理还将变成更加容易陈述和评价的力学公理（边码 p.344 脚注）。

注释二
论牛顿第三运动定律（边码 pp.347,360,368,385）

　　我们在边码 p.359 中已经看到，牛顿第三定律的一个基本部分包含在与质量成反比的相互加速度中。这立即导致作用和反作用的**大小**相等。接着，我们构想相互加速度在指向上平行且相反（边码 p.346）。不管怎样，这并未完全地给我们以像通常那样诠释的牛顿第三定律，除非我们假定这些相互加速度处于**同一**直线且平行。在粒子的例子中，这条直线通常被看做是连接它们的直线。

　　现在，归因于粒子的相互的加速度（从而相互的力）最终将发现借助被忽略的介入以太的动能可更好地加以描述，这并非一点也不可能。例如，在理想的流体以太中的振动和脉动物体具有相互加速度，这些加速度**可以**用超距作用来描述，但它们实际上是由于介入以太的动能。在两个小物体以平动速度运动或在这样的以太中振动的例子中，绝不能得出相互加速度（或表观的作用和反作用）将必然处于同一直线上，可是如果它们处于同一直线上，那么这条直线将是连接小物体的直线。进而，根据表观的超距作用是

481

由于以太的直接作用的假定,情况似乎不可能如此:如果微粒 P 突然运动,那么这个运动的结果将立即被遥远的微粒 Q 感受到,因为要使 P 的位置变化在 Q 处被感受到需要时间。在这个例子中,相互作用可以是平行的,但是它们总会处于同一直线则几乎不可能,这就是牛顿意义上的**相反的**。

于是,这些考虑与在边码 p.368 以及以下所提及的考虑结合在一起暗示,与在把牛顿第三定律推广到分子或原子中有时观察到的相比,较大的谨慎是必不可少的,因为分子或原子相对于以太实际上可能具有显著的振动或平动速度。对于粗糙"物质"的粒子的比较小的速度来说,该定律可能是我们知觉经验的充分描述。

注释三
奥康姆的威廉的剃刀(边码 pp.110,450)

在我们工作的进程中,我们常常有机会注意到增加超越于描 482 述现象实际需要的存在之非科学过程。禁止这样的过程的推理准则是在整个逻辑思维领域中最重要的准则之一。奥康姆的威廉十分简明地用格言表达了这个准则:**除非必要,毋增实体**。威廉·哈密顿爵士在有价值的历史评论(《哲学讨论》,(*Discussions on Philosophy*),第二版,pp.628-631,伦敦,1853)中引用了经院哲学的进一步的公理:勿堆积原理和应该用最简单的方式做事。迄今这些公理作为思维准则还是有价值的,它们表达的不是教条,而是基本的思维经济原理。不管怎样,当威廉·哈密顿爵士把**自然害**

怕多余的东西添加到它们之中，并说它们只不过是使亚里士多德的名言——上帝和自然从来也不多余地起作用，总是通过一个原因而不是众多原因起作用——具体化时，此时在我看来，我们似乎是从科学思想的领域走进形而上学教条的陷阱密布的地区。亚里士多德和牛顿的观点即自然毕竟是简单的，与欧拉的观点即整个宇宙的结构是完美的，具有相同的特征。他们或者把"简单的"和"完美的"概念投射到感觉印象领域——唯有在这里知识一词才有某种意义——的彼岸，或者他们把知觉的宇宙与人对它的科学描述混淆起来。在后一领域，唯一的东西是原理的经济，产生了真正的科学思维准则。由于这个缘故，像威廉·哈密顿命名的"异常节省定律"似乎是经院哲学思维的产物，而不是归因于亚里士多德。像奥康姆所陈述的一样，它是一个比在牛顿版本（边码 p. 110）中的公理有效得多的公理，我认为完全可以把第一个辨认出超越知觉范围的知识只不过是不凭理智的信仰的另一个名称的人，称为受人尊敬的创始人。

威廉·哈密顿爵士以更加完备和恰当的形式表述了奥康姆的准则：

不假定比说明现象所必需的更多的或更麻烦的原因。

注释四

种子的生命力（边码 p. 400）

决定种子将保持它们的生命力的最大时期似乎还远远没有解

483 决。首先,持续 30 年、50 年或 100 年的实验不能迅速地完成①;其次,充分鉴定的、发现数十年甚或数世纪前的种子的例子不是十分常见的。不管怎样,似乎毫无疑问,种子可在 40 年到 50 年,甚至到 150 年内保持其发芽能力(不列颠学会报告(*British Association Report*),1850,边码 p. 165;达尔文:《物种起源》(*Origin of Species*),第四版,边码 p. 430;Alph. de Candolle,《建立在推理基础上的植物地理学》(*Gégraphie botanique raisonnée*),1855,边码 p. 542)。至于更长的时期,证据绝不像所希望的那么令人满意。或者发现者是考古学家而不是科学的植物学家,或者即使种子实际上落在真正的生物学家手里,但发现者可能是可疑的考古学家。在大多数例子中,古老的来源和实际的发芽相结合的证据没有达到合法证明之点。植物学的证据在林赛的悬钩子的例子中无疑是完备的,但是说文物工作者关于它们是在埋葬在哈德里安的一个人的胃中被发现的证据同样使人信服,则令人可疑。在另外的例子中,种子可能确实是真正的种子,考古学家认为它们完全用不着怀疑,可是我们发现只是把它转交给园林工人"扔掉了并发觉生长起来",甚或著名的植物学家在没有实验的情况下或用显微镜审查之后断言是不能发芽的。从坟墓(而不是木乃伊包裹物)中或从地表下相当深处取来的种子是否在许多世纪之后发芽,这个问题似乎还是一个悬而未决的问题。正文边码 p. 400 中的观点已被已知的 50 年到 100 年的时期充分阐明了。②

---

① 目前,丘(Kew)正在用埋藏在瓶子中的种子做实验。

② 以证据身份出现的叙述和看法的样本可在 J. Philipson 的文章"在埃及木乃伊的包裹材料中发现的种子的生命力",《艾里亚娜考古学》(*Archeaologia Aeliana*),vol. xv.,1890。

注释五
A. R. 华莱士论物质

也许在我们的知觉和概念之间的最大混乱，是在艾尔弗雷德·拉塞尔·华莱士先生的《自然选择》(*Natiral Selection*)关于物质的讨论中达到的。恐怕不需要提及这位伟大的博物学家对物理科学的这一微薄的贡献了，尽管他最近没有再版它亦无任何实质性的评论(《自然选择和热带自然》*Natural Selection and Tropical Nature*，边码 pp. 207-214，伦敦，1891)。在华莱士先生看来，物质不是物自体，而**是**力，所有的力也许都是意志力。在这里，没有必要就在**意志**一词的推广中所做的不合理推论再次评论(边码 p. 70)。但是，由于力只是在运动一章中显示出来，因此我们完全可以询问，华莱士先生假定运动的东西是什么。如果他谈的是知觉的范围，那么他就在我们对于个人的感觉印象群的鉴别和对于这些群的变化之间，或实际上在知觉和知觉惯例之间没有作出区分。如果他谈的是概念范围，他就没有在运动的理想物(几何学的物体、点或波斯哈维奇的"力之中心")和它们运动的模式之间作出区分。事实上，他是针对感觉印象、感觉印象的序列、运动的理想物和运动模式使用力的。从知觉的东西和概念的东西的这一混淆中引出有利于唯灵论的论据，恰如亚里士多德、斯多葛学派和马蒂诺引出有利于泛灵论的论据一样(边码 pp. 106,146)。华莱士先生和他的前辈之间的主要差异在于这样的事实：他具有多神论的同情而不是一神论的同情。

484

注释六
论自然选择对于阐明
文明人的历史的充分性(边码 p. 430)

不仅从事写作的历史学家,而且甚至博物学家,都否认自然选择是描述文明人的发展的充分有力的因素。采取这种观点的最值得注意的科学家是艾尔弗雷德·拉塞尔·华莱士先生。他认为,(i)人的大脑,(ii)他的裸露的皮肤,(iii)他的嗓子、手和足,(iv)他的道德感,从来也不能通过自然选择产生。他坚持说,与原始人的需要所必备的相比,这一切特征在原始人那里得以更充分的发展。不管怎样,他相信它们在人身上是通过选择发展的,正像人本身使其他特征在根西岛的乳牛身上发展一样。换句话说,他断言它们是某种理智能力的人工选择的结果,而不是盲目的自然选择的结果。华莱士先生的这个理论完全可以用一句话描述:"人是上帝(God)驯养的动物。"无论如何,华莱士先生反对在这句话中的大写 G,而似乎坚持认为人是天使和守护神的现代等价物驯养的动物。因此,按照他的看法,"婚姻是在上天产生的",但却是通过精神等级制度中的较少杰出人物造成的。除了假定自然选择的不充分性,没有提出有利于这种精神等级制度干预的论据。华莱士先生在自然选择中发现的困难似乎并不具有十分令人生畏的特点,①但是

---

① 例如,他的关于大脑的整个论据依赖它的**大小**,相反的情况看来好像是,我们应该在心理学上期望随着人的文明成长的,是大脑脑回的复杂性以及它的联合的多样性和有效性,而不是它的实际大小。

如果它们确实重要得足以听任我们怀疑我们是否在自然选择中找到了充分广泛包容的公式，那么在真正的科学方法证明无法找到其他充分的知觉公式之前，它必须依旧是不可知论的吗？华莱士先生如此仓促地得出他的精神等级制度，以致在读他的书页时，仿佛他为了给他的信仰辩护虚构他的困难，而没有通过排除过程达到他的"天使产生的婚姻"，这未使其他公式成为可能的。

我添加这个注释，读者可能不认为我无视华莱士先生关于自然选择不适用于人的历史的观点。事实远非如此，但是我认为，华莱士的观点正如在最近出版的论《自然选择在应用于人时的限度》（*The Limits of Natural Selection as applied to Man*）一章"自然选择"（边码 pp. 186-214）和论《应用于人的达尔文主义》（*Darwinism applied to Man*）一章中"达尔文主义"所表达的那样，似乎足以驳倒它们自己的不合逻辑的推论，如果仔细加以研究的话。

译者增补的"附录"

附录一:《科学的规范》第二版"序"

自这本《规范》首次出版以来已经过了八年,在此期间,在其中所阐明的观点至少与作者预期的相比,无疑遇到更为广泛的接受。有许多迹象表明,健全的观念论作为自然哲学的基础,确实正在取代旧物理学家的粗陋的物质论。不止一位形而上学教授实际上发现,他们能够从显著类似于《规范》的立场出发,通过对机械论的古老陈述的批判最适合地攻击"近代"科学。科学人逐步地辨认出,机械论不是现象的根底,而仅仅是概念的速记,他们借助于这样的速记能够简要地描述和概述现象。整个科学是描述而不是说明,无机界中的变化的秘密像有机界中的一样重大、一样无所不在,这些对下一代人来说也许将是老生常谈。以前,人们对超感觉的东西具有信仰(belief),并认为他们对感觉的东西具有知识。未来的科学尽管对超感觉的东西是不可知论的,但在知觉领域将用信仰代替知识,而为概念领域即他们自己的关于物理力学和原生质力学的概念和观念——以太、原子、有机微粒和生命力的概念和观念——的领域保留知识术语。关于科学基础的观点的这种变化不能不伴随着误解①，或给予那些不喜欢科学的人贬低科学软弱的机会，这不过是十分自然的事。在一个战役中要改变作战计划的基础总会给敌人以可趁之机，但是必须冒机遇的风险，倘若我们因之使我们自己永久处于进攻和防御的较大力量的地位的话。如果读者询问在科学和教条之间是否还有战争，那么我必须回答，只要知识与无知针锋相对，将总是存在战争。求知需要费力，而通过接受把未知的东西掩盖在模糊的东西之中的空话完全逃避努力，在智力上是最轻松的。

其间，重建我们在基础物理学和动力学教科书中找到其陈述的基本力学原理，依然比任何时候都更为紧迫。确实，必须祝贺 A. E. H. 洛夫教授，他在其《理论力学》②（*Theoretical Mechanics*）中冒险地在正确方向上步入可靠之道，但是他的著作将几乎未被用于基础科学教学，而只有通过基础科学教学，我们才能够希望新的和较健全的科学概念广泛传播开来。目前，《规范》还可以服务。在八年的生存和约 4000 本的发行量之后，它以修订和扩大的形式再版。主要添加的是第十章和第十一章，它们处理的是生物科学领域里的基本概念。最近几年在这个方向上的进步，使我能够比在 1892 年有可能更精确地定义这几个概念，并指出——即使仅以模糊的纲要——什么迷人的领域正在这里从科学的概要部门转化为

----

① 例如，圣乔治·米瓦特（St. George Mivart）先生攻击本书本质上是物质论的！——《双周刊评论》（*Fortnightly Review*），1896 年。

② 剑桥大学出版社（Cambridge University Press），1897 年。这位著名的哈佛教授要用《规范》作为他的研究生班本学期讨论的基础，这是一个有希望的迹象，表明许多心智正在受到激励，重新考虑科学的基本概念。

精确部分。在本书前面的部分中,在措辞方面做了多处改动,但实质几乎没有什么变化。我要感谢皇家学会会员弗朗西斯·高尔顿先生、皇家学会会员韦尔登教授和 G. 尤德尼·尤利先生,他们对第十章和第十一章提出了有价值的建议。

　　如果我没有较多地注意对我的许多批评的话,那么这不是我没有研究它们;而仅仅是,我依然——也许有些固执——深信,相对于我们目前的知识状态,所表达的观点实际上是正确的。正如我所做的形式上的这种改变,主要是受到等待学生和教师双方的难点的进一步体验的启示。我只能以表达希望作为结束:如果老朋友遇到新形式的《规范》,那么他们将不会因表面的改变或比较实质性的添加而不高兴。

卡尔·皮尔逊

伦敦大学学院

1899 年 12 月

　　(译自 K. Pearson, *The Grammar of Science*, Second Edition, Revised and Enlarged, Adam & Charles Black, London, 1900, pp. vii-ix.)

附录二:《科学的规范》第三版"序"

　　本书已经印行一些时候了,我长期沉思是否需要重印它。如果需要重印,问题在于如何可以用使现代读者很可能满意的方式去做,这在我的心中引起诸多疑虑。在多年后读这本书,使人惊奇地发现,80年代的异端如何变成今天的平常的、被接受的学说。现在,没有任何一个人相信科学**说明**任何东西;我们大家都把它看做是速记描述,是思维经济。可是在1885年,在出版克利福德的《精密科学的常识》(*Common Sense of the Exact Sciences*)时,我定义质量是加速度之比,并说物质和力的流行定义是难以理解的,这招致了不止一位杰出物理学家的最强烈的抗议。再者,在1892年问世的《科学的规范》属于这样一个时代:当时英国数学物理学家的领袖自信地断言,他确认没有什么东西比以太的客观实在性更可靠的了。现在几乎没有必要出版这样一本书:书中的课文是,客观的力和物质与科学丝毫无关,原子和以太对于描述我们的知觉惯例的意图来说只是唯一有用的智力概念。为什么!现在物理学家本身几乎为每一单个观察者携带他自己的以太做了准备,甚至比《规范》的作者更肯定,以太和原子必须解释牛顿力学,但却不需要服从牛顿力学!于是,这本《规范》能够服务于什么可能的意图呢?假如作者还年轻且未被其他许多任务所压,那么他通过表明《规范》的方法能够扩展得比1892年指出的更远,而执行十分有用的职能。撇开像"物质"和"力"这样的已被抛弃的根本原则不谈,在近代科学的难以理解的奥秘中,还存在着另外的偶像,即原因和结果的范畴。这个范畴是除对经验的概念限制之外的任何东西吗,是超越统计近似而在知觉中没有任何基础吗?真正的观念现在将被人嘲笑,例如泰特教授在1885年嘲笑力的非实在性,或者开尔文勋爵后来嘲笑以太的非实在。但是,真实的问题是,此后二十年科学人将说什么呢?他们在那时可能辨认出,物理科学和生物科学之间的区分实际上只不过是定量的,现在仅仅看到绝对依赖或完全独立的物理学家那时会对数学函数的吝啬的狭隘性报以微笑,正如他们现在对旧运动定律的不充分性报以微笑一样。或者,今天的物理学家把他的电子作为经验实在来处理,就像他曾经把他的旧的不可改变的原子作为经验实在来处理一样,而忘记了它只是他自己想象的构象——就它描述他的经验而言非常有用,忘记了它随着他的洞察扩展肯定要被更广泛的概念代替,难道不可能存在上述危险吗?假如《规范》的作者有余暇从刚刚指明的立场重写它,那么《规范》会找到它的方法的充足范围。它可能做的一切是增加一章,该章表明作者思考的事情是在我们因果观念中正在发生的扩张。由于他的同事坎宁安(E. Cunningham)教授的善意,他进而能够把论述现代物理学观念的一章包括进来。该章不是指明物理学家正在发现新的知觉实在,而是表明他们正在寻求足以广泛描述许多扩大的知觉经验的数学概念。可以合情合理地怀疑,他们是否还会找到它。

加进的这两个新章节把本书分为两编,因为也有许多东西添入处理生命形式的各章,最近十年在那里的进步像在科学的物理学分支中一样大。我相信《规范》的扩大的第二编可以在今年完成。

我只能希望,我的著作的第三版不要修订得使它的老朋友反感的地步。就我一方而言,我不得不认为它更新得像它应该被更新得那么充分。甚至在它的目前形式中,基础动力学教科书的作者如果细读后赞同它的话,那么他们可以获悉,历史悠久的运动三定律并不是现代科学就机械论所必须说的一切,即使中学生也必然会或迟或早地背叛这样的讲述:"除非受到力的作用,一个物体依然处于静止或直线运动",或"质量是物体中的物质的量",是独立于其运动的绝对常数!

　　　　　　　　　　　　　　　　卡尔·皮尔逊
　　　　　　　　　　　　　　　　伦敦大学学院
　　　　　　　　　　　　　　　　1911 年 1 月 19 日

（译自 K. Pearson, *The Grammar of Science*, Part I——Physical, Third Edition, Revised and Enlarged, Adam and Charles Black, London, 1911, pp. v-vii.）

附录三:《科学的规范》第二版第十章目录和摘要

第十章　进化(变异和选择)

　　目录:1. 对定义的需要;2. 进化;3. 变阈的(Bathmic)进化;4. 进化的因素;5. 模式标本(Types):个体的和种族的;6. 变异:连续的和反常的;7. 相关(Correlation);8. 有机体及其生长;9. 选择·最适者的发现;10. 未解决的问题。

摘要

　　在本章,我们学会把生命的有机体或形式看做是用它的几种器官的模式标本和可变异性之数值,以及用相关系数表达的它们的相关关系定量地描述的。要检验选择是否正在发生，我们必须检验这些常数中的一个或多个是否在第一成熟代和第二成熟代之间是否变化。只有用这种方法，我们才能把生长和死亡的结果分离开来，在周期选择和长期选择之间作出区分。选择的和非选择的死亡率的相对比例问题似乎是一个困难的问题，无论如何当我们处理野生的生命而不是处理捕获状态的生命时是如此。由于相关原理，要指定特定的器官或选择正在发生的器官，同样是困难的。然而，我们通常能够找到与该众数（mode）不同偏离的器官上的选择死亡率的相对结果；我们也能够决定最适宜于幸存的器官，即选择死亡率变为零的器官；它将必然地不与选择前或选择后的众数值重合。最适合幸存的并非等价于正在幸存的模式标本。

当我们看到选择能够阐明生命形式的进步的变化时，我们就物种起源需要当地种族的一阶微分，然后需要针对异种交配的规定，直到相关原理使相互繁殖率在机制上和生理上变得不可能。繁殖率和其他性状之间的相关应当是比较高的，但是迄今几乎没有人研究它；同一种族的不同成员的相对繁殖率在它们之内和在它们之间迄今也未被充分探究过。这些可以说是在进化论中未解决的问题。为了给异种交配提供必要的障碍，人们提出了各种假设——**隔离、辨别标识、生理选择**。在有机体发展的早期阶段中的可能的无性增殖和自我繁殖，在后来阶段中的同系配合和同配生殖，都可以像上述因素中的任何一个那样在保持分叉的模式标本为真的情况下具有同样多的影响，直到由于相关原理繁殖器官或功能中的演变随选择器官的演变引起相对的不生育。缺少的不是说明，而是对说明的检验，达尔文理论的发展在这一点受到阻碍。

（译自 K. Pearson, *The Grammar of Science*, Second Edition, Revised and Enlarged, Adam & Charles Black, London, 1900, pp. 372-418,418-419.）

附录四:《科学的规范》第二版第十一章目录和摘要

第十一章　进化(繁殖和遗传)

目录:1. 性选择;2. 优先配对;3. 分类配对;4. 遗传的(繁殖的)选择;5. 论遗传选择的实在;6. 遗传的头一批概念;7. 论遗传的定量测量;8. 论遗传优势和异父遗传;9. 论繁殖遗传,遗传选择;10. 论复双亲遗传;11. 论祖先遗传定律;12. 论通过品种的建立持续修正模式标本的选择功能;13. 论排他遗传和返祖遗传定律;14. 论生命的历时遗传,选择的和非选择的死亡率的概率;15. 结论性的评论。

摘要

我们在前一章讨论如何定量地测量变异和遗传,我们在本章把类似的方法应用到精密的进化论的其他方面。与模式标本的纯粹变化不同的演变的可能性视为依赖于(i)自由交配的消失或不存在;(ii)最大繁殖率的模式标本的当代差异。繁殖率的分布不是随机的,即使在人类交配中也远非是自由交配,这已被定量地证明了。为了断定遗传如何固定在选择所达到的结果上,我们考虑了遗传的定量处理,并用数值例子阐明遗传强度。我们的方法能使我们决定某些优势遗传的规律,并把稳定的异父遗传的影响的任何理论作为高度不可能的东西排除掉。在应用于繁殖率时,我们发现它是遗传下来的性状,并得出结论说,繁殖的选择不仅对野生生命的模式样本的进化,而且对重要的社会问题,都有深远的影响。在处理双亲的影响以及尔后处理整个祖先的影响时,我们的结论是,就正常变异而言,任何选择量将不减少约大于 10% 或 11% 的种族变异;这个事实加上先前注意到的事实——个体变异相当于种族变异的约 80%——导致我们把变异看做是生命形式的永久属性,这种属性自生命开始以来几乎不能被实质性地更改。我们以相同的方式发现,遗传与个体中的变异密切关联,当我们从一种性状到另一种性状,或从一种生命形式到另一种生命形式,遗传没有十分实质性的差别。我们得出结论说,变异和遗传在先而进化紧随其后,它们现在是生命单元的**一个**根本秘密。在两类遗传即混合遗传和排他遗传中,我们看到,第一个把我们导向退化的重大原理,第二个把我们导向返祖遗传的重大原理。进化的这两个因素——退化和返祖遗传——以大概率表明服从简单的定量定律。把退化原理用于连续选择的家系,我们看到,遗传定律能使我们如何确立品种,如何得到模式标本的持久差异,从而对六代的选择将使我们达到少于 2% 的与被选择的模式标本差别的持久模式样本。因此,在急剧繁殖的动物中,自然选择的结果能够极其迅速地显示出来,退化遵循随机交配的神话未被消解。以人作为案例——在该案例中群内的生存斗争大都被中止了,我们努力去确定选择的和非选择的死亡率的比例。该问题被看做是简化为断定生命历时遗传延伸得多么远的问题。在约 80％ 的案例中,我们发现死亡率是选择的,从而得出结论说,即使在人的自然选择中它也是重要因素。在因与性选择和遗传结合在一起的自然选择进化的领域中,还会碰上我们的困难似乎特别集中在最大繁殖率和随环境变化的实际选择率的周围。但是,即使在这里,定量方法也提示,我们在最近的将来如何能够希望确定的答案。问题不在于达尔文主义是否是描述生命形式的进步变化的**假设**,实际上它的所有因素现在在被证明都具有定量的实在。它是结果的变化**率**问题,当生物学家能够在时间序列上作确定的图表时,他们的信任将恰如所谓精密科学的信条一样是有重大价值的。

(译自 K. Pearson, *The Grammar of Science*, Second Edition, Revised and Enlarged, Adam & Charles Black, London, 1900, pp. 421-502, 502-503.)

附录五:《科学的规范》第三版第五章目录和摘要

第五章 列联(Contingency)和相关——因果关系的不充分性

目录:1. 知觉惯例是相对的而非绝对的;2. 无机宇宙的终极要素像有机宇宙的一样可能是个体的而非同一的;3. 作为代替因果关系的缔合(Association)范畴;4. 缔合或列联的强度的符号度量;5. 作为受因果关系支配的宇宙和受列联支配的宇宙;6. A 和 B

通过测量分类,数学函数;7. 论原因的多重性;8. 宇宙是列联事件的复合,而不是因果联系的现象;9. 相关的度量及其与列联的关系。

摘要

1. 感知中的惯例是一个相对的术语;因果观念是通过概念过程从现象中抽取出来的,它既不是逻辑的必然性,也不是实际的经验。我们只能把事物分类为相似的;我们不能再产生同一性,可是我们却能测量相对相似的东西如何紧随相对相似的东西。较广阔的宇宙观把所有现象看做是相关的,而不是因果联系的。

2. 现象是定性的还是定量的分类导致列联表,我们能够从这样的表测量任何两个现象之间的依赖程度。因果关系是这样一个表的极限,此时它包含着无限大数目的"方格",而在每一列阵中只有一个这样的方格被占据。当所有经验的实际结果的斑点的带子皱缩为曲线时,数学函数就出现了。它是纯粹的概念的极限,恰如当我们利用"原因"的多重性时,这样的极限同样是实际经验的概念极限。

3. 这种列联范畴的理智获得在于下述事实:它把变差看做是现象中的根本因素。决定论是假定现象中的"同一性"的,而不是仅仅分类的"相似性"的结果。变差和相关把因果关系和决定论作为特例包括进来,倘若它们就现象而言确实具有任何实际存在的话。然而,我们现在没有经验为下述假设辩护:它们是为人的思维经济需要而创造的概念极限之外的任何东西,不是像几何面或力心那样而内在于现象本身之中。

（译自 K. Pearson, *The Grammar of Science*, Part I—Physical, Third Edition, Revised and Enlarged, Adam and Charles Black, London, 1911, pp. 152-177.）

附录六:《科学的规范》第三版第十章目录和摘要

第十章　现代物理学的观念

目录:1. 物理科学的目前危机及其根源;2. 电的原子观的起源;3. 论原子的电磁构成;4. 电磁质量;5. 力学以太是不合理性的;6. 论电荷和在一点强度的流行定义;7. 电子论的基本量的逻辑定义的可能性;8. 论电流体或电的空间分布;9. 论在与经验的关系中相对于以太的运动;10. 相对性理论;11. 按照相对性理论的电磁惯性;12. 牛顿动力学的目前价值。

摘要

物理科学最近二十年的发展揭示出一些现象,这些现象清楚地阐明了前面各章的原理和方法。牛顿动力学的图式被证明仅对粗糙物质和我们粗糙感官来说是可靠的近似。有合理的根据假定,物质结构的电磁图式将证明更具有综合性。但是,还存在着显著的困难,尤其是引力迄今还违抗把它引入这一图式的一切努力,还没有提供简单的概念来描述实验中的正电。

在没有像物质那么多和那么少的实在的以太的情况下,能量、动量和质量的守恒原理都变得无意义,于是质量、能量、动量是与力处在同一范畴中的量。

在物质动力学中,物体质量的经久不变是该学科整个实验的基础,可是它已被在性质上等同的相同类型(负的,可能也有正的)所有电子的概念代替。

以太是纯粹概念的媒质,就目前提出的理论而言,除它在孤立的点存在着中心——在该中心其性质是概念的——而外,它是无结构的。这些中心由于相互运动和群聚,构成自然现象序列的模式。

新的光亮投射到我们关于空间和时间的概念上。它们是相互依赖的,是受到用它们所描述的现象制约的。"相对于以太运动"的片语变得无意义。以太正在越来越清楚地变成每一个观察者心智中的概念。

(译自 K. Pearson, *The Grammar of Science*, Part I——Physical, Third Edition, Revised and Enlarged, Adam & Charles Black, London, 1911, pp. 355-386, 386-387.)

附录七:《科学的规范》第二版"注释Ⅶ"

注释Ⅶ　论自然过程的可逆性

自然过程的不可逆性是一个纯粹**相对的**概念。历史按照事件及其观察者的相对运动向前或向后行进。想象一下克拉克-麦克斯韦妖的一个同事,被赋予大大增强了的洞察敏锐性,以致他能够从遥远的距离目睹我们地球的事件。现在，设想他以大于光速的速度离开我们地球去旅行。很清楚，所有自然过程和所有历史对他来说都被颠倒了。人会由死进入生，会变年轻，并最终由出生而离开生。生命的复杂类型会逐渐变得较简单，进化会被颠倒，地球会变得越来越热，最后会变成星云状的东西。不久，由于朝向地球或离开地球运动，我们的妖能够在历史中向前或向后行进，或者以一个速度光速生活在永恒的**现在**。这种历史变化的和时间的概念是由 L. N. G. 菲朗先生提示给我的，我认为这从现象的纯粹相对性的立场来看是十分有趣的。

（译自 K. Pearson, *The Grammar of Science*, Second Edition, Revised and Enlarged, Adam & Charles Black, London, 1900, pp. 540.）

附录八："近代科学的范围和概念*"讲演提纲

第 I 讲　1891 年 3 月 3 日　星期二
科学的范围和方法

（a）几何学在其古老的意义上是研究物理学问题的工具。首先要抓住的是这些问题的本性及其与其他科学分支的关系。我们的时代具有冲突的观点和各种社会实验，它向个人判断提供了无

---

    *　这是卡尔·皮尔逊于 1891 年 3 月和 4 月在伦敦格雷沙姆学院所作的七次讲演的提纲，它为作者科学哲学名著《科学的规范》勾勒出蓝图。——译者注

数的问题。把责任从个人抛向国家的倾向。不管怎样,后者只是集体的社会意识——克利福德的部落意识。对事实的清楚认识、对它们的结果和相对意义的评价、倾向性的自由,这一切对于形成健全的判断而言都是理想公民所需要的。这种形成判断的方式是近代科学的方法。科学的心智习惯不是职业科学家独有的,可是仔细地研究某些科学分支尤其有助于它的发展。近代科学在对事实进行严格的、无偏见的分析中作为一种心智训练,尤其适于促进健全的公民。作为一种训练的科学的价值取决于它的方法,而不是取决于它的材料。对好科学的检验首先诉诸理性。即使在没有基本训练的情况下,科学的伟大经典也往往是可以理解的。

(b)科学的统一仅仅在于它的方法,而不在于它的材料。这种方法对于训练公民心智的价值是科学要求国家支持的主要理由。科学的材料与整个宇宙,与宇宙过去和现在的历史同样广阔和久远。科学在近代取得了重大进展,现在没有洪堡那样的人能俯瞰科学的整个领域。科学扩展到我们伟大的创始人无法预见或能拒绝给予人的知识的可能性的领域。没有我们知觉宇宙的**真实**界限。把科学从任何思想领域(例如形而上学)排除出去,就是宣称在那个领域没有事实,或断言逻辑思维规律不适用于它们。科学家可能在判断某些物理学事实群或生物学事实群方面有差别,但是他们实际上对于基本原理和结果则意见一致;类似的一致在心理科学和道德科学中也急剧增长,尽管事实的分类不是如此完善或无偏见的。作家在形而上学和同性质课题上的广泛歧异均由于缺乏科学方法。这种方法是通向绝对知识或真理的唯一入口。形而上学家应当被看做是诗人。他现今不能开始科学研究,但是他却十分经常地怀疑科学方法。他竭力堵塞科学现在依然无知的领域,把这些领域看做是科学没有权利冒犯的基地,并用想象代替科学方法。这样的过程并未导致判断的一致,由此可得,与哲学相比,科学对于公民是一种更好的训练。

科学大喊:"我们是无知的。"不应该把这理解为像某些英国或德国科学家所说的:"我们将始终无知。"说科学方法是知识的唯一源泉,而它在某些领域却不适用,这表现出轻率的急躁或类似于绝望的谦逊。有两类问题科学自身承认是无法解决的,在这些问题中,所描述的事实是(i)不真实的,(ii)没有充分分类的。例如占星术、巫术、中世纪的炼金术和当今的唯灵论与催眠术。科学承认它的无知多于有知,但是它不承认任意的超越于它力所能及的障碍。他断言把它的方法用于所有的生命和心智问题的权力。

(c)除了提供卓越的训练外,近代科学还引起了对事实的明确认识,与社会福利密切相关,例如像魏斯曼的遗传学理论所概述的事实。生物学家的实验室实验也许比从柏拉图到黑格尔的关于国家的哲学理论更重要。国家对个人的首要要求不是自我牺牲,而是自我发展。道德判断,即倾向于社会福利的道德判断,并不仅仅取决于准备自我牺牲,而首先取决于知识和方法。

(d)科学的想象的或审美的方面。伟大的科学家在某种意义上是创造性的艺术家。不利用想象,就没有科学发现。科学家的想象用单一的陈述或定律概述被观察和被分类的事实。想象的产物然后提交最严厉的批判,以检验它与整个事实群是否一致。"首先创造一个体系,然后憎恨它"——杜尔哥。达尔文描述他发现自然选择的例子。

　　艺术创造和科学创造之间的相似性。我们的审美判断由于艺术作品如实地浓缩在单一的程式或几个符号之中,满足了人类的广泛的感情,满足了精神在漫长的经验系列中有意或无意分类的事实。对现象的科学诠释是永久能够满足审美判断的唯一诠释,它要求真,要求描绘和被描绘的事物之间的和谐。说科学消灭了生活中的美是愚蠢的。我们审美判断的基础不过是正在变化的。我们对宇宙首尾一贯说明的要求的满足是科学要求我们支持的第三个重大理由。这种说明实际上在于**完善地**认识它的最微不足道的成员,例如丁尼生的"墙缝中的花"。

第Ⅱ讲　1891 年 3 月 4 日　星期三
科学定律和科学事实

　　(a)科学定律(law)对所有的精神为什么是真实的? law 一词在科学中与它的其他用法有何不同? 对大多数人来说,law 意味着国家所公布的行为准则。奥斯丁的 law 的定义;它包含着命令和责任。这样一个定义没有为 law 在科学的意义上留有余地。把同一个词用于两个不同的概念导致了许多混乱。公民 law 和道德 law 不是绝对的,而是不断随着社会条件而变化的。另一方面,自然 law 或科学 law 一旦确立起来,对于所有理性的心智来说就是不可变的、可靠的。自然 law 先于公民 law,因为后者起源于未成文的惯例,这在于固有的习惯,这一点与自然 law 类同。罗马法理学家在他们的 **Lex Naturae**(自然法)中认出了这一点,古希腊斯多葛学派的信奉者认识得更为清楚。这些信奉者发现,宇宙受理性支配;他们把理性称之为 law,因为它命令和禁止。理性不能是双重的,因此人的理性和 law 和自然的理性和 law 是一个东西。这些信奉者证明得太多了。人的 law 是自然行为,尽管行为是不断变化和重塑的,而促使行为变化的自然 law 则是不变的。law 这个术语如此长久地用于自然 law 和公民 law,现在要改变是不可能的;我们只能仔细地区分这两种观念。胡克的 law 的定义。自然 law 的实证定义。恢复某一现象群重复序列的简明陈述或公式。

(b)古希腊斯多葛学派的信奉者和近代物质论者发现自然 law 的源泉在宇宙本身;而利用"目的论据"的那些人则把自然 law 的源泉放在宇宙之外的立法者。第三种可能性是,我们在自然之 law 中发现的理性可能是我们认识到的唯一理性即人的理性放置在那里的。作为我们感官表象的自然现象也许是把我们的心智反射回我们的一面镜子。例如狗,它在宇宙中也许只会找到本能。牛顿法则:在一切已知的原因未显示出不充分之前,我们不必寻求新的原因来说明任何现象群。人的知觉官能是一台庞大的筛选机,起初无意识地工作,然后说明它自己的未被辨认的工作。如果所有理性的精神是同一类型的工具,一个人观察到的序列对所有人来说都成立。由这一立场来审查科学事实和 law。

(c)科学事实或现象。以黑板为例;它似乎是一个复杂的感觉群。它的特性在于该集群。事物的实在性对我们来说在于它的大多数性质即我们对它的感觉长时间是相同的。感官是我们获得对事物的认识的唯一入口,在我们看来,事物是与可能的感觉群同义的。去掉后者,事物就不再存在了。以针为例,视觉、触觉和疼痛。在我们自己和外部世界之间作出区分是方便的,而非任意的;它只是一个感觉群与另一个感觉群的区分。科学所处理的**事实**是感觉群。感觉可以被分析,且可以还原为简单的要素,要素本身不是感觉的直接对象:例如分子、原子、以太诸如此类的东西。科学的进步与把我们的感觉还原为越来越简单的要素,与发现它们结果之间的越来越综合的关系密切相关。例如,行星理论的发展,本轮,哥白尼,开普勒,牛顿。

(d)引力定律是科学定律的一个好例子。它描述了宇宙中的每一个质点如何改变每一个其他质点的运动,但是它不是这种变化的原因。这样的科学定律的普遍性取决于(i)现象世界对于所有心智来说都是相同的;(ii)从现象导出定律的推理能力对于所有心智来说都是可靠的。正常的知觉官能和推理官能也许是相似类型的机器,但是后者究竟为什么能在对前者的感觉中发现任何定律呢?这两种官能之间的关联还不清楚,可是在人的进化中,他的知觉能力显然随着他的推理能力逐步发展。没有秩序或规律感觉的人就像一个白痴一样,没有筛选感觉资料和依据它们进行推理的能力;他就不会在生存斗争中幸存下去。发疯可能是一种返祖现象,此时知觉官能和推理官能不协调了。这两种官能的平行发展,给于我们通过理性过程发现译解现象可能性的线索。进一步的线索也许在于最复杂的感觉材料到达我们的通道即感官的真正简单性。关于在自然定律中假定存在的"理性",比较一下科学的和哲学的立场。

第Ⅲ讲　1891 年 3 月 5 日　星期四
科学概念

(a)正如我们看到的,科学是"如何"(how)的描述,而不是"为什么"(why)的说明。由于像格拉德斯通先生这样一些人把"力学的"说明与"理智的"说明相对照,上述观点被遗忘了。混乱出自**力**这个词被定义为运动的**原因**。基尔霍夫的《力学》的定义(作为运动的科学,其目标是用尽可能简单的方式完备**描述**在自然界中发生的运动)。导致混乱的两种观念均与**原因**一词有关。由于某些种类的运动**显然**是由生命动因的意志引起的,我们便易于把我们的原因(终极因)观念与任意的意志联系起来。以原始人、叔本华、亚里士多德和中世纪的经院哲学家为例说明人类心智的这一倾向。当科学家把力(例如引力)说成是原因时,他实际是描述而不是说明运动的变化。科学中的**原因**是不变地在现象序列中的同一位置上重复自身的任意阶段。序列的所有阶段相继是原因。因此,在科学的原因概念中没有**强迫**或强制的意思。两种原因观念——意志的任意结果和序列中的不变阶段——是相互矛盾的。把意志作为序列任何之点上的原因而引入,只不过表明在该点我们的认识中止了。科学的各个分支致力于描述导致意志决定的因果序列。随着我们关于运动的无知的消除,意志作为运动的原因不再有意义。原因和结果像科学定律一样,是对不变序列的描述,而不是对现象的根本说明。

(b)宇宙中的不变秩序意味着我们感觉的不变秩序。舍此则知识是不可能的。人们由于他预见序列的结果的能力而在生存斗争中赢得他的独裁,但是这一事实表明,他的知觉官能必须以不变的秩序接收感觉材料。通神论者和唯灵论者相信能够打断现象的不变秩序,他们削弱了知识的基础,从而削弱了人的绝对权力的基础。

(c)不变的序列是运动的序列,因此与**空间**和**时间**有关。再举黑板的例子;形而上学家的"物自体";无须讨论没有达到我们感觉彼岸的任何事物的能力。为了区分两个感觉群或现象群,我们必须**分开**知觉它们,这种"分开知觉"就是我们命名的在空间中的共存。因此,空间是一种知觉模式,空间正好要大到足以把所有对于我们共存的现象分隔开来。空间没有独立于感觉群的尺度,我们借助于这一尺度来分隔空间。空间的秘密在于人的知觉官能。

另一个把现象相互区分开来的模式是依据它们的序列,这种"分开知觉"的模式我们称为在时间上的接续。没有时间,唯一可能的科学是那些处理位置、测量、量的科学,或代数和几何学等,在那里没有原因和结果的概念,或者没有序列出现。序列的鉴别等价于意识或生活。时间作为一种知觉模式,恰恰像区分我们已知的所有序列阶段、所有的原因和结果所需要的那么长。在人们不再能够追溯现象序列的地方,时间在那里便中止了。被看做是知觉模式的空间和时间,其秘密在于人的知觉官能,而不在于外部宇宙。**精密科学**是处理这些知觉模式的科学。

(d)对**空间**概念的进一步分析。面和线是分隔感觉群的模式。几何学的基本概念仅仅建立在对理想的分隔智力符号的审查之基础上,而不是建立在对实在的感觉的审查之基础上;不管怎样,它们帮助我们把后者按群分类。例子——桌子的表面和边缘。人们发现,不仅仅几何学的面是理想的,而且所有的面都是理想的。物体实际上不是**连续的**。弹性等导致我们设想星形结构。威廉·汤姆孙爵士描述一滴水的颗粒状构成。**原子、分子**。原子理论终结于新的连续性,即**以太**的连续性。连续的面、原子、以太,这些观念显然相互矛盾。实际上,理想的概念使我们能够区别和分类感觉的不同方面。科学知识的进步在于形成新的或更广泛的理想概念,这些概念包含着范围更大的观察事实。

(e)对**时间**概念的进一步分析。意识或感觉序列的状态的度量是通过复现的感觉进行的。在我们的情况下,最终是依据太阳在格林威治的子午线。但是,这不是**绝对**时间,因为太阳可能是坏时间的保管人。时间的绝对间隔是理想的科学概念。牛顿的定义。作为感知模式的时间实际上对个人来说是独有的。异常的序列,在时间和空间中的超自然事件,隐含着不正常的知觉官能,而不隐含在外部现象世界中的大变动。自然定律中唯灵论的东西。

第Ⅳ讲　　1891年3月6日　　星期五
科学分类

(a)任何实际完善的科学分类,只能由对各个分支具有广泛知识的科学家群体来做;对于不能把握彼此之间严格关系的个人来说,是不可能做到这一点的。赫伯特·斯宾塞先生证明单个人要达到满意的分类必定失败。对他的纲要的批判;他关于"力的再分布"的观念从物理学家的立场来看具有难以理解的特征。目前的分类自称没有逻辑严格性;仅仅是在早先的讲演者所表达的观点的基础上提出的建议,它可以再次概述如下:科学的题材是我们称之为现象的感觉的复合。科学的目的是用尽可能简单同时又尽可能易于理解的公式表达在现象中观察到的序列和关系。

(b)由感觉开始,我们可以处理(i)知觉官能所呈现的感觉的形式;(ii)这些感觉的内容。第一个部门称之为**抽象科学**,它处理的是形式和理想的概念,我们借助于它们来观察或区分现象。赫伯特·斯宾塞先生关于**抽象科学**的评论。他的观点与把空间和时间视为思维的形式的观点实际上是一致的。抽象科学有时也叫**精密科学**。由于它们处理的是抽象的或理想的概念，所以它们对于落入这些明确而严格定义的概念之下的一切能够是完全可靠的。第二个部门称之为**具体科学**。许多具体科学都没有或不能还原为容许严格推理的理想概念。抽象科学和具体科学之间的区别是十分清楚和十分确定的，但是这些分支的亚部门却容许没有绝对固定的边界，因为它们的论题相互交叉和再交叉，以致许多学科同时属于三个或多个部门。因此，下表①具有粗略的、经验的特征。具体科学就其实用目的而言可以分为处理下述问题的科学：(i)无机现象，或物理科学，(ii)有机现象，或生物科学。定义"无机的"和"有机的"之困难。就生命和意识作评论。

第Ⅴ讲　1891 年 4 月 14 日　星期二
运动的几何学

(a)在先前的讲演中所达到的结果的梗概。现象作为感觉群或事物群能够被感觉到。科学定律是尽可能广泛的现象之间的序列之最简要的陈述。科学作为"思维经济"。我们把感觉的终极元素描述为在空间和时间中的运动。按照同样的方式，鉴于涉及空间中的位置和大小的几何学，由于需要物体的连续性而是区分感觉的理想模式，以致我们涉及位置和大小变化的运动理论也处理

---

① 表格与《科学的规范》(1892)英文第一版中的相同(在边码 pp. 458,464,468)，此处省去。——译者注

理想概念。我们在理论上处理的运动的类型在现象中并没有出现,但是这些类型如此密切地表象现象,以致它们能使我们区别和分类大量的物理变化。因为运动似乎是现象中的根本因素,所以我们必须询问,如何在科学上描述和测量它。

(b)讨论我们描述和测量运动或位置变化的模式,形成了运动的几何学。专门称之为**运动学**(kinematics,由希腊文 κίνημα 而来,该希腊文相当于 a movement)。物体作为一个整体的运动和它们的相对部分的运动。胁变理论。如果我们从运动的一般讨论转入由实验而设想在自然中发生的特殊类型,那么我们便导致所谓的**运动定律**以及**质量**和**力**的概念。

为了理解运动,我们选取我们能够选取的最简单的运动——点的运动。运动的连续性。路程,路线方向的变化,斜率和陡度。作为度量位置的移动。向位、指向和大小——算术家的限度和几何学家的自由度。步阶。步阶的平行四边形。位置变化。伽利略曲线。作为斜率的速度观念。速率和向位。"速矢端迹"。速度的变化,突发和分路,专门命名为加速度。运动的三要素:移动、速度和加速度,都是相对的以及如何测量。

"刚"体的定义。它的运动,移动和转动;如何测量。下一步是考虑如何把这些概念应用到基本运动中去,我们把物理现象还原为基本运动。

第Ⅵ讲　1891 年 4 月 15 日　星期三
物质和力

(a)赫拉克利特的"万物皆流"与近代的观点——"一切事物都

处于运动之中"——相对照。三个问题:什么在运动? 它为什么运动? 它如何运动? 对于最后的问题,只有科学才能做出回答。

(b)什么在运动? 物质,关于它我们所知道的。没有表观硬度和重量的事物运动,例如以太。物质作为运动中的非物质。空间中的旋涡和皱纹。运动形式本身运动。什么在运动我们实际上是未知的,我们对它的运动的感觉只不过是符号而已,这不像图画那样描绘它,而像词一样是我们用经验诠释的记号。物质永远是一个未知的领域吗? 我们如何把我们的感觉建立在理想运动的基础上,启发如何通过这些在某天到来。原子与广延的物体有何差别。波斯哈维奇的无大小的原子。物质的终极要素是否是我们没有能力感知的原子。它必须能使我们构造力学的宇宙,但自身却不能是力学的。物质作为已知的和未知的东西的接触点,是通向超越力学的世界的入门。

(c)物质为什么运动? 我们一无所知。物理宇宙像原子舞蹈一样;每一个原子的运动都与它相对于其他原子的位置有关,但是这种相关联的运动的原因我们却无法说明。我们能够把它归诸以太吗? 以太作为施加压力的介质再次把我们引向以太终极部分之间的超距作用,这像原子的舞蹈一样是神秘的、无法说清楚的。超距作用是一个基本概念似乎现在没有任何说明是可能的。

如何运动是科学研究的一个巨大领域。其结果概括在运动定律之中。"一切定律最后必须以运动定律出现。"(亥姆霍兹)

第Ⅶ讲　1891 年 4 月 16 日　星期四
物质和力(续)

(a)原子的舞蹈的**方式**? 原子群或分子群;分子群,粒子群或微粒群。原子、分子或粒子无法被单个捕获。我们把可感觉的物体分解为理想的元素，我们为什么能够就这些元素推理呢。从所设想的这些不可感觉的元素的理想运动构造可感觉的物体的运动。如此构造的运动与经验的一致。

(b)想象把一对微粒与宇宙的其余部分分开。它们如何相互围绕着舞蹈，或用通常的语言讲如何"影响彼此的运动"。相对位置决定加速度而不是决定速度，后者取决于任何微粒的整个过去的历史。距离、样态、速度和物理条件影响相互的加速度。相互加速度之比独立于"场"。**质量**的定义。质量是相对量或突发比。力的定义是质量和加速度之积的方便的名称。力绝不是运动的原因或运动的为什么。力的肌肉的感觉，实际是相互加速度的感觉。质论者用物质和力"说明"宇宙的观点的含混性。力作为运动**原因**的流行概念是人的软弱性，就我们方面而言是努力把我们对于物体为什么运动的无知隐藏起来。

第三个微粒的压力对于其他两个微粒舞蹈的影响。被修正的作用的假设。牛顿第二定律。力的平行四边形。均匀的物理自然界的物体。几何学和运动学的关系——质量正比于体积。密度。对物理宇宙的研究还原为密度和相互加速度的考虑。如何由所设想的基本的不可感觉的微粒的运动构造有限的物体的运动。运动定律的证实。运动定律对于宇宙的力学描述是充分的。

(c)我们永远不能获悉什么运动和它为什么运动吗？运动的最基本的类型和运动着的事物在原子或以太中几乎达不到。当有可能达到宇宙的最简单的机制时，这一理想的概念将有助于我们去认识。很可能，我们必然总是无知的。黎曼和克利福德对几何

学的扩展能够帮助我们吗？假设的二维世界——也许在内容的方
向上是彻底的。

（译自 Egon S. Pearson，*Karl Pearson*：*An Appreciation of
Some Aspects of His Life and Work*，Cambridge：At the
University Press，1938，pp. 132-141。）

索　引

（以下数码为英文原版书页码，本书边码）

488

489

490

492

493

图书在版编目(CIP)数据

科学的规范/(英)皮尔逊著;李醒民译.—北京:商务印书馆,2012
(2023.8重印)
(汉译世界学术名著丛书)
ISBN 978-7-100-07472-8

Ⅰ.①科…　Ⅱ.①皮…　②李…　Ⅲ.①科学哲学　Ⅳ.①N02

中国版本图书馆 CIP 数据核字(2010)第 207008 号

汉译世界学术名著丛书
科　学　的　规　范
〔英〕卡尔·皮尔逊　著
李醒民　译

商　务　印　书　馆　出　版
(北京王府井大街 36 号　邮政编码 100710)
商　务　印　书　馆　发　行
北京虎彩文化传播有限公司印刷
ISBN 978-7-100-07472-8

2012 年 6 月第 1 版　　　　开本 850×1168　1/32
2023 年 8 月北京第 4 次印刷　　印张 15¼
定价:76.00 元